# 前　言

化工过程分析与合成是化工及相关专业的重要核心，是"化工系统工程"的主要组成部分，ASPEN PLUS 作为一款大型通用性较强的化工流程模拟软件，在化工过程分析与合成中得到了越来越广泛的应用。ASPEN PLUS 模拟软件是一款集物料物理化学性质数据库、工艺流程模拟、经济性分析于一体，包含多种工艺模型的非常实用的一款模拟软件，在物料数据查询、工艺流程模拟优化、经济性评估方面发挥着重要的作用。

本书共分 8 章：第 1 章介绍化工过程设计和过程模拟的基本原理；第 2 章介绍 ASPEN PLUS 使用基本步骤；第 3 章介绍 ASPEN PLUS 组分数据库及物性数据库的应用；第 4 章介绍多组分单级分离过程和多组分多级分离塔的简捷计算和严格计算；第 5 章介绍换热器的设计与模拟；第 6 章介绍反应器的模拟与分析；第 7 章介绍了灵敏度分析、设计规定和优化问题；第 8 章列举一些实例，如萃取精馏、变压精馏、热泵精馏等。

本书所有例题以 ASPEN PLUS V10.0 版本为例，不同版本的 ASPEN PLUS 在内容和结果上会有所差异，请各位读者朋友注意。

本书由高晓新、汤吉海主编，第 1、2、3、4、5、6、7 章由汤吉海、高晓新编写，陈梦园参与修改，第 8 章由杨溢、程秋舟编写，全书由国家"万人计划"领军人才(国家教学名师)马江权主审。

本书可以作为化学化工类专业高校本科生的化工计算、化工过程模拟或相近课程的教材，也可作为化工课程设计、化工设计竞赛培训等的参考用书，对从事化工过程开发与设计的工程技术人员也有一定的参考价值。

由于作者水平有限，书中不妥之处在所难免，恳请读者批评指正。

# 目　　录

# 1 绪　　论

## 1.1　化工过程

化工过程是以天然物料为原料经过物理或化学变化加工制成产品的过程。通常原料不能一步转化成需要的产品，而把总的转变过程分解为一系列的独立转化步骤，每个转化步骤就是一个中间加工过程。这些转变过程是通过反应、分离、混合、加热、冷却、压力改变和颗粒尺寸的变化等单元过程实现的。这些单元过程由被处理的物料流连接起来，构成化工过程生产工艺流程。在多种多样的单元过程中最重要的也是最常用的单元过程是化学反应过程、分离过程、流体输送过程和换热过程。

### 1.1.1　化学反应过程

化学反应过程是化工过程的核心部分，它实现了从原料到产品的转化过程。主要的化学反应过程有催化反应过程、热裂解反应过程、电解质溶液离子反应过程以及生物化学反应过程等。

（1）催化反应过程

现代化工过程中的化学反应大都是在催化剂存在下进行的化学反应。当前用于化工过程的催化剂已有 2000 多种。化工生产中的催化反应过程有：合成反应，如合成氨、合成甲醛等的反应过程；氧化反应，如萘氧化制苯酐、乙烯氧化制环氧乙烷等的反应过程；脱氢反应，如乙苯脱氢制苯乙烯的反应过程；裂化反应，如重质油催化裂化制轻质油的反应过程；烷基化反应，如乙烯与苯的烷基化制乙苯的反应过程；加氢裂化反应，如正庚烷加氢裂化制丙烷和丁烷的反应过程。

（2）热裂解反应过程

典型的热裂解反应过程有煤干馏生成焦炭、煤焦油、焦炉煤气的反应过程，以及轻油裂解制乙烯的反应过程。

（3）电解质溶液离子反应过程

各种无机盐生产以及氯碱法制碱的反应过程。

（4）生物化学反应过程

发酵法生产氨基酸、有机醇、酮等的反应过程。

### 1.1.2　分离过程

分离过程要依据分离物料是属于非均一系的还是均一系的，从而确定采用哪种单元操作。

对于非均一系物料的气固相分离，可考虑采用沉降、过滤、湿法除尘、电除尘等单元操作。液固相分离可用过滤、干燥、沉降等。

对于均一系物料的气相分离，可采用吸附、吸收、膜分离。液相分离则可用蒸馏与精馏、蒸发、结晶、汽提、萃取、膜分离等。

在分离过程中最多用的是采用蒸馏塔或精馏塔实施的蒸馏或精馏操作。对于从某种已知组成的液相混合物中分离出某几种目标产物的分离过程，可以设计出采用不同流程、不同塔数的多种流程方案。这些方案相应的设备投资、操作费用等会有很大差异。从中选择经济的、能满足分离要求的最佳方案。

### 1.1.3 流体输送过程

在化工生产过程中，所处理的原料及产品大多都是流体，往往根据生产工艺要求要把它们一次输送到各种设备内进行各种化学或物理变化，制成的产品也要输送至储槽内储存。因此，流体输送过程是最常见的，甚至是不可缺少的单元操作。流体输送必须采用可为流体提高能量的输送设备，以便克服输送沿程的机械能损失、提高位能、提高流体的压强（或减压）。通常，将输送液体的设备称之为泵；用于输送气体的设备按照产生压强的高低称之为通风机、鼓风机或压缩机。

根据流体输送任务，正确地选择输送设备的类型和规格，决定输送设备在管路中的位置，计算所消耗的功率，使输送设备在高效率下可靠地运行，也是化工过程设计的重要任务之一。

### 1.1.4 换热过程

化工过程工艺流程中被处理的物流，总是要按进入各单元过程所要求的温度，通过换热器进行加热或冷却。满足这种换热要求的热量或冷量，可以来自流程中的工艺物料流或是来自公用工程。这些过程中的换热器与换热物流构成了换热网络。合理的换热网络设计，应能充分回收过程系统中的热量或冷量，例如对反应热、冷凝热的回收利用。这也就意味着对公用工程的节省。

以最大限度的节能、经济的设备投资、良好的操作适应性为目标，实现最佳的换热网络设计，是化工过程系统综合研究的一项典型的事例。

## 1.2 化工过程设计

当确定需要生产某种化学品时，就要设计一个将原料转化为所需产品的生产流程。设计是工程活动的最大创新，这是在工程上区分工程师与科学家的本质。然而化学工程师从事过程开发时，将经验和理论公式化来解释过程操作的机理，过程设计师在通过创造复杂流程、选择操作条件高选择性、低能耗的生产产品时，还要面对其他的挑战。过程设计不是简单或常规的活动，而是包含了很多很多创造性的方法去集成一个高效益、易控制、环境优化和安全的过程。

化工过程设计的复杂性是双重的，首先就是能否确定所有的流程结构；其次是能否优化每一个流程并进行合理的比较。当优化流程结构时，虽然可以有很多方法来完成，但是大体上来说有两类：

（1）建立每一种可能的设计流程，然后对这些设计进行评估选择，从而找到最佳的一种设计流程。这种方法有两大缺点：一是为了找到最佳的设计流程，必须完成很多种设计，并对每一种设计进行优化。然而在流程中不同设备之间能够产生复杂的相互作用，就有可能错过一些复杂的流程，从而不能评估所有的流程。

（2）建立一种包容所有可行的过程操作和相互影响的最优设计备选流程的超结构，然后用设计方程和设计变量将设计问题转化为数学问题，将目标函数定为经济效益最大或成本最低，运用优化方法求解。这种方法的优点是考虑了许多种不同的设计方案，并且可以将全部设计步骤编写成计算机程序，从而快速、高效地获得设计方案。其缺点是在决策过程排除了设计工程师的作用，设计过程中很多难点在于包括在数学模型中的捉摸不定的因素（如安全和布局等）不能考虑进去。

事实上，在化工过程的设计中它可能存在很多引人注目和接近最优的解，而且没有两个设计工程师会完全按照相同的步骤设计一个复杂的流程。事实上，密切关注有经验的设计工程师是如何设计的，跟踪他的设计步骤、深入理解设计过程，当涉及类似的过程时就可以利用这些知识。因此化学工程师总是首先通过经验探试法去除某些不是最优的合成流程，确定部分潜在的具有优势的过程流程，并形成"合成树"，针对"合成树"中列出的可选流程进行评价和优化，从而大大节约设计的时间。

Warren D. Seider 在其著作中给出了设计和改进一个化工过程的基本步骤，如图 1-1 所示。这个过程主要包括五大部分。

（详细内容参考：Warren D. Seider，J. D. Seader，Daniel R. Lewin，PROCESS DESIGN PRINCIPLES：Synthesis，Analysis and Evaluation，1999）

## 1.2.1 评定原始问题

过程设计是由一个关于当前情况和社会需求的原始设计问题开始的。正常的，原始问题要由一个小的设计组评定它的可行性、定义问题描述，生成更多的具体问题。这时，一个关键的问题集中到原材料的来源上，是本单位提供，还是外单位供应，或者还需要制备原料。如果是后者，那么在设计时还需要包括原料的制备。在评定原始问题时，还要收集过程生产状况、市场状况和价格等信息，确定过程的规模。并且初步确定工厂的选址。通过与技术主管、商业和技术领导的会议交流，还要对原始问题进行重新定义。

## 1.2.2 文献调查

当产生了特定的可供选择的问题之后，工业设计组就要开始接触公司文件和公开文献，这些资源可以为特定的问题提供帮助，如热力学性质和传递数据、可能的流程图、设备描述和过程模型，如果公司正在生产主要的化学品或相关产品，这些信息对设计组来说就是一个非常好的开始。在设计中让设计组尽早考虑当前实际情况的差异。除此之外，当设计下一代的工厂提高化学品产量时，或者通过改进工厂消除瓶颈提高产量时，设计组就有更多的机会提升过程技术水平。工厂开始生产和改进已经间隔几年，这期间通常技术已经发生了巨大的变化，因此，需要完整的查阅文献揭示最新的能够提高效益的数据、流程、设备和模型。可供设计组参考的几个文献包括：Stanford Research Institute（SRI）Design Reports，百科全书、手册、索引和专利，其中的大多数都有电子版，并且其数量在 Internet 上不断增长。

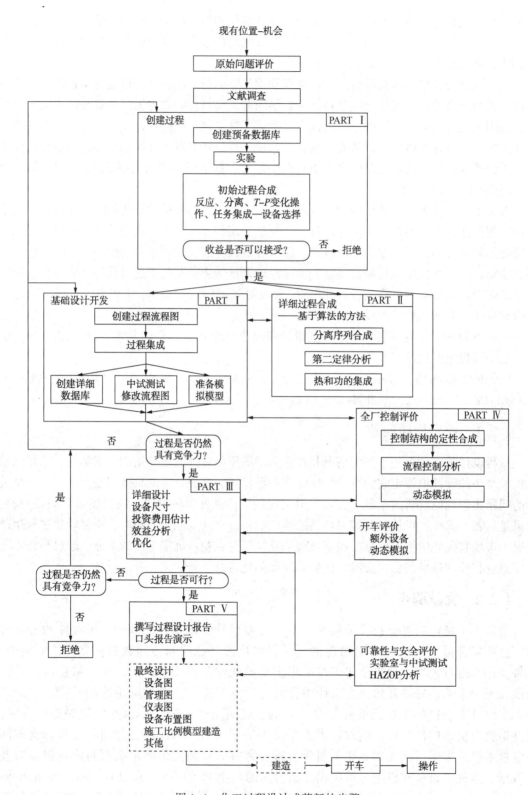

图1-1 化工过程设计或革新的步骤

（1）SRI Design Reports（http：//www.sri.com）

SRI 是世界上几百个化工公司的联合，出版了许多化学品制造的详细文件，他们的报告提供了非常丰富的信息，对那些没有经验的设计者来说特别有价值。遗憾的是，由于非常高的定价，这些报告通常在大学图书馆找不到（包括美国、欧洲的大学）。但是大多数的工业合作者是可以接触这些报告的，这可以为那些从事设计的学生在公司的图书馆接触到这些有帮助的信息。

（2）百科全书（Encyclopedias）

三个与大多数化学品制造相关的具有丰富信息、非常复杂、多卷的百科全书是：*Kirk-Othmer Encyclopedia of Chemical Technology*（1991）、*Encyclopedia of Chemical Processing and Design*（Mcketta and Cunningham，1976）、*Ullman's Encyclopedia of Industrial Chemicstry*（1988）。这些百科全书描述了化学品的用途、制造历史、典型的过程流程图、操作条件以及相关信息。对于一些特定的化学品和物质，这些百科全书通常提供 5~10 页的相关信息。虽然百科全书的更新很慢以至于不能提供最新的技术信息，但是对刚开始接触原始设计问题的设计组来说还是非常有用的。其他还有很多百科全书也是很有用处的，包括*McGraw-Hill Encyclopedia of Science and Technology*（1987），*Van Nostrand's Scientific Encyclopedia*（Considine，1988），*Encyclopedia of Fluid Mechnics*（Cheremisinoff，1986），*Encyclopedia of Materials Science and Engineering*（Bever，1986）。

（3）手册与参考书（Handbooks and Reference Books）

在化学工程设计中几种很关键的著名手册和参考书是：*Perry's Chemical Engineering's Handbook*（Perry and Gren，7$^{th}$，1997），*CRC Handbook of Chemistry and Physics*（so-called Rubber Handbook，published annually by CRC Press，Boca Raton，FL），*JANAF Thermochemical Tables*（Chase，1985），*Riegel's Handbook of Industrial Chemistry*（Kent，1992），*Chemical Processing Handbook*（Mcketta，1993），*Unit Operations Handbook*（Mcketta，1993），*Processing Design and Engineering Practice*（Woods，1995a），*Data for Process Design and Engineering Practice*（Woods，1995b），*Handbook of Reactive Chemical Hazards*（Bretherick，1990），*Standard Handbook of Hazards Waste Treatment and Disposal*（Freeman，1989），其他还有很多。

（4）索引（Index）

为了检索当前文献，特别是包括许多化学品的动力学数据、热力学性质数据和其他相关信息的研究和技术期刊文献，几种索引数据库就非常有用了。这些索引既有超强的搜索引擎，又提供了 20 世纪 70 年代以来广泛的期刊入口，并提供了这些期刊在此期间的出版链接。设计组感兴趣的索引有：*Applied Science and Technology Index*（electronic access to 350 journals since 1983），*Engineering Index*（4500 journals，technical reports and books，electronically since 1985），*Chemical Abstracts*（one of the most comprehensive scientific indexing and abstracting services in biochemistry，organic chemistry，macromolecular chemistry，physical and analytical chemistry，applied chemistry and chemical engineering，available electronically with entries since 1907），*Science Citation Index*（access to 3300 journals since 1955，available electronically since 1980，with searches that indicate where the author's work has been cited）。

（5）专利（Patents）

专利是设计组必须知道的重要资料，在设计中要避免采用受到专利保护的技术，在美国专利保护期限为17年，在设计基本化学品的新一代过程或具有同样性质或同样反应的化学品时，专利是非常有用的。在一些主要的图书馆可以提供美国、英国、德国、日本和其他国家的专利，可以订购这些专利的复印件，也可以通过传真传送。近来，在万维网上提供的专利逐渐增多。

### 1.2.3　过程建立

在评定了初级问题以及文献调查后，设计组就开始了建立过程。首先，建立包括热物理性质数据、气液平衡数据、可燃性数据、毒性数据、化学品价格以及与初级过程合成相关的信息的预备数据库；在一些情况下，还要通过实验取得一些缺乏的、不能精确估计的重要数据，特别是对不是来源于实验研究的初级问题；然后，设计组就开始创造包括反应、分离、温度和压力变化等操作在内的流程图，选择设备（在任务集成阶段）。仅仅是那些能够带来良好总收益的流程才值得进一步开发研究，其他的都必须抛弃，这些方面来讲，那些原料价格高于产品价格的过程开发是要坚决回避的（如苯甲醛氧化制备苯甲酸）。

### 1.2.4　基础设计开发

为了寻求最有前途的过程流程图，设计组通常需要进行扩充或者求助于专业工程师来开发基础设计（base-case design）。从每一个可行的流程中挑选一个开发。设计组开始创造详细的过程流程图，包括稳态质量和热量衡算表和主要设备列表。物料衡算表显示了每一个流股的状态，包括温度、压力、相态、流速和组成，加上其他的合适信息。**在大部分情况下，质量和热量衡算至少可以部分地由 ASPEN PLUS、HYSYS、CHEMCAD 或 PRO/II 等计算机辅助过程模拟器来完成。**设计者在通过应用热和功集成（heat and power integration）等方法提高过程单元的设计，达到更有效的过程集成，例如冷热流股的热交换更有效的利用能量。

对每一个基础设计，通常还有另外三项活动在同时进行。提供详细的过程流程图，设计组完善包含传递性质、反应动力学、分离可行性、体系参数、设备参数、消耗等数据的预备数据库，这些通常伴随着中试装置测试确定适合操作的各种设备列表。如果获得了数据库中没有的数据，就要据此对流程图进行修订，通常，设备供应商已经进行测试并提供详细的设备参数。**作为这项活动的补充，需要提供基础设计的稳态过程模拟，因为过程模拟器具备广泛的纯物质性质数据库和理想与非理想混合物的物性关联式，这对生成数据库非常有用。当这些都没有的时候，可以通过过程模拟器回归实验或中试数据得到经验或理论曲线。**

在开发基础设计时，设计组要经常检查确认过程是否可以继续提高。当所开发的过程不是最好的过程时，就要返回到过程建立这一步，重新开发基础设计。

### 1.2.5　使用计算方法进行详细的过程合成

当设计组开发了一个或多个基础设计后，就要通过计算方法进行详细的过程设计。这些方法要生成和评价从多组分混合物中回收组分的精馏序列、降低能量消耗、创建和评价利用透平机的有效换热网络和回收功。根据这些方法的结果，设计组比较基础设计和其他的有前景的流程，有时要将这些流程和基础设计一同开发，甚至取代基础设计。第二定律分析提供了一种筛选基础设计和其他流程能量效率的有效方法，通过此分析，可以计算流程中每一个过程的功损失，当遭遇大的损失时，设计组就要寻求降低损失的方法。通过换热网络合成算法，透平机和压缩机可以为过程提供加热、冷却和需要的功，设计组通过这种方法为最有前景的过程流程提供高品位的热和功集成。

### 1.2.6 全厂控制评价

在完成了过程流程图的详细设计之后，开始对全厂的过程控制进行评价，首先是全部流程控制结构的定性合成。在详细设计阶段，在确定设备尺寸前就要应用测量技术，这些测量允许控制监测和固有的扰动回弹，针对最有前景的过程确定其控制结构。接下来，添加控制系统和执行严格的动态模拟。

### 1.2.7 详细过程设计、设备尺寸、费用估计、收益分析和优化

在完成基础设计之后，设计组通常会在详细设计、设备尺寸、费用估计、收益分析的过程优化阶段得到大量的额外帮助，这些主题中的每一个包括的知识内容都很丰富，可以参考有关书籍。

当执行这些步骤时，设计组要列出开车策略并以此确定经常需要的其他设备，在一些情况下，设计组使用动态模拟器扩展控制系统的动态模型检验开车策略，当不能容易地执行这个策略时就要进行修订。另外，在开车完成之后，设计组要准备出示操作策略的建议书。

另外一个重要活动就是可靠性和安全分析。经常要通过小试和中试确定典型的错误（阀或泵失灵、泄漏等）不通过工厂蔓延造成事故，例如爆炸、毒气泄漏或火灾等。通常通过 HAZOP（Hazard and Operability）分析系统来预测各种事故的可能性。

当完成详细设计，就要审核该过程是否满足公司的收益需求，如果证明不满足，设计组就要决定是否继续改进。如果满足，设计组就返回前面的步骤改进，进一步提高收益。否则，这个过程设计就可能被拒绝。

### 1.2.8 撰写过程设计报告和口头简报

报告和简报是向公司主管推荐需要进行设计的关键步骤。过程设计报告是最终详细设计的基础，适合于工厂施工建设。

### 1.2.9 最终设计、开车和操作

在生成最终设计时，包括机械工程师、土木工程师和电子工程师在内的设计承包者要完成很多详细的工作。他们要完成设备图、管道图、仪表图、设备布置图、施工的比例模型和标价的准备。在施工阶段，工程师和项目主管扮演领导角色，设计组可能要回来辅助工厂开车和操作。其中的第一项不是化学工程师的职责。

## 1.3 计算机在化工过程设计中的角色

在过程设计中许多的计算不需要详细的算法，因为他们仅包括一些简单的方程和图表，这些都不需要计算机就可以进行。在有些场合，设计者很自豪地用探试法就可以做出快速和有效的决策。事实上，在设计的最开始阶段，大多采用简单的近似计算，数据来源也不是很庞大。然而，设计组在经过不长的时间就要开始寻求计算机的帮助，因为获得了更多的数

据，流程也越来越复杂，设计者开始组合使用包括电子表格、数学软件和稳态与动态过程模拟器等计算机资源。在本节，将简要地介绍三类计算机工具，重点放在它们在过程设计中的角色。并列出了在过程设计中广泛使用的计算机程序，关于这些软件的详细信息可以通过给出的 Internet 网址获得。更多的化学工程软件列表可以参考 AIChE（American Institute of Chemical Engineers）的 CEP Software Directory，其中列出了超过 1700 种的化学工程商业软件。

### 1.3.1　电子表格

在个人计算机世界，Microsoft's Excel、Lotus 1-2-3 和 Corel's Quattro Pro 是最容易使用的电子表格。大多数的工程师可以输入数据表格以及轻松地用电子表格作算术运算。所有的行和列都可以复制和作图，结果可以不需要复杂的格式指令进行注释和存储，并可以作为 FORTRAN 等程序语言的补充。因此，很多工程师从程序设计语言转向电子表格，甚至对于迭代计算也可以进行，例如非线性方程组的求解。在设计领域，电子表格被广泛用于收益分析。给定设备的总安装费用，产品、副产品和原材料的单位成本以及有效能，电子表格就可以计算总投资、消耗表和各种收益。电子表格的结果可以很轻松地制作各种样式的图，对各种复杂的计算，电子表格可以和程序设计语言连接，例如 VBA（Visual Basic of Application）就可以作为 Microsoft Excel 的宏语言。

### 1.3.2　数学软件包

很多类的工程计算都可以快速有效地通过符号和数值计算软件包执行。例如线性系统分析（MATLAB）、代数和算术符号处理（MATHEMATICA 和 MAPLE）、常微分方程的数值积分（COLNEW 和 ODEPACK）、偏微分方程的数值求解（PDECOL），非线性系统的奇异值分解（AUTO），优化中的数学规划（GAMS）和统计分析。优化包括线性规划（Linear Programs，LPs）、非线性规划（Nonlinear Programs，NLPs）、混合整数规划（Mixed-Integer Linear Programs，MLPs）和混合整数非线性规划（Mixed-Integer Nonlinear Programs，MINLPs）。在国外化学工程领域，优化问题大多通过 GAMS 计算。

### 1.3.3　过程模拟器

计算机辅助过程设计程序，通常也称作过程模拟器（Process Simulators）、流程模拟器（Flowsheet Simulators）或者流程软件包（Flowsheeting Packages），在过程设计中得到广泛使用。主要的模拟器比简单的带循环和设计要求的物料衡算和能量衡算要复杂得多，这些软件包括数据库、物性模型和设备操作和尺寸模型等。广泛的数据库包括成千上万种化学品的热物理和传递性质常数、设备尺寸、投资和操作费用和收益率。模拟器包括许多称作模拟模型的反应器模型和单元操作模型，可以用来计算物料和能量衡算，其他的模型还包括混合性质、设备尺寸和费用以及收益率模型。通常，过程模拟器可以用来执行从过程创造开始的过程设计中所有的计算。

今天，在化学过程工业领域广泛使用的四个主要过程模拟器是：ASPEN PLUS 和 ASPEN DYNAMICS（Aspen Technology，Inc.）、HYSYS（Hyprotech，Ltd.）、PRO/II 和 DYNSIM（Simulation Sciences，Inc.）和 CHEMCAD（ChemStations，Inc.）在这几个软件中，ASPEN PLUS 和 PRO/II 是单纯的稳态过程模拟器，ASPEN DYNAMICS 和 DYNSIM 是专用的动态模拟器，HYSYS 和 CHEMCAD 兼具稳态和动态模拟两大功能。在本课程中主要介绍

ASPEN PLUS 的稳态模拟功能。然而，一旦理解和掌握过程模拟器的基本原理，可以很轻松地从一个模拟器转向另一个模拟器。

这些过程模拟器一个共同的缺陷是数据库和模型是面向石油化工过程的，也就是过程包括的是小分子量的气相、液相和有机分子。值得欣慰的是现在近几年这些工具已经增加了处理固体、电解质水溶液、聚合物和发酵反应等功能。当应用过程模拟器时，他们是最有效的过程设计的工具。

### 1.3.4 补充说明

随着计算软件包的广泛应用，特别是大学可以以相对低的价格获得使用许可证。设计组可能要花费一些宝贵的时间用于学习软件包的使用以便利用软件包，使用简单的方程和图表快速完成计算。仅当设备和热物理性质的严格模型经过验证以及可以很轻松地应用这些软件包时才应该使用这些软件包做工程设计。正常情况下，易用性是建立在经验基础之上的，而且越使用越便捷。当工程师和学生对这些软件很熟悉了之后，在过程设计中用起来就非常有效，并对设计组起到真正的作用。在过程设计中，不管有没有计算机，当遇到计算困难时，设计组要寻找其他方法甚至是更简单的方法来获得结果。

### 1.3.5 过程设计中常用的计算机软件

**Spreadsheets（commercial programs）**

    Corel Quattro Pro 8（http：//www. corel. com）

    Lotus 1-2-3 97（http：//www. lotus. com ）

    Microsoft Excel 97（http：//www. microsoft. com）

**Symbolic mathematics（commercial programs）**

    DERIVE（http：//www. derive. com）

    MACSYMA（http：//www. macsyma. com）

    MAPLE（http：//www. maplesoft. com）

    MATHCAD（http：//www. mathsoft. com）

    MATHEMATICA（http：//www. mathematic. com）

**Numerical mathematics（commercial programs）**

    MACSYMA（http：//www. macsyma. com）

    MAPLE（http：//www. maplesoft. com）

    MATHEMATICA（http：//www. mathematic. com）

    MATLAB（http：//www. maplesoft. com）

    POLYMATH（http：//www. che. utexas. edu/cathe/polymath. htmal）

    TK SOLVER（http：//www. uts. com）

    Differential equations by numerical methods（public domain software that can be download from the Internet site at（http：//netlib2. cs. etk. edu）

    COLNEW

        A general purpose code for solving mixed-order systems of boundary value problems（BVPs）in ordinary differential equations using spline collocation and Newton's method

ODEPACK

A collection of codes for solving stiff and nonstiff system of initial value problems(IVPs) in ordinary differential equations

PDECOL

A code for solving couple systems of partial differential equations of at most second order, in one space and one time dimension, or two space dimension, using collocation on finite elements

**Optimization (commercial programs)**

GAMS (http://www.gams.com)

**Bifurcation analysis (public domain program)**

AUTO (http://indy.cs.concordia.ca/auto)

A code for tracking by continuation the solution of system of nonlinear algebraic and/or first-order, ordinary differential equations as a function of a bifurcation parameter

**Process simulation, synthesis of distillation trains and heat-exchanger networks**

ASPEN ENGINEERING SUITE(ASPEN PLUS, DYNAMICS, etc.)

Aspen technology, Inc., Ten Canal Park, Cambridge, MA 06141

Phone: 617-577-0100

FAX: 713-577-0303

(http://www.aspentec.com)

PROCESS ENGINEERING SUITE(PRO/Ⅱ, DYNSIM, HEXTRAN, PIPEPHASE etc.)

Simulation Science, Inc., 601 South Valencia Ave., Brea, CA 92621

Phone: 714-579-0412

FAX: 714-579-7927

(http://www.simsci.com)

HYSYS

Hyprotech Ltd, 300 Hyprotech Centre, 1110 Centre Street North, Calgary, Alberta T2E 2R2, Canada(now is a part of aspentech)

Phone: 403-520-6000

FAX: 403-520-6060

(http://www.hyprotech.com)

CHEMCAD

Chemstations, 2901 Wilcrest Drive, Suite 305, Houston, TX 77042

Phone: 713-978-7700

FAX: 713-978-7727

E-mail: chemstat@phoenix.net

**Stand-alone distillation packages**

CHEMSEP (http://www.che.utexas.edu/cache/chemsep.html)

Calculates continuous, multicomponent, multistage distillation, absorption, and stripping columns by equilibrium stage and rate-based methods

MULTIBATCHDS（http：//www.che.utexas.edu/cache/multibatch.html）
Calculates multicomponent batch distillation

## 1.4 化工过程分析与合成

一旦完成设计过程的基本评价，就可以通过一系列的变化改进设计过程，换言之，就是优化设计过程。这些变化可能涉及合成不同结构的流程，即所谓的流程结构优化。可以在该流程结构限制范围内，通过改变操作条件进行参数优化。

### 1.4.1 化工过程分析

所谓化工过程分析，就是在过程流程结构已经给定的情况下，根据过程结构及各子结构的特性，通过过程模拟来推测整个过程的特性，分析各单元过程的设备结构参数和操作参数对整体的影响，考察过程流程在不同条件下的技术经济性能。这一关系如图1-2(a)所示。

一旦确定了流程结构，就可以进行过程模拟。模拟就是试图用该过程的数学模型预测它建成以后的行为。数学模型建立以后，首先假定进料的流率、组成、温度和压力，然后用模型预测产品的流率、组成、温度和压力。也可以先假定流程中各设备的尺寸，然后用模型预测原料用量和能量消耗等，这样就能评价系统的性能了。具体地说就是分析过程流程的运行机制、影响因素、过程模型的数学描述、目标函数的建立、优惠工况下的最佳操作参数等。

例如：我国某年产 $30 \times 10^4$ t 乙烯装置扩建，竣工投产后达到了预期的产量，但能耗超标。装置的扩建增容可以降低产品的成本，但从过程内涵探求节能降耗的措施也是降低成本的重要途径。如何选择这类问题的对策，就要对这套工艺装置进行分析，要在对过程系统进行系统分析的同时，也要做必要的单元分析和物料、能量利用的分析。分析的目标是使所选择方案在技术上先进、可行；在经济上优越、合理。

对于操作工况的分析也就是通常说的生产操作调优。众所周知，化工过程操作工况由于受到各种因素的影响是经常变化的。因而，为了实现最佳工况需要经常进行操作调优。生产操作调优又分为离线调优、在线调优。离线调优由于易受人为因素的干扰，难以收到理想的效果。由于当前国内的 DCS 装置应用已相当普遍，实施在线闭环控制调优已是当务之急。

### 1.4.2 化工过程合成

前已述及由原料到产品的转变过程是通过反应、分离、混合、加热、冷却、压力改变和颗粒尺寸的变化等实现的。这些单元过程由被处理的物料流连接起来，构成化工过程生产工艺流程。过程合成是在过程系统特性已经给定的条件下，确定能够实现这一特性的所需单元操作过程和各单元过程之间的相互连接。可用图1-2(b)表示。

（a）过程分析 　　　　　　　　　　（b）过程合成

图1-2　化工过程分析与合成

化工过程合成包括有反应路径合成、换热网络合成、分离序列合成、过程控制系统合成。特别是要解决由各个单元过程合成总体过程系统的任务。

由上可知，当一个流程结构已被确定，则流程的特性就被确定了，即有一个输入就有一个对应的输出。而当流程的特性给定时，能完成此特性的流程结构可以有无穷多个。合成的任务就是要在无穷多个方案中挑选出一个最优的方案。可见，过程合成要比过程分析更为困难。这也是过程合成起步较迟的主要原因。

## 1.5 化工过程模拟系统

### 1.5.1 发展历程

化工过程模拟系统简称为流程模拟软件，它是一种综合性计算机程序系统，用于单元过程以及这些单元过程所组成的整个化工过程系统的模拟计算。

流程模拟软件的研制和开发是从 20 世纪 50 年代中期开始的，1958 年 Kellogg 公司推出了世界上第一个化工模拟程序——Flexible Flowsheeting。

60 年代，可称为化工过程模拟的初始发展期。各有关大学、研究机构和炼油、石化公司纷纷开始研制自己的模拟系统。美国 Chevron 公司的 CHEVRON、Houston 大学的 CHESS 和 PURDUE 大学的 PACER 等软件都在这一时期推出。

从 70 年代开始，过程模拟逐步进入成长壮大期，化工过程模拟得到了工业界的普遍承认。美国 Monsanto 公司的 FLOWTRAN 和 Simulation Sciences 公司的 PROCESS 都是这一时期比较优秀的软件。

从 80 年代开始，进入化工过程模拟的深入发展期。进入 80 年代后，化工过程模拟走向了成熟期。模拟软件的开发、研制逐步专业化、商业化。从过去的分散在各个大学和炼油、石化公司转向主要由专门的化工软件公司研发。模拟计算的准确性、可靠性大大加强，应用范围不断拓宽，功能日益丰富、使用越来越方便，并且涌现了一批著名的、影响广泛的商业化软件，如美国 ASPEN TECH 公司的 ASPEN PLUS，Simulation Sciences 公司的 PRO/II，加拿大 HYPROTECH 公司的 HYSIM 等。最主要的特点是从"离线"走向"在线"，从稳态模拟发展到动态模拟和实时优化，从单纯的稳态计算发展到和工业装置紧密相连。此外，更提出了"生命周期模拟"(Lifecycle Modeling) 的概念，即在装置的研究开发、设计、生产等各个阶段，从它的起始到终结(装置退役)都始终贯穿着化工过程模拟技术这一主线。这一时期，化工过程模拟获得了大范围的推广应用，不仅在设计研究部门是必备工具，在各炼油、石化企业也广为应用。国外不少企业已经将著名的软件如 ASPEN PLUS 或 PRO/II 等定为企业标准。可见过程模拟在工业界的影响之巨大。同时，新的模拟软件不断面世，如模拟聚合物系统的 Polymer Plus 软件、基于速率方程复杂塔严格算法的 Rate-base 软件等，80 年代末 Aspen Tech 公司率先推出了动态模拟软件 SPEEDUP。

90 年代各有关公司相继推出动态模拟软件，如 HYSYS 等。化工过程模拟呈现一片欣欣向荣的新景象。上述 80 年代称雄的三家化工模拟软件公司现今合并为两家，至今仍然居化工模拟界的领导地位。

### 1.5.2　流程模拟软件的用途

流程模拟软件是化工过程分析、合成和优化最有用与不可缺少的工具，化工过程在设计开发过程中如果不用流程模拟软件就不能得到技术先进合理、生产成本低的化工过程设计。一个化工过程设计人员如果不了解流程模拟的基本原理、不会应用流程模拟软件，就不能利用这个有效的工具进行训练。以前设计人员需要经过多年的设计实践与总结才能获得对过程的深刻理解与工程判断能力，使用流程模拟软件能帮助和训练设计人员。流程模拟软件在工业上有以下几种用途：

（1）合成流程

有经验的设计人员常用探试规则合成初始流程。根据不同的探试规则常能生成几个不同的流程方案，最终判断流程的优劣需要经过几个方案的全流程的物料、能量衡算以及单元设备计算才能得出结论。没有流程模拟软件，要在一定的时间内完成如此繁复的设计任务是非常困难的，因此只能根据设计师的主观判断或少量方案的比较结果作出决策，这在多数情况下不能得到最优的流程。

（2）工艺参数优化

在对化工过程的流程合成、工艺参数的选择以及参数灵敏度分析或直接优化法直接搜索最优化的决策变量值时，都要使用流程模拟软件才能快速而有效地进行。

流程模拟软件可以认为是一个具有各种单元设备的试验装置，能得到在一定的物流输入和过程条件下的输出。例如可以用闪蒸模块来研究泵的进口是否会抽空、减压或调节阀体后流体是否汽化，为保持所需要的温度和压力等，也可以利用精馏模块来研究进料组成变化对塔顶产品的影响和应怎样调节工艺参数，为设计和操作分析提供定量的信息。

设计所采用的数学模型参数和物性等数据有可能不够精确，在实际生产过程中操作条件有可能受到外界干扰而偏离设计值，因此一个可靠的、易控制的设计应研究这些不确定因素对过程的影响以及采取什么措施才能保证操作平衡，以始终满足产品的数量和质量指标，这就必须进行参数灵敏度分析，而流程模拟系统是进行参数灵敏度分析最有效、最精确的工具。

（3）脱出瓶颈

由于原料、公用工程或产品数量、质量要求的变化，或由于原设计考虑不周，可能使已建成的装置中某一设备成为瓶颈（薄弱环节）。分析生产数据可以得出那个设备能力不足的定性结论，但究竟怎样改造，要在新条件下重新进行流程模拟和单元设备能力计算，得到定量数据后才能确定脱出瓶颈的方案。

（4）参数拟合

高水平的流程模拟软件的数据库都有很强的参数拟合功能，即输入实验或生产数据，指定函数形式，模拟流程模拟软件就能回归出函数中的各种系数。

因此，在过程开发阶段应用流程模拟软件，可以评价和筛选各种生产线路方案，减少甚至取消中试的工作量，节省过程开发的时间和经费的消耗；在过程设计阶段应用流程模拟软件，可以有效地优化流程结构和工艺参数，提高设计成品的质量；用流程模拟软件分析工厂的实际生产数据，可以确定最佳的工艺参数，达到改进操作、降低成本和提高产量的目的。因此，一个当代的化工过程工程师，应当掌握流程模拟的基本原理和方法，用这个有效的工具提高自己的工作效率。

### 1.5.3　流程模拟软件的分类

流程模拟软件按其模拟对象的不同操作状态可以分为稳态模拟系统和动态模拟系统。前者研究，可看作系统全过程的能量衡算和物料衡算，也可以进行包括经济衡算、过程最优化、单元设备尺寸的设计计算等。后者研究化工过程的非定态操作，即研究动态特性，为工程的控制与检测提供依据，也可以指导生产的开车、停车、模拟生产故障与事故以培训生产人员等。动态流程模拟系统的发展比稳态模拟晚 10~15 年。主要原因是因为动态过程一般比较复杂，方程数量更大，且常为高维的微分与代数混合方程组，且方程的稀疏性很强，常存在强非线性方程和病态方程，还可能碰到对时间不连续的问题。近年来，随着计算技术的发展，动态模拟技术有了较快的发展，并出现了 SPEEDUP 及 gPROMS 之类的动态模拟软件，有的软件（如 HYSYS、gPROMS、CHEMCAD）等既是动态模拟软件又可作稳态模拟设计用。

流程模拟软件根据其结构和适应性，又可分为专用模拟系统和通用模拟系统。专用模拟系统只能模拟一种工厂或某一固定的化工过程。这类模拟系统开发比较简单，但结构稳定，模拟对象是固定的。另一类是通用模拟软件，此类软件把每种单元过程编制成单元模块。另外编制一些必要的模块，做成模块结构形式。当我们需要模拟某一化工过程时，将某些特定的模块按一定的次序连接排列起来，并管理各单元模块间的信息流动（如物流的压力、温度、流率、组成和状态等），然后再按一定的次序完成化工过程的模拟计算。

通用流程模拟系统可以方便地进行多种化工过程的模拟，并进行化工过程的合成，因此流程模拟软件获得了广泛的应用。并已有多种商业化的通用流程模拟软件投入实际应用，其中被使用较多的是 ASPEN PLUS 和 PRO/II 等。

### 1.5.4　流程模拟软件的组成

通用流程模拟软件通常由输入输出模块、单元模块、物性数据库、算法子程序库、单元设备估算模块、成本估算、经济评价模块和主控模块等几个部分组成，其相互关系如图 1-3 所示。

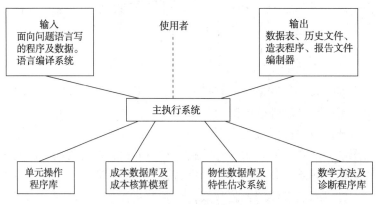

图 1-3　通用流程模拟系统

（1）输入、输出模块

输入模块主要输入以下必要的信息。

化工过程系统的结构模型，包含四部分：

① 原料流的信息，包括原料的组分、组成、温度、压力、流率等，以及一些必要的物性；

② 单元模块的设计参数，例如换热器的传热系数、精馏塔的塔板数、回流比等；

③ 计算精度；

④ 其他，如费用的信息、用户给定的计算次序表等。

输出模块能将用模块计算得到的大量信息以容易阅读与理解的格式输出，并且根据用户的要求输出信息。

（2）物性数据库

物性数据库供给各模块在计算中所需的物性数据，它主要存储物性数据信息和各种物性估算出程序，常由三部分组成：

① 基础物性数据库。该数据库存储基础物性数据，包括以下这些物性数据：

- 与状态无关的物质固有属性，如相对分子质量、临界温度、临界压力、临界分子体积、临界压缩因子、偏心因子等。
- 标准状态下物质的某些性质，如标准生成热、标准生成焓、绝对熵、标准沸点、标准沸点下的汽化热、零焓系数以及物性估算程序所需各种系数，如安托因常数、亨利常数、二元交互作用系数等。
- 一定状态下物质的某些性质，如比热容、饱和蒸气压等，这些属性常被关联成一定形式的计算公式。公式中的参数和官能团参数也属于基础物性数据。

② 物性估算程序。用于估算单元模块计算所需的基础物性数据，以及一定压力、温度下纯组分和混合物的基础物性、热力学性质以及传递性质，如逸度、活度、汽液平衡常数、熵、焓、密度、黏度、导热系数、扩散系数、表面张力等。

③ 实验数据处理系统。存储用户提供的实验数据，并按用户的要求对实验数据进行检验、筛选、变换以及数据回归和参数估值。

物性数据库在流程模拟中有重要作用。有了物性数据库，可以节省物性数据收集工作所需的大量时间。应用较精确的物性数据，可提高模拟计算的可靠程度。由于在流程模拟计算中，有时物性计算会占据大量的计算时间（在精馏、闪蒸之类平衡级计算尤为明显），因而要求物性数据库能快速准确地向单元模块传递物性数据。

（3）算法子程序块

算法子程序块包括各种非线性方程组的数值解法、系数线性方程组解法、最优化算法、参数拟合、插值计算和各种迭代算法等。

（4）成本估算和经济评价模块

一般包括静态和动态的经济评价指标和各要素的估算方法。成本估算和经济评价可以独立进行，也可以和流程模拟软件连接在一起，进行投资、操作费用和经济分析的评价。

（5）单元操作模块

化工过程通常包括反应、换热、压缩、闪蒸、精馏或吸收等单元。每一类单元过程都可以用一个相应的模块表达。模块的数学模型，包含物料平衡、能量平衡、相平衡和速率方程等。在输入单元的物流变量、设计变量，自物性数据库取得物性数据后，求解这些方程就能得到输出物流变量和单元中的状态变量。

## 1.6  过程模拟的基本原理

### 1.6.1  过程流程图和模拟流程图

在给定了基础设计的详细过程流程图或者经过过程合成之后的过程流程图，甚至是最初考虑的一个不完整的过程流程图，通常都可以采用过程模拟器来计算稳态下的未知温度、压力和流率。对于一个已经存在的过程，可以使用过程模拟器分析比较操作条件变化后，潜在的经济效益是否可以提升。

过程流程图是化工过程的语言。就像艺术工作，它详细描述了一个已经存在的或潜在的过程的足够的、必要的信息。

分析或模拟是化学工程师用来解释过程流程图、找出故障和预测过程性能的工具。分析的核心就是数学模型，它是与流股温度、压力、流率、组成、表面积、几何配置等过程变量相关的方程集合，稳态模拟器就是求解这些未知变量。

分析有几个层次，按复杂程度增加的顺序，包括质量平衡、质量和能量平衡、设备尺寸、获利能力分析。在每一个层次上一次增加额外的方程，就引入新的变量。方程求解的算法就变得更加复杂。

幸运的是，大多数的化工过程都包括以下的传统过程设备：换热器、泵、精馏塔、吸收器等。在不同的化工过程中，描述这些过程单元的方程却是相同的。但是这些方程不包含的物理和热力学性质、化学动力学常数是不同的。因此就可以对每一个单元过程准备一个或多个解方程的算法去求解质量和热量衡算、计算设备尺寸和费用。这些子程序库或模型库通常采用 FORTRAN 语言编写，这些方程的自动化求解是过程模拟器的核心。这些子程序或模型后来就称作模块(procedures、modules 或 blocks)。在给定了流股的内部连接之后，过程中的单元模型被集合在一起，通过用 Newton-Raphson 方法等方程求解器来同时求解。

区分过程流程图和与过程模拟器相关的所谓模拟流程图对有效地使用流程模拟器是有帮助的。图1-4(b)是采用 ASPEN PLUS 模拟软件制作的模拟流程图，它描述图1-4(a)所示的过程流程图。两者的区别如下：

(1) 过程流程图

过程流程图是表示过程单元的图标和进出单元的物料流的弧线的集合。过程流程图强调的是化工过程中的物料和流量流。如图1-4(a)所示。

(2) 模拟流程图

模拟流程图是描述模拟过程单元和流股信息的计算机程序(子程序或模型)的模拟单元的集合。模拟流程图强调的是信息流。模拟流程图可以采用块(blocks)来描述，也可以采用图标(icons)来描述。ASPEN PLUS 的模拟流程图中各元素的代表意义为：

① 弧线表示每一流股的流速、温度、压力、焓、熵、气相分率和液相分率的传递，流股的名称可以把它想象成按照特定次序存储流股变量的 FORTRAN 向量名。ASPEN PLUS 中的描述如下：

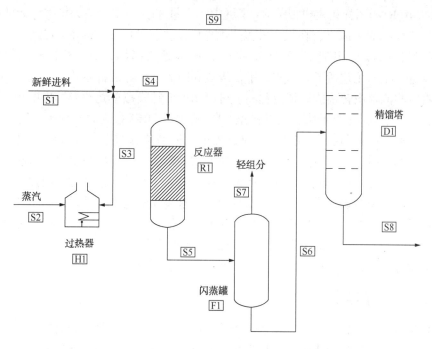

（a）过程流程图

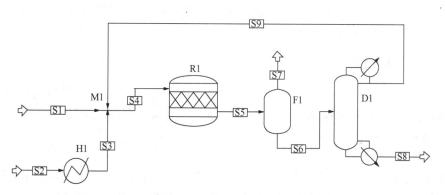

（b）ASPEN PLUS描述的模拟流程图

图 1-4　过程流程图与模拟流程图的类比

| 向量元素 | | 向量元素 | |
|---|---|---|---|
| 1~C | 化学品流速，kmol/s | C+5 | 气相分率（molar） |
| C+1 | 总流速，kmol/s | C+6 | 液相分率（molar） |
| C+2 | 温度，K | C+7 | 质量熵，J/kg·K |
| C+3 | 压力，MPa | C+8 | 密度，kg/m³ |
| C+4 | 质量焓，J/kg | C+9 | 分子量，kg/kmol |

这里 C 代表化学品组分数。

② 图1-4(b)的图标代表模拟单元。图中用户提供的大写字符串为模拟单元的唯一名称或称作单元名称(unit name)，在很多模拟器中也称作块名(block name)。在这里通常是模型(model)或者块(block)，因此，子程序(subroutine)就通常指用计算机代码写的模型。对一个过程单元进行模型化包括了如面积、平衡级数和阀的装配等设备参数。

为了将过程流程图转换成模拟流程图，可以用近似的模拟单元替换过程单元。对每一个模拟单元，一个子程序(或者块，或者模型)被分配用于求解对应的方程组。每一个模拟器都有大量的子程序(或者块，或者模型)对过程单元模型化和求解。大多数情况下，模型在从简单到复杂和严格的变化范围，在过程合成的初始阶段通常是用简单模型，在仅剩下的少数有竞争力的流程图才逐步使用越来越严格的模型。为了有效地使用过程模拟器，过程工程师还要熟悉每一个模拟器提供的模型的依赖假设，这些在随模拟软件附带的用户手册中有描述。在后面的学习中会讨论一些主要模型。在大多数模拟器中，用户还可以编写新的子程序(块或模型)插入到库中，从而扩展过程模拟器提供的子程序库和数据库，用这些子程序可以估算热力学性质、传递性质、设备尺寸和费用等，也可以计算新的单元模型。

## 1.6.2　单元子程序

一个化工过程通常包括反应、换热、压缩、闪蒸、精馏或吸收等分离单元。每一个单元过程都可用一个相应的模块表达。模块的数学模型，包括物料平衡、能量平衡、相平衡和速率方程，在输入进入单元的物流变量、设计变量和自数据库取得物性数据后，求解这些方程就能得到输出物流变量和单元的状态变量。

## 1.6.3　计算次序

根据流程中单元的计算次序，化工过程模拟系统一般有三类：序贯模块法(Sequential Modular Method)、面向方程法(Equation Oriented Method)和联立模块法(Simultaneously Modular Method)。

(1) 序贯模块法

序贯模块法的基本思想是：从系统入口物流开始，经过接受该物流变量的单元模块的计算得到输出物流变量，这个输出物流变量就是下一个相邻单元的输入物流变量。依次逐个计算过程系统中的各个单元，最终计算出系统的输出物流。计算得出过程系统中所有的物流变量值，即状态变量值。换句话说，计算的次序是与模拟流程图中化工过程信息流的次序是一致的。通常，要设定过程进料流股的变量，信息流与物料流股时平行的计算从所有的给定进料流股的单元开始，一个单元接一个单元地执行计算。在子程序计算完成后，所有的流股变量和设备参数都可以显示和打印。

序贯模块法是开发最早、应用最广的过程系统模拟方法，目前绝大多数的过程系统模拟软件都属于这一类。这种方法的基本部分是模块(子程序)，即是一些用以描述物性、单元操作以及系统其他功能的模块，各种特定的过程系统，可由组合起来的各种单元模块进行描述。序贯模块法对过程系统的模拟，是以单元模块的模拟计算为基础的。依据单元模块入口的物流信息，以及足够的定义单元特性的信息，可以计算出单元出口物流的信息。序贯模块法就是按照由各种单元模块组成的过程系统的结构，序贯地对各单元模块进行计算，从而完成该过程系统的模拟计算。

序贯模块法的优点是：与实际过程的直观联系强，模拟系统软件的建立、维护和扩充都很方便，易于通用化；计算出错时易于诊断出错位置。其主要缺点是计算效率较低，尤其是解决设计和优化问题时计算效率更低。计算效率低是由于序贯模块法本身的特点所决定的。对于单元模块来说，信息的流动方向是固定的，只能根据模块的输入物流信息计算输出物流信息，而且在进行系统模拟过程中，对物料、单元模块计算、断裂物流收敛计算等，将进行三重嵌套迭代，如图 1-5 所示。尽管如此，序贯模块法仍不失为一种优秀的方法。但在处理过程设计和优化问题时由于其循环迭代嵌套甚至可高达 5 层，以致其求解效率就太低了。

（2）面向方程法

面向方程法又称联立方程法，是将描述整个过程系统的数学方程式联立求解，从而得出模拟计算结果。面向方程法可以根据问题的要求灵活地确定输入、输出变量，而不受实际物流和流程结构的影响。此外，面向方程法就好像把图 1-5 中的循环圈 1~4 合并成为一个循环圈（如图 1-6 所示）。这种合并意味着其中所有的方程同时计算和同步收敛。因此，面向方程法解算过程系统模型快速有效。对设计、优化问题灵活方便，效率较高。面向方程法一直被认为是求解过程系统的理想方法，但由于在实践上存在的一些问题而没被广泛采用。其难点在于：形成通用软件比较困难；不能利用现有大量丰富的单元模块；缺乏实际流程的直观联系；计算失败之后难于诊断错误所在；对初值的要求比较苛刻；计算技术难度较大等。但是由于其具有显著优势，这种方法一直备受人们的青睐。

图 1-5　序贯模块法的迭代循环圈

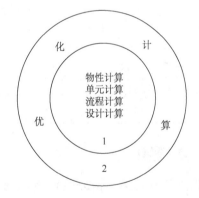

图 1-6　联立方程法的迭代循环圈

（3）联立模块法

联立模块法最早是由 Rosen 提出的，这种方法将过程系统的近似模型方程与单元模块交替求解。联立模块法又称作双层法。联立模块法的思路：在每次迭代过程中都要求解过程的简化方程，以产生的新的猜值作为严格模型单元模块的输入。通过严格模型的计算产生简化模型的可调参数，如图 1-7 和图 1-8 所示。

联立模块法兼有序贯模块法和面向方程法的优点。这种方法使用序贯模块法积累的大量模块，将最费计算时间的流程收敛和设计约束收敛等迭代循环合并处理，通过联立求解达到同时收敛。

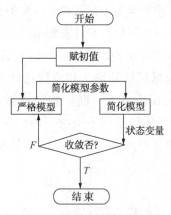

图1-7　联立模块法(双层法)

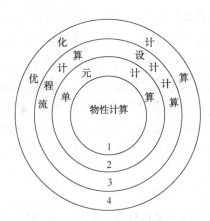

图1-8　联立模块法的迭代循环圈

上述三种方法优缺点比较见表1-1。

表1-1　稳态过程模拟系统的三种方法比较

| 方法 | 优点 | 缺点 | 软件系统代表 |
| --- | --- | --- | --- |
| 序贯模块法 | 与工程师直接经验一致，便于学习和使用；易于通用化，已积累了丰富的单元模块；需要计算内存小；有错误易于诊断检查 | 再循环引起的收敛迭代很费机时；进行设计型计算时很费机时；不易于用于最优化计算 | PRO/Ⅱ(美)<br>CONCEPT(英)<br>CAPES(日)<br>ASPEN(美)<br>FLOWTRAN(美) |
| 面向方程法 | 解算快；模拟型计算与设计型计算一样；适合最优化计算，效率高；便于与动态模拟联合实现 | 要求给定较好的初值，否则可能得不到解；计算失败后诊断错误所在困难；形成通用化程序有困难，故使用不便；难以继承已有的单元操作模块 | ASCEND-Ⅱ(美)<br>SPEED-UP(英) |
| 联立模块法 | 可以利用前任开发的单元操作模块；可以避免序贯模块法中循环流迭代；比较容易实现通用化 | 将严格模型做成简化模型时，需要花费机时；用简化模型来寻求优化时，其解与严格模型优化是否一致有争论 | TISFLO(德)<br>FLOWPACK-Ⅱ(英) |

### 1.6.4　循环

过程流程图很少是非循环的，绝大多数的产品分配是包括循环流股的。对简单的产品分配，例如已知化学反应的转化率或反应深度，给定分流分率，以及不存在排放流股的情况下，循环流股中的各组分的流率是可以直接计算出来的(不需要迭代)。

但是当反应为可逆反应或竞争反应时，那么离开分离器的各组分的分流率就是温度、压力、回流闭合排放流股等操作条件的复杂函数。在这种情况下，模拟流程图通常包括循环回路信息流，这些循环流股包含了很少的已知流股变量，以致不能独立地求解每一个单元的方程组。这就需要一种能够求解包含循环信息流股在内的所有单元的方程组的计算技术。一种方法是断开循环回路中的一条流股，并在断裂处设置一个收敛单元，假设这条流股的变量值，在此基础上，一个单元接一个单元的计算直到得到断裂流股变量的新值，这个新值用于重复计算直到满足收敛误差。断裂流股的变量通常称作断裂变量。

随着流程模拟技术的不断发展。有关研究断裂的文章不断出现。判断最佳断裂的准则分为四类：①断裂的物流数最少；②断裂物流的变量数最少；③断裂物流的权重因子之和最少；④断裂回路的总次数最少。

例如：在图1-4中，流股号S9就是一个循环流股，可以将S9定义为断裂流股，预先给定流股S9的初始信息条件，可以从混合器模块开始进行序贯模块法计算，一直计算到精馏塔D1，得到流股S9的新值，比较这个值是否满足收敛条件，若已经满足，则结束流程模拟，若不满足，则以新计算出的S9的值再次进行新一轮的计算，直到满足收敛条件为止。

### 1.6.5 循环收敛方法

对于具有循环流股的流程模拟计算时，通过断裂技术将具有循环流股的回路流程打开，从而可以利用序贯模块法对该过程系统进行计算，这时除了需要用到断裂(Tearing)技术外，还需要收敛(Convergence)技术。

执行断裂物流变量收敛功能的模块称作收敛单元模块。如图1-9(a)所示，设 $x$ 为断裂物流变量的猜值，$y$ 为经过程系统模型模拟计算得出的断裂物流变量的计算值。

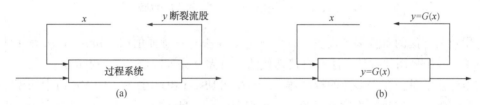

图1-9 断裂流股的收敛单元模块

断裂物流变量的收敛问题，实际上是个迭代求解非线性方程组的问题：

$$y = G(x) \tag{1-1}$$

式中 $G(x)$ 为描述过程系统的非线性方程组。显然，非线性方程组 $G(x)$ 没有具体的函数形式，它只是一系列单元模块计算的结果。因而，当断裂物流变量猜值 $x$ 与计算值 $y$ 之差小于收敛容差 $\varepsilon$ 时：

$$y - x = G(x) - x < \varepsilon \tag{1-2}$$

则 $y$ 为断型物流变量的收敛解。

在断裂流股处设置的收敛单元的功能有如下的三个作用：(a)获取猜值的初值；(b)根据计算值 $y$，以一定的方法确定新的猜值 $x$；(c)比较猜值 $x$ 和计算值 $y$。若其结果满足给定精度要求，则结束迭代计算；否则继续迭代计算过程。

由此可见，收敛单元实质上就是一个数值迭代求解非线性方程明的子程序。求解非线性方程组的数值计算方法很多，但适合于收敛单元的数值计算方法一般应尽可能满足下列要求：

① 对初值的要求不高。这表现在两个方面：一是初值易得，不易引起迭代计算的发散；二是初值的组数少。如果 $n$ 维方程组，当采用直接送代法时只需要一组初值，而采用割线法时则需要 $n+1$ 组初值。

② 数值稳定性好。通常，迭代收敛过程有四种可能的情况，见图1-10。好的迭代方法应该是对各种问题都能得到收敛解。

③ 收敛速度快。对收敛速度的影响主要有三个因素：一是迭代次数；二是函数的计算次数；三是矩阵求逆的次数。

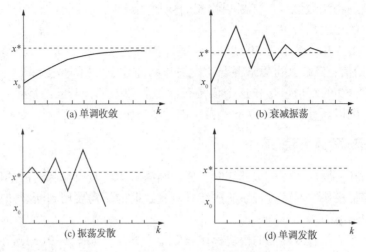

图 1-10　迭代过程的四种收敛情况

$k$—迭代次数，$x_0$—迭代初值，$x^*$—迭代过程的解

应用较为广泛的有直接迭代法、有界 Wegstein 法、主特征值法、Broyden 法等几种，在 ASPEN PLUS 中采用的收敛方法有直接迭代法、有界 Wegstein 法和 Broyden 法。

需要注意的是，在大多数的模拟器（ASPEN PLUS、PRO/IID 和 CHEMCA）中的模拟流程图中，是不需要设定数学收敛单元的，在流程图中也不显示出来，但是它是存在的。更确切地说，如果没有用户的干预，它是不出现在模拟流程图中的。但是 HYSYS 是一个例外，循环收敛单元（RCY 模块）出现在模拟流程图中。

## 1.7　典型商业过程模拟系统简介

### 1.7.1　主要商业过程模拟系统提供商

ASPEN PLUS 是基于稳态化工模拟、优化、灵敏度分析和经济评价的大型化工流程模拟软件。它是由美国麻省理工学院（MIT）化学工程系 1976 年靠美国能源部提供资金开始开发，1981 年正式成立了 ASPENTECH 公司（http：//www.aspentech.com）。从那以后，ASPEN PLUS 正式公开发行，年年有所发展，被公认为是新一代的化工过程计算机模拟系统。当前，ASPENTECH 公司已经发展成为一个面向过程工业（包括化工、石化、炼油、造纸、电力、制药、半导体、日用化工、食品饮料等工业）提供企业优化软件及服务的领先供应商，ASPENTECH 公司的产品包含 3 个套件：**ASPEN ENGINEERING SUITE（ASPEN PLUS 等 39 个软件）；ASPEN ENTERPRISE PLATFORM；ASPEN OPERATION MANAGER**。在流程模拟、仿真培训、工程设计、企业管理等方面，ASPENTECH 可以提供一体化的信息化解决方案。ASPEN PLUS 成为 ASPENTECH 所有软件中的最为基础和核心的一部分，目前的最新版本为 2020 年发布的 ASPEN PLUS V12.1。

SimSci（www.simsci.com）是世界著名的化工模拟软件公司，所开发的大量软件产品和独特的工程解决方案为炼油、石油化工、精细化工及环境保护等各个行业所采用。

Simsci 公司(http：//www. simsci－esscor. com)已经并入 Invensys 过程系统公司(英国 Invensys集团的一个业务公司)，其产品链包括 Foxboro 的过程控制系统、Triconex 的安全系统、SimSci-Esscor 的模拟和优化主品、Avantis 的资产管理、Wonderware 的人机界面软件和广泛的工程及支持服务。SimSci 公司的产品也从原来的过程模拟与优化向企业在线优化和动态模拟等领域扩展，其产品套件包括以下四方面：**PROCESS ENGINEERING SUITE(PRO/Ⅱ、HEXTRAN、DATACON、INPLANT、VISUAL FLOW)；UPSTREAM OPTIMIZATION SUITE(PIPEPHASE、NETOPT、TACITE)；ONLINE PERFORMANCE SUITE(Romeo、ARPM、Connoisseur)；DYNAMIC SIMULATION SUITE(DYNSIM、FSIM PLUS、TRISIM PLUS、OTS)；**目前 PRO/Ⅱ 的最新发行版本为 12.1。

HYSYS 是加拿大专业化工程软件生产公司 Hyprotech Ltd. (http：//www. hyprotech. com)开发的流程模拟软件，其前身是 HYSIM 流程模拟软件，以短小、易用和功能强大而著称。Hyprotech 公司的产品主要集中在过程设计方面，其产品包括以下三方面：Continuous Processing Industries(HYSYS)；HYSYS Lifecycle Components(HX. NET、DISTIL、ECONOMIX)；HYSYS Hydraulic Products(PIPESIM、PIPESYS、FLARENET)。该公司于 2002 年已经被 ASPENTECH公司兼并，目前最新版本为 V12.1。

ChemCAD 是 Chemstations 公司(http：//www. chemstations. com)开发的主要产品，其产品相对短小精悍，其产品包括三个：**CC－STEADY STATE(CHEMCAD)；CC－DYNAMICS (CC-ReACS、CC-DCOLUMN)；CC-BATCH(BATCH DISTILLATION)。**目前该软件的最新版本是 8.0。

### 1.7.2　商业过程模拟系统的特点

上述四家过程模拟系统供应商提供的过程模拟软件 ASPEN PLUS、PRO/Ⅱ、HYSYS 和 CHEMCAD 均属于通用过程模拟软件，它们在使用和功能均具有一些共同的特点。

(1) 方便灵活的图形用户操作环境。商业过程模拟软件提供了功能强大且易于使用的 Microsoft Windows 下的图形用户界面，能够方便地绘制模拟流程图，以交互方式分析计算结果，按模拟要求修改数据，调整流程。为用户形成工艺流程图(PFD)提供了集成工具，可以方便地加入数据框(热量和物料平衡数据)。方便地数据传输与转化：支持 Microsoft OLE 交互操作特性，可以方便地实现模拟软件与 Microsoft Excel、FORTRAN 等第三方软件之间的通信。允许用户按照要求输出报告。在报告中，可以选择输出的流股、单元操作，对流股中包含的数据也可以进行定义。此外还有灵活的客户-服务器应用，适用于个人以及企业级的应用。

(2) 相对完备的组分数据库和热力学模型库。①在纯物质性质数据库上均提供了多达 2000 种以上的有机和无机化合物基础物性参数，几千对二元交互作用参数；并可以自定义组分数据库。②在热力学模型上提供了包括理想模型、状态方程和活度系数模型等在内的几十种热力学模型，使用的体系范围包括了理想体系、非理想体系、原油和调和馏分、水相和非水相电解质溶液以及聚合物体系等。③在物性分析功能方面，提供物性常数估算方法，可用于分子结构或其他易测量的物性常数(如正常沸点)估算其他物性计算模型的常数；具备数据回归功能，用于实验数据的分析和拟合；物性分析系统可以生成表格和曲线，如蒸气压曲线、相际线、$t-p-x-y$ 图等；原油分析数据处理系统，用精馏曲线、相对密度和其他物性曲线特征化原油物系；电解质专家系统对复杂的电解质体系可以自动生成离子或相应的反应。

（3）典型单元操作模型库，商业模拟系统涵盖了化工过程的大部分单元操作类型，它们包括：

一般化模型：闪蒸、阀、压缩机/膨胀机、泵、管线、混合器/分离器方面 Mixer/Splitter。

精馏模型：简捷法和精确法、包括简单塔计算到复杂塔计算，以及多塔布置、灵活的规格指定、算法可选。其他的塔模型还包括萃取精馏、共沸精馏、反应精馏、吸收、液-液抽提。

换热器模型：管壳式、简单式和 LNG 换热器、严格空冷器模型等。

反应器模型：转化反应器和平衡反应器、活塞流反应器、连续搅拌罐式反应器、吉布斯自由能最小反应模型。

固体模型：结晶器/溶解器、逆流倾析器、离心分离器、旋转过滤器、干燥器、固体分离器、旋风分离。

设备设计：塔板(筛板、泡罩、浮阀)、填料(散堆和规整)、管壳式换热器。

设备费用估算：计算工厂主要设备的购置和安装费用。

而且，各模拟系统在推出新版本的同时，也注意吸收最新的单元操作过程(如膜分离过程和燃料电池系统等)以及最新的过程模型(如非平衡级速率模型)。

（4）强大的模型分析功能。①敏感性分析，通过图表方式可看出设备规格和操作条件对工艺性能的影响。②设计规定，可自动计算满足规定性能指标的操作条件或设备参数。③收敛性分析，对有多个物流循环和信息循环的体系，可自动分析和建议最优切割物流、流程收敛方法和求解序列。④数据拟合，可用实际生产数据拟合所用的工艺模型。⑤最优化，可根据最优化目标调节工艺条件以达到如最大生产率、最低能耗、物流纯度和最大经济效益等。⑥案例研究，分析评价流程对变量变化的敏感性。

（5）扩展功能。由于化工过程的多样性和复杂性，商业模拟系统由于其通用性很难对所有的过程模型均加以考虑，因此，几乎所有的商业流程模拟系统均具有用户扩展功能，除了前面介绍的用户自定义组分数据库之外，用户还可以自定义热力学模型和单元操作模型。另外还提供了与第三方专有软件(如 HTRI，一个严格换热器设计程序)的数据共享接口。并可通过 Visual Basic、VC 等编程语言完成新界面和新功能开发。

除了上述共同特点外，各软件也是在某些方面各具特色，例如，ASPEN PLUS 在组分数据库上最大，并且还提供了与世界上最大的热力学实验物性数据库 DETHERM(含 250000 多个混合物的汽液平衡、液液平衡以及其他物性数据)的接口；在单元操作模型上，ASPEN PLUS 对模型也进行了非常细致的工作，仅塔模型就有 DSTWU、Distl、RadFrac、Extract、MultiFrac、SCFrac、PetroFrac、RateFrac 和 BatchFrac 九种，并在每种模型中提供了多种模型图标。因此 ASPEN PLUS 也是目前最为强大的化工稳态流程模拟软件。PRO/II 则在每次推出新版本的时候都将当前的最新单元操作模型作为一个单独的模块直接集成到软件中，如在 6.0 版本中集成了膜分离过程，在 7.1 版本中则集成了燃料电池系统。HYSYS 和 CHEMCAD

则兼具稳态模拟和动态模拟两种功能。尤其是 HYSYS，在由 HYSIM 升级的时候，将所有的代码全部采用 C++语言重新编写，是第一个用面向对象和事件驱动技术开发的完全交互的工艺模拟环境，因而也具有很多新的特征，例如其交互式运行模式可以分步、逐模块的运行；无论何时输入新的信息，所有的计算自动更新；可以毫无限制地获得各种信息；可以在计算进行过程中获取及时更新的结果。

图 1-11~图 1-14 分别为 ASPEN PLUS、PRO/II、HYSYS 和 CHEMCAD 部分案例的图形界面，供参考。

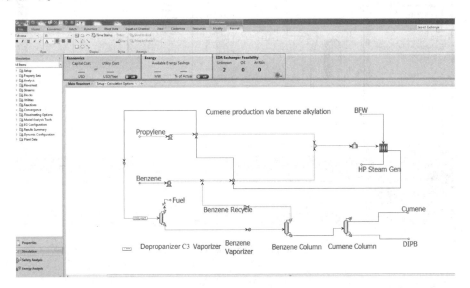

图 1-11　ASPEN PLUS 的图形界面

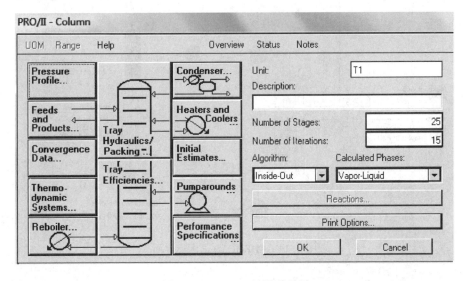

图 1-12　PRO/II 的图形界面

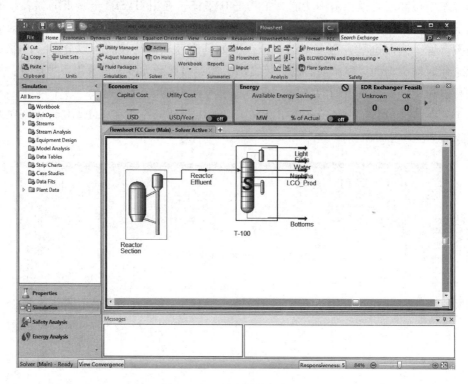

图 1-13　HYSYS 的图形界面

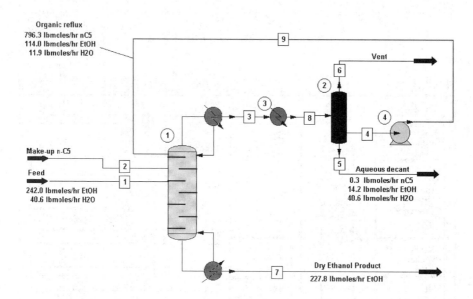

图 1-14　CHEMCAD 的图形界面

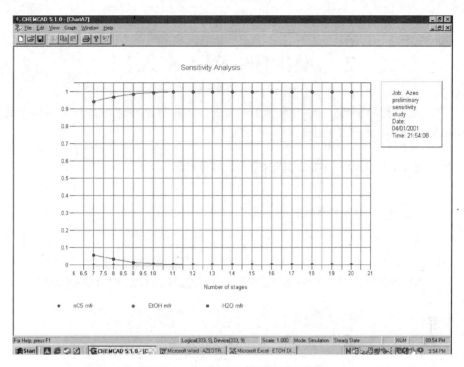

图 1-14　CHEMCAD 的图形界面(续)

# 2 ASPEN PLUS 入门

本章将介绍过程模拟系统 ASPEN PLUS 的窗口用户界面和化学过程的模拟步骤，并通过一个实例具体说明 ASPEN PLUS 的使用方法。

## 2.1 ASPEN PLUS 的窗口用户界面

### 2.1.1 ASPEN PLUS 窗口

在成功启动 ASPEN PLUS 之后，就会进入 ASPEN PLUS 的主用户界面，这是一个如 WORD 等通用 WINDOWS 应用程序版的典型图形用户窗口界面，如图 2-1 所示。

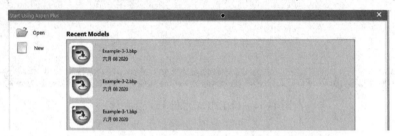

图 2-1　ASPEN PLUS 打开界面图

其中 Open 选项：打开已保存的 ASPEN PLUS 文件，这里文件格式分为两种，一种是 bkp 文件，另一种是 apw 文件。

New 选项：新建一个模拟文件，点击 new，出现如下界面，见图 2-2（常用的有通用米制单位和化工米制单位）。

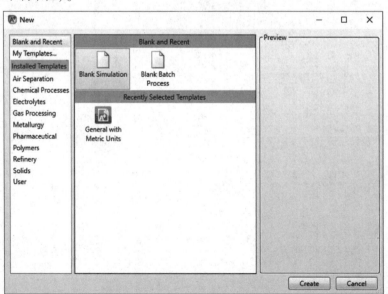

图 2-2　ASPEN PLUS 的新建图

点击 Blank Simulation，建立一个空白的模拟文件，如图 2-3 所示(即为 ASPEN PLUS 的初始界面图)。

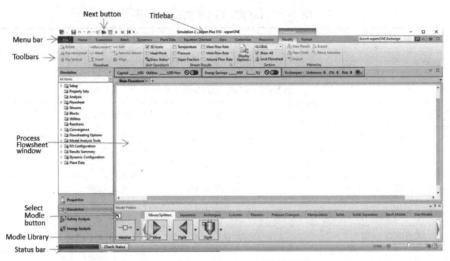

图 2-3　ASPEN PLUS 初始界面图

从图 2-3 中可以看出，ASPEN PLUS 主要分为三个界面，即为 Properties 界面(物性界面)、Simulation 界面(模拟界面)、Energy Analysis 界面(能量分析界面)。

## 2.1.2　Properties 界面

其最重要的三个元素为菜单、工具栏和工作区，当然也包括了标题栏和状态栏等辅助元素，见图 2-4。

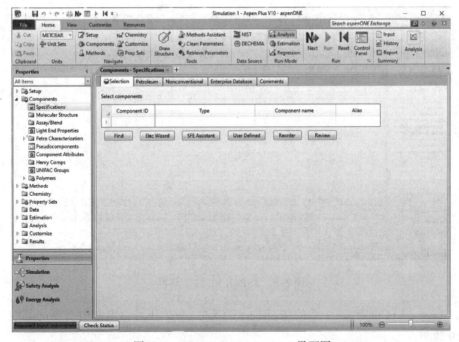

图 2-4　ASPEN PLUS Properties 界面图

但是作为一个专业的化工流程模拟软件，其窗口元素又具有不同于通用软件的特定意义。表2-1为主窗口的各主要元素的说明。

表 2-1　ASPEN PLUS 主窗口说明

| 窗口部件 | 说　明 |
| --- | --- |
| Titlebar(标题栏) | 显示模拟文件名等运行标识，位于窗口顶部 |
| Menubar(菜单) | ASPEN PLUS 的命令菜单栏，位于 Titlebar 之下 |
| Toolbar(工具栏) | 包含一些菜单命令的按钮。位于 Menubar 之下 |
| NextButton(下一步按钮) | 调用 ASPEN PLUS 专家系统，直到用户完成模拟所必需经历的各步骤 |
| Status Area(状态区域) | 显示当前的运行状态信息 |
| Select Mode button(选择模式按钮) | 在对象的选择模式和插入模式之间进行切换 |
| Process Flowsheet Window(工艺流程图窗口) | 建立模拟工艺流程的窗口 |
| Model Library(模型库) | 列出可用的单元操作模型。位于主窗口的底部 |

使用主窗口可以建立、显示模拟流程程图以及 PFD 图等。另外也可以从主窗口打开其他窗口，如 Plot(绘图)窗口和 Data Browser 窗口。

### 2.1.3　工具栏

使用工具栏上的按钮，可以快速方便地执行操作，ASPEN PLUS 缺省的工具栏包括 Standard(标准)、Data Browser(数据浏览器)、Simulation Run(模拟运行)、Process Flowsheet(过程流程图)、CAPE-OPEN 和 Detherm，如图 2-5 所示。

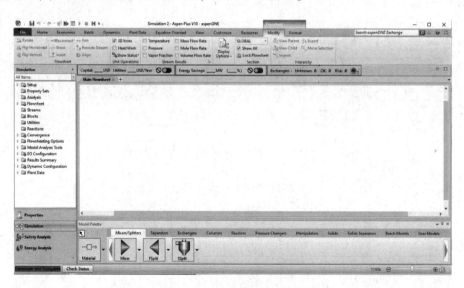

图 2-5　ASPEN PLUS 工具栏

通过 Customize(自定义)菜单的 Toolsbar(工具栏)命令还可以定制所需要的其他工具栏。如图 2-6 所示。

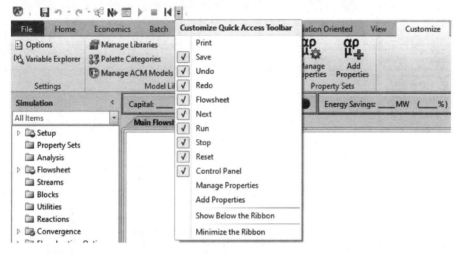

图2-6　ASPEN PLUS 其他工具栏

各种工具栏的作用如表2-2 所示。

表2-2　工具栏的作用示例

| 工具栏 | 按　钮 |
| --- | --- |
| Standard(标准) | 用于基本操作的标准窗口按钮，New 新建；Open 打开；Save 保存；Cut 剪切；Print 打印；Print Preview 打印预览；Copy 拷贝；Paste 粘贴；Help 帮助 |
| Data Browser(数据浏览器) | 用于显示下一个所需的步数据浏览器或它其中一个的各种元素的按钮 |
| Simulation Run(模拟运行) | 用于控制流程图执行的按钮 |
| Process Flowsheet(处理流程图) | 用于操纵流程图中的单元操作图形或文本对象的按钮 |
| Draw(绘图) | 用于添加或修改图形或文本对象的按钮 |
| Dynamic(动态) | 用于使用 ASPEN Dynamics 进行动态模拟的按钮 |
| Section(流程段) | 用于操纵流程段的按钮 |
| Detherm | 用于与因特网上的 Detherm 数据库联接的按钮 |
| CAPE-OPEN | 用于导入或导出 CAPE-OPEN 物性包的按钮 |
| EO Shortcut(面向方程) | 用于面向方程处理和修改 EO 设置的按钮 |

## 2.1.4　工艺流程窗口

在 Process Flowsheet 窗口中，可以建立显示工艺流程以及绘制 PFD 图，见图2-7。

## 2.1.5　模型库

使用 Model Library 去选择想要放置在流程图上的单元操作模型和图标 Model Library。出现在 ASPEN PLUS 主窗口的底部，见图2-8。

图 2-7　ASPEN PLUS Process Flowsheet 窗口

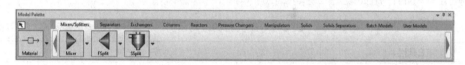

图 2-8　ASPEN PLUS 模型库

若选择一个单元操作模型：

（1）在想要放置在流程中的单元类型的相应标签上单击鼠标；

（2）在页面中单击单元操作模型；

（3）若选择不同的模型图标单击靠近模型图标的下箭头看到可选的图标在 Model Library（模型库）中为那个模型所选择的图标会出现；

（4）当已经选择一个模型时单击流程中想要放置模型的地方。

当以这种方式放置单元模块时处在 Insert 插入模式，每次在 Process Flowsheet 工艺流程窗口中单击一下鼠标，便放置了一个定义的模型类型的单元模块。若退出 Insert 状态并返回 Select 状态，在 Model Library 左上方的 Mode Select Button（模型选择按钮）上单击鼠标。

**提示：**也能够通过从 Model Library 模型库拖放到 Process Flowsheet（工艺流程）窗口的方法在流程图中放置单元模块。

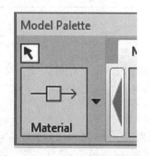

图 2-9　ASPEN PLUS 插入模式

若选择物流类型：

（1）单击模型库中显示的靠近物流类型的向下箭头；

（2）选择想要放置在流程中的物流类型；

（3）一旦选定一个物流类型在想要连接物流的流程端口处简单地单击鼠标。

当放置单元模块和物流时鼠标指针变成十字形状表明 Insert Mode（插入模式），如图 2-9 所示。

在放置每一个单元模块或物流后，在没有在模型库右上角选择模式的按钮上单击鼠标之前，将保持在 Insert Mode(插入模式)。

提示：能够使 Model Library 活动而将它用作移动面板，也能够在工具条下使 Model Library 活动。

## 2.1.6 数据浏览器

Data Browser 数据浏览器是一个页面和表页查看器，它具有已经定义的可用的模拟输入、结果和对象的树状层次视图。

若打开一个 Data Browser：

在 Data Browser toolbar 上的 Data Browser 按钮 ![button] 上单击鼠标；或从 Data menu，单击 Data Browser。

当打开任何一个表时，Data Browser 也出现，见图 2-10。

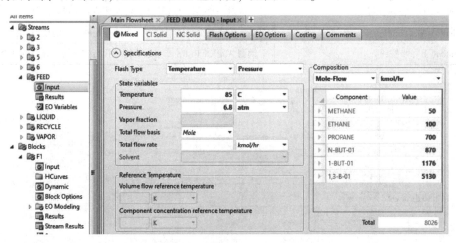

图 2-10　ASPEN PLUS Data Browser

使用数据浏览器，可实现下列功能：

(1) 显示表页和页面并操纵对象；

(2) 不必返回 Data 菜单，而浏览多个表页和页面，例如：当检查性质参数输入时；

(3) 编辑定义流程模拟输入的页面；

(4) 检查运行的状态和内容；

(5) 查看结果是否可用。

ASPEN PLUS 数据浏览窗口见图 2-11，部件见表 2-3。

表 2-3　ASPEN PLUS 数据浏览窗口的部件

| 窗口部件 | 说　明 |
| --- | --- |
| Form(表页) | 显示能够输入数据或浏览结果的页面 |
| MenuTree(菜单树) | 文件夹和表的层次树 |
| Status Bar(状态条) | 显示有关当前单元块物流或其他对象的状态信息 |
| Prompt Area(提示域) | 提供做选择或完成任务的帮助信息 |
| Go to a Different Folder(转到另外一个文件夹) | 选择显示一个文件夹或一个表 |

续表

| 窗口部件 | 说　　明 |
|---|---|
| Up One Level(到上一级) | 到菜单树的上一级 |
| Folder List(文件夹列表) | 显示或隐藏菜单树 |
| Units(单位) | 活动表格所采用的测量单位 |
| Go Back button(向后按钮) | 回到前个浏览过的表页 |
| Go Forward button(向前按钮) | 回到上次选择 Go Back 按钮所查看的表页处 |
| Input/Results View Menu(输入/结果浏览菜单) | 允许只浏览输入的文件夹和表页只浏览输出的文件夹或表页或者全部浏览 |
| Previous Sheet button(前一个表页按钮) | 带到该对象的前一个输入或结果表 |
| Next Sheet button(下一个表按钮) | 带到该对象的下一个输入或结果表 |
| Comments button(注释按钮) | 允许对一个具体单元模块物流或其他对象输入注释 |
| Status button(状态按钮) | 显示关于某个具体表格在上次运行期间产生的任何信息 |
| Next button(下一步按钮) | 调用 ASPEN PLUS 专家系统指导执行完成模拟任务的各个步骤 |

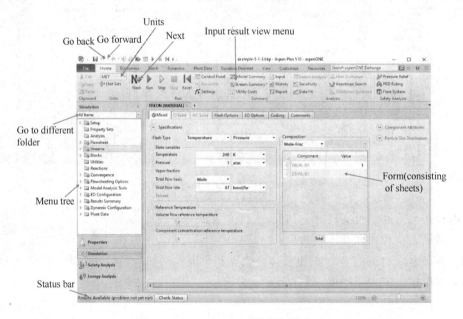

图 2-11　ASPEN PLUS 数据浏览窗口

## 2.1.7　在数据浏览器中显示表和页

使用 Data Browser,可以浏览和编辑表和页,这些表和页为流程模拟定义输入并显示结果。当显示一个表时,可以通过在表中点击页面标签来浏览任意页面。

有几种方式显示表格,可以通过下列手段在新数据浏览器中显示表:

(1) Data 菜单;

(2) 单元模块或物流单选菜单;

(3) 在 Control Panel(控制面板)上的 Check Results 按钮 Run 菜单的 Check Results 命令或

在 Simulation Run 工具条上的 Check Results 按钮；

（4）在 Data Browser 工具条上的 Setup，Components，Properties，Streams，或 Blocks 按钮；

（5）在 Data Browser 工具条上的 Data Browser 按钮；

（6）通过使用下列手段可以在同一个数据浏览器内转到一个新表上；

（7）菜单树；

（8）对象管理器；

（9）Data Browser 上的 Next 按钮；

（10）Previous Form（前一个表）和 Next Form（下一个表）按钮（《，》）；

（11）Go Back（向前）和 Go Forward（向后）按钮（←，→）；

（12）选择 View 菜单；

（13）Up One Level 按钮。

例如 Compoments Specifications Selection（组分规定选择）表格式样，如图 2-12 所示。

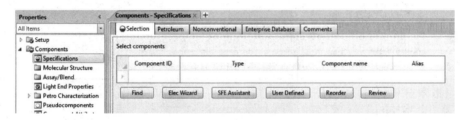

图 2-12　ASPEN PLUS Compoments Specifications

注：一个表是多个页的集合。

## 2.1.8　状态指示符

状态指示符显示整个模拟以及各个表和页的完成状态。

状态指示符是：

（1）靠近表的标签上的页面名；

（2）在 Data Browser（数据浏览）菜单树中按符号来表示表页。

表 2-4 给出了所出现的符号的意义。

**表 2-4　状态指示符的意义**

| 符号 | 内容 | 意　义 |
| --- | --- | --- |
| | 输入表 | 要求的输入完成 |
| | 输入表 | 要求的输入没有完成 |
| | 输入表 | 没有数据输入 |
| | 混合表 | 输入和输出 |
| | 结果表 | 没有结果（计算还没有运行） |
| | 结果表 | 没有错误和警告（OK），结果有效 |

续表

| 符号 | 内容 | 意　义 |
|---|---|---|
|  | 结果表 | 带警告的有效结果 |
| | 结果表 | 带错误的有效结果 |
| | 结果表 | 与当前输入(改变输入)相矛盾的结果 |
| | 输入文件夹 | 没有输入的数据 |
| | 输入文件夹 | 要求的输入没有完成 |
| | 输入文件夹 | 要求的输入已经完成 |
| | 结果文件夹 | 没有结果存在 |
| | 结果文件夹 | 结果有效-OK |
| | 结果文件夹 | 带警告的有效结果 |
| | 结果文件夹 | 带错误的有效结果 |
| | 结果文件夹 | 与当前输入(改变输入)相矛盾的结果 |

### 2.1.9　按钮使用

（1）使用 Next

在 ASPEN PLUS 的任何位置。单击 Next 按钮 ▶ 便可以移到下一个输入表和菜单，Next 按钮位于主窗口的 Data Browser 工具条上和 Data Browser 的工具条上。

使用 Next 可以：

① 借助显示信息指导你对一个运行进行必需和可选的输入；

② 下步需要做什么；

③ 即使当你改变已经输入的选择项和规定时，也确保你不会做出不完整的或不一致的规定。

表 2-5 给出了单击 Next 会发生什么。

表 2-5　Next 操作结果

| 如　果 | 使用 Next |
|---|---|
| 所在的表是没有完成的 | 显示一个完成页面必须提供的输入信息清单 |
| 所在的表是完成的 | 转到当前对象的下一个必需的输入页面 |
| 选择了一个完成的对象 | 转到下一个对象或做运行的下一个步骤 |
| 选择了一个没完成的对象 | 转到必须完成的下一个页面 |

（2）使用 Reset

在 ASPEN PLUS 数据等输入完成，再次运行时不使用上次的计算结果，可单击 Reset 按钮 ◀，则可采用初值重新计算。

### 2.1.10 使用对象管理器

(1) 对象管理器

每个单元模块物流和其他模拟对象都有一个唯一的标识，在含有几个模拟对象的 Data Browser 树中选择一个文件夹时，Data Browser 的表格区域中出现一个对象管理器表(图 2-13)。

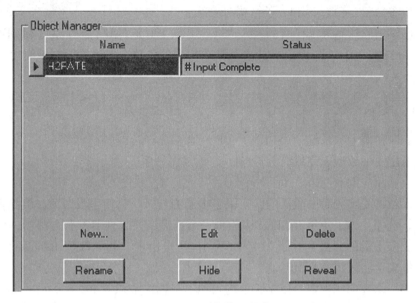

图 2-13　对象管理器表

使用 Object Manager(对象管理器)按钮执行下列功能，如表 2-6 所示。

表 2-6　对象管理器功能

| 按钮 | 说　　明 |
| --- | --- |
| New | 建立一个新对象会提示你输入对象的标识并将显示对象的表格 |
| Edit | 显示对象的表 |
| Delete | 删除对象 |
| Clear | 删除对象的数据对象仍然存在 |
| Rename | 更改对象的名字 |
| Hide | 临时从模拟中去掉一个对象但没有删除它 |
| Reveal | 把一个隐含的对象放回到模拟中 |

对所有的对象并非所有的功能均可用，例如：在 Block Object Manager(模块对象管理器)中 New 是无效的，使用 Process Flowsheet(工艺流程)窗口和模型库建立一个新模块。

(2) 删除对象和清除表

可以从一个模拟中删除下列内容：

(1) Components Specification Selection(组分规定选择)页面上的一个组分；

(2) 流程的单元模块和物流；

(3) 其他输入，例如一个设计规定使用 Data Browser 或 Object Manager。

当删除输入时，对所删除对象（即使在其他表中）的所有参考都将自动删除。如果这导致了一个不一致或没有完成的规定，专家系统将把受影响的表标记为没有完成的表，Next功能转到所有没完成的页面。

不能够删除下列内容：

（1）不描述对象的页面例如 Setup 表；

（2）性质参数（二元或对）和分子结构对象。

然而，能够清除这些表上已有的输入内容，并恢复它们的缺省值。为了做到这一点，从 Object Manager 或菜单中单击 Clear，或者从菜单树中的条目上单击鼠标右键时出现的菜单上单击 Clear。

### 2.1.11 专家系统

在做改变时使用专家系统，ASPEN PLUS 专家系统（Next 功能）能够：

（1）当规定不一致或未完成时会提醒；

（2）指导做相应的改变。

如果输入数据的字段是未激活的，字段会提示为什么。为使字段激活，删除任何有冲突输入和选项。例如，如果使用 RadFrac 去模拟一个精馏塔并且规定没有再沸器，操作规定字段之一将变成未激活的，因为在塔规定中只有一个自由度。如果改变 Reboiler（再沸器）字段，其他操作规定区域将变为激活的。

如果改变一个选项或规定，使得其他输入项不一致，ASPEN PLUS 显示一个对话框问是否想临时跳过错误。

如果不想纠正错误而继续单击 Yes。然后进入受影响的字段并将其与新的规定一致。

协调完规定后，受影响的表才标记为完成。专家系统进入没完成的表。

## 2.2 ASPEN PLUS 使用基本步骤

采用任何一个商业化的化工流程模拟软件，基本上都包括如下 8 个基本操作步骤（图 2-14）。

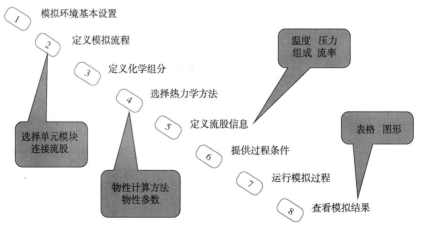

图 2-14 化工流程模拟软件 8 步骤

## 2.2.1 基本设定

图 2-15 所示为 ASPEN PLUS 的全局设定窗口，常用的设定工作包括：(1)设定模拟文件的标题(Title)。(2)选择度量单位(Units of Measurement)，若对 ASPEN PLUS 已有的(或者模版提供的)单位体系不满意，也可以在现有单位体系的基础上自己定义单位体系。在提供输入单位体系的同时，也提供了输出的单位体系。(3)全局设定(Global Settings)，包括模拟类型、输入模式、流量基准(Flow basis)和大气压力(Ambient pressure)等。关于全局设定的详细选项如图 2-15 所示。

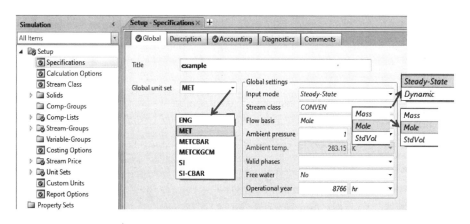

图 2-15　ASPEN PLUS 全局设定

自定义单位体系的方法如下：首先在图 2-16 中选择"New"按钮创建一个单位体系的名称。

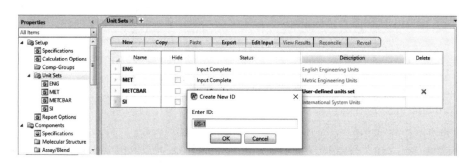

图 2-16　ASPEN PLUS 自定义单位体系

然后弹出该单位体系得输入窗口如图 2-17 所示，首先在"Copy from"中选择新建单位体系在那个已有单位体系下重建，然后针对不同的单位选择其具体的单位。

在基本设定中还需要做的一项工作是选择输出报告的内容，其中强调的一点是选择输出流股的信息。在"Setup"的"Report Options"中单击"Stream"页中(如图 2-18 所示)，在"Flow Basis"中选择输出流股的需要的流量基准以及在"Fraction basis"中选择组分分率的基准。ASPEN PLUS 对这两个基准均有 Mole(摩尔)、Mass(质量)、Std volumn(标准体积)三种基准可供选择。

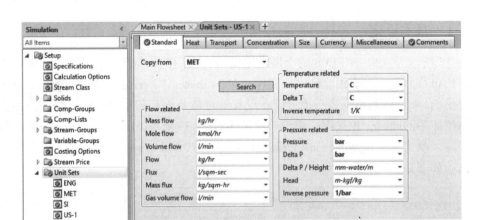

图2-17　ASPEN PLUS自定义单位体系具体单位

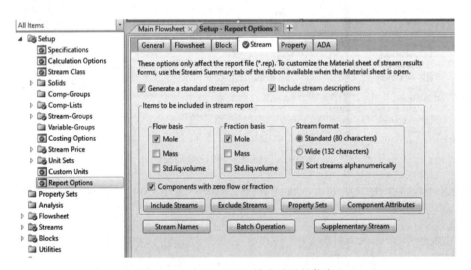

图2-18　ASPEN PLUS输出流股的信息

### 2.2.2　定义模拟流程

（1）定义一个流程的步骤

① 在View菜单下，确认PFD状态已经关闭，否则设置的模块和物流图形不能变成模拟模型的一部分。

② 选择单元操作模块并将它们放置到流程窗口。

③ 用物流连接模块。

当然，在放置模块和物流后还可以：删除模块和物流；为模块和物流改名；改变物流连接。

（2）放置单元模块

在模拟流程中设置一个单元操作模块的方法如下：

① 在模型库中单击一个模型类别标签则显示这一类别中的一系列模型。

② 在模型库中，选择想要在流程中设置的单元操作模型。选择模型的不同的图标，单

击向下的箭头，并单击一个图标去选择它。当放置模型时，所选择的图标在改变图标之前将保持缺省状态。

③ 在单元操作模型处单击并按住鼠标键，然后拖动它到流程图窗口。鼠标指针将呈一个盒子和一个箭头的形状， 它表明仅设置一个模块。

④ 流程窗口中，在需要的放置模块的位置释放鼠标键。如果已经关闭了自动确定模块名字这一项，将被提示输入模块的ID。

⑤ 继续创建流程。放置其他模块请重复（1）到（4）的步骤。

当放置或移动模块时，如果工具栏选项 grid/Scale 标签的对话框 Snap to Grid 有效则模块图标的中心将捕捉到一个网格点。

（3）放置物流和连接模块

① 在模型库的左侧单击 STREAMS 图标。

② 如果想要选择不同的物流类型（物料、热流或功流），单击与此图标相邻的向下箭头，然后选择一个不同的类型。见图 2-19。

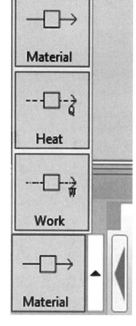

图 2-19　ASPEN PLUS 模型库的左侧单击 STREAMS 图标

③ 移动鼠标指针到流程窗口。对于流程窗口的每个模块，所有端口和亮显的物流类型保持一致。见图 2-20。至少有一个物流连接的端口显示红色，其他可选择的端口显示蓝色。如果将鼠标定位在显示端口之上，箭头将变成亮显的，并且在端口处出现一个带有描述性的文字框；见图 2-21。

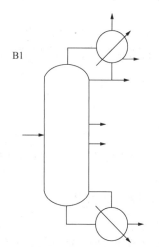

图 2-20　流程窗口的模块

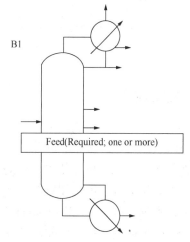

Feed(Required; one or more)

图 2-21　带描述性的流程窗口模块

④ 单击亮显的端口使之连接。如果端口不在想要的位置，在端口处单击并按住鼠标键。当鼠标指针变成端口移动形状时，拖动并在图标上重新定制端口。

⑤重复步骤④连接到物流的另一端。

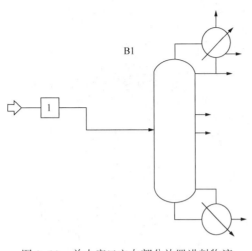

图2-22 单击窗口空白部分放置进料物流

只有可连接的物流的另一端的那些端口依然保持亮显。例如，如果你连接一物流到一出口端，进口端保持亮显而出口端不再是亮显。

如果已经在流程的工具栏选项框标签上关闭了自动确定物流名称选项，将被提示输入物流的 ID。

⑥ 如果放置物流的另一端为流程进料或产品，单击流程窗口的空白部分。

如果已经连接物流源，则产品物流就可以放置了。如果已经连接了物流终点，就可以放置一个进料物流。缺省情况下，在连接物流任何一端之前，单击窗口的空白部分，就可以放置一个进料物流了。见图2-22。

⑦ 停止放置物流单击模型库左上角的选择模式键 ▣ 。

在任何时候取消连接的物流，按 ESC 键或单击鼠标右键；

放置同一类型的另一物流，重复④~⑥的步骤；

放置不同类型的一个物流，重复②~⑥的步骤。

也可使用拖放功能去连接物流。过程与以上描述的情形相似：

① 选择想要的物流类型，通过单击模型库上的物料流图标或使用紧挨着图标的向下箭头选择一个热流或功流。

② 在物流图标处单击并按住鼠标键。

**提示**：完成第一个物流连接后，在拖放鼠标期间按住 CTRL 键保持插入模式。

③ 移动光标到流程窗口。相应的端口是亮显的。

④ 释放鼠标键：使一个端口连接；在流程的空白部分放置一个进料物流。

⑤ 移动鼠标并单击：另一个亮显的端口去连接其他物流末端；在流程的空白部分放置一个产品物流。

### 2.2.3　定义化学组分

（1）ASPEN PLUS 的组分数据库

ASPEN PLUS 在几个数据库中包含了大量组分的物性参数，除了标准的 ASPEN PLUS 数据库以外，在你的环境下还可以使用自己的数据库。

浏览可用的纯组分数据库，浏览或改变一个模拟可以用的数据库：

① 从 Data（数据）菜单中单击 Components（组分）。

② 在 Specifications（规定）窗口中，单击 Databanks（数据库）页。ASPEN PLUS 在这个页中按 Selected Databanks（选择的数据库）列表的顺序查找数据库，缺省的顺序适合多数的模拟。

③ 在这个模拟中改变数据库的查找顺序，在 Selected Databanks（选择的数据库）列表中单击数据库，然后单击上和下箭头键在列表中移动数据库的上部分或下部分。

④ 可以从 Available Databanks（可用的数据库）列表中选择另外的数据库，并使用右箭头按钮把它们加到 Selected Databanks（选择的数据库）列表中。

⑤ 从查找中移走一个数据库，在 Selected Databanks(选择的数据库)列表中单击数据库，然后单击左箭头按钮把它移到 Available Databanks(可用的数据库)列表中。

表 2-7 列出了 ASPEN PLUS 包括的纯组分库的内容和使用。

表 2-7　ASPEN PLUS 包括的组分库

| 数据库 | 内容 | 使用 |
| --- | --- | --- |
| PURE10 | 主要有机物组分的纯组分参数 | ASPEN PLUS 中主要的组分数据库 |
| AQUEOUS | 在水溶液中以各种离子和分子形式存在的纯组分参数 | 含有电解质的模拟 |
| SOLIDS | 强电解质盐和其他固体的纯组分参数 | 含有电解质和固体的模拟 |
| INORGANIC | 无机物和有机物组分的纯组分参数 | 固体电解质和冶金应用 |
| PURE856 | ASPEN PLUS8.5-6 版本提供的主要纯组分库 | 向上兼容 ASPEN PLUS 以前版本 |
| PURE93 | ASPEN PLUS9.3 版本提供的主要纯组分库 | 向上兼容 ASPEN PLUS 以前版本 |
| AQU92 | ASPEN PLUS9.2 版本提供的 AQUEOUS | 向上兼容 ASPEN PLUS 以前版本 |
| ASPENPCD | ASPEN PLUS8.5-6 版本提供的主要纯组分库 | 向上兼容 ASPEN PLUS 以前版本 |
| COMBUST | 燃烧物的纯组分参数，包括自由基 | 高温，气相计算 |

(2) 从数据库中选择组分

在 ASPEN PLUS 模拟中对规定组分具有如下的要求：

● 保证模拟至少包含一个组分。

● 提供 ASPEN PLUS 所有模拟组分的一个列表。

● 对每个组分标识一个组分 ID(标识符)。这个 ID 将与后面的输入报表、结果报表和报告中的所有组分有关。

从数据库中选择组分的步骤如下：

① 从 Data(数据)菜单单击 Components(组分)。

② 在 Selection 页的 Component ID(组分标识符)框中输入一个要加的 ID(标识符)，每个组分必须有一个 Component ID(组分标识符)；见表 2-8。

表 2-8

| 在数据库中发现准确的匹配了吗 | 然后 ASPEN PLUS |
| --- | --- |
| 是 | 填上分子式和组分名，省略余下的步骤。<br>如果你选择了不检索数据，用后退键删除分子式或组分名 |
| 否 | 如果你要从数据库中检索数据必须输入分子式或组分名，规定分子式或你自己的组分名执行步骤3。<br>使用 Find(查找)，单击 Find(查找)按钮并执行步骤4 |

③ 表2-9列出了发生的结果。

表 2-9

| 如果你输入一个 | 并且一个恰当的匹配是 | 那么 ASPEN PLUS |
|---|---|---|
| 分子式 | Found | 填上 Component Name 组分名如果你还没有做的话你必须规定 Component ID(组分标识符)省略余下的步骤 |
| 分子式 | Not found | 显示带有部分匹配结果的 Find 查找对话框参见步骤 4 使用 Find 查找对话框省略余下的步骤 |
| 组分名 | Found | 填上 Formula(分子式)如果你还没有做的话你必须规定 Component ID(组分标识符) |
| 组分名 | Not found | 显示部分匹配结果的 Find 查找对话框参见步骤 4 使用 Find 查找对话框省略余下的步骤 |

④ 使用 Find(查找)对话框查找的原则。

在 Name(组分名)或 Formula(分子式)页上,可以查找组分名或分子式中包含的字符串,使用 Advanced 页输入下面这些项的任何一组用于查找组分:

表 2-10　Find(查找)功能示意

| 如果输入一个 | 那么 ASPEN PLUS 查找 |
|---|---|
| 组分名或分子式 | 包括组分名或分子式一部分的字符串中任意组分 |
| 仅匹配组分开头这个字符串 | 包括组分名或分子式开头的字符串的任何组分 |
| 组分类型 | 在组分类别中的组分 |
| 分子量 | 在分子量范围内的组分 |
| 沸点 | 在沸程内的组分 |
| CAS 号 | Chemical Abstract Service(化学文摘服务)登记号的组分 |

⑤ 单击 Find Now 按钮显示符合查找原则的所有组分,然后从列表中选择一个组分并单击 Add,把它加到组分列表中,单击这里去看一个使用 Find 的例子。

⑥ 当完成查找组分时,单击 Close(关闭)返回到 Selection 页。

建立模拟时,随时都可以返回到 Components Specifications Selection 页增加或删除组分。

(3) 规定组分例子

在这个例子中组分 $CH_4$ 的 Formula(分子式)和 Component Name(组分名)是自动从数据库检索的组分 $CH_4$ 和 $C_4H_{10}$ 的数据是从数据库中检索的组分 $C_3$ 是非数据库组分,如图 2-23 所示。

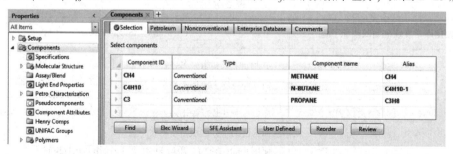

图 2-23　ASPEN PLUS 规定组分例子

（4）使用 Find Dialog Box 查找对话框的例子（见图2-24）。

在这个例子中组分 Find（查找）对话框用于查出在分子式中包括 C3 并且沸点在 200K～250K 间的组分。

① 在 Components Specifications Selection 页中选择一个空的组分 ID 字段然后单击 Find；

② 在 Component Name（组分名）或 Formula（分子式）框中输入 C3；

③ 选择 Advanced 页，可根据化学类型、分子量范围、沸程和 CAS 号查找组分；

④ 在 Boiling Point（沸点）框中输入沸点为 200K～250K；

⑤ 单击 Find Now；

ASPEN PLUS 根据组分名或分子式中含有 C3 这个字符和沸点 200K～250K 来查找组分库然后在窗口的底半部显示结果。

⑥ 包括模拟中查找结果的组分，从列表中选择组分名，然后单击 Add。从 Find（查找）对话框，可以继续选择组分名，单击 Add 按钮，从查找结果中选择多个组分并把它们加到你的模拟中。也可以修改查找标准，单击 Find Now 再去生成新的查找结果；

⑦ 当完成后，单击 Close（关闭）返回到 Components Specifications Selection 页。

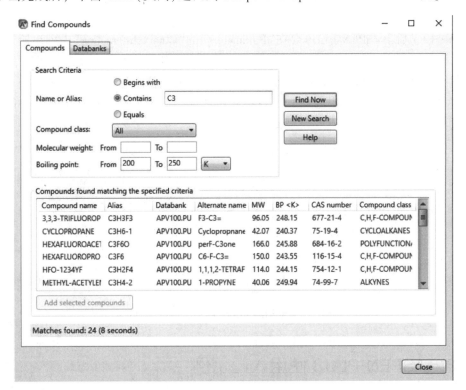

图2-24　ASPEN PLUS 查找组分库

## 2.2.4　选择热力学模型

在"Properties"的"Specifications"中可以选择热力学模型。在"Process type"中可以选择热力学模型的类型对模型在选择前进行一个分类缩小选择范围，然后在"Base method"中选择需要的热力学模型即可，如图2-25所示。

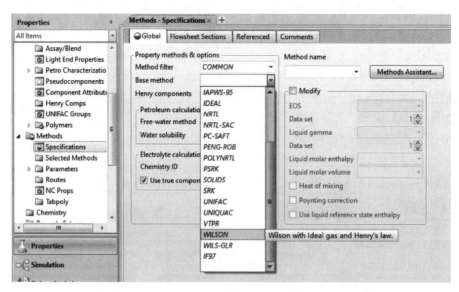

图 2-25　ASPEN PLUS 选择热力学模型

在选中模型后，ASPEN PLUS 会在"Parameters"的"Binary Interaction"中列出所选模型模拟组分的交互作用参数，见图 2-26 需要注意的是只有 ASPEN PLUS 的物性库中存在的交互作用参数才会列出，否则 ASPEN PLUS 显示空白。在使用 ASPEN PLUS 的过程中，软件会强制用户进入这个窗口，提醒用户一定要确定所选模型已经包括了模拟组分需要的所有数据，否则就要进行用户输入或者模型回归缺失的参数。这部分内容会在下一章中进行详细介绍。

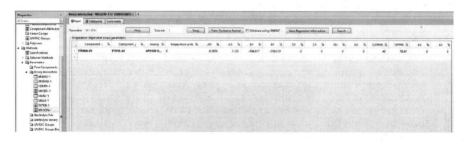

图 2-26　ASPEN PLUS 中的交互作用参数

## 2.3　ASPEN PLUS 使用入门示例

【例 2-1】采用 ASPEN PLUS 模拟一个由混合器、闪蒸罐、分流器和泵组成的循环流股流程(如图 2-27 所示)，热力学性质采用 RK-SOAVE 模型，计算在给定条件下的各流股的状态(含温度、压力、流率、组成、气相分率、密度等信息)。

解：第一步，新建模拟文件，在"Setup"页进行模拟基本设置，模拟类型选择"Flowsheet"，单位体系选择"MET"，如图 2-28 所示。

"MET"单位体系的部分单位的详细信息，如图 2-29 所示。

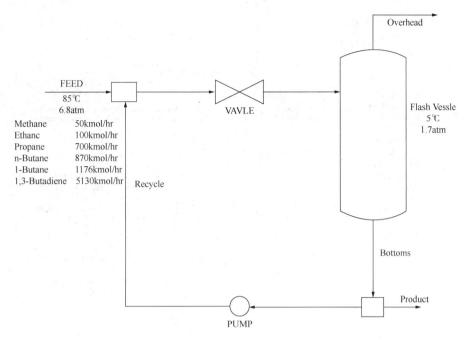

图 2-27　ASPEN PLUS 循环流股流程

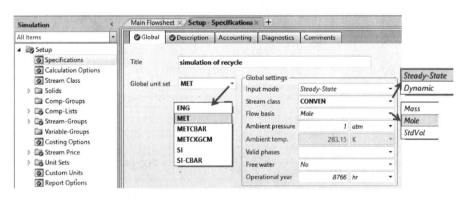

图 2-28　ASPEN PLUS 新建模拟文件

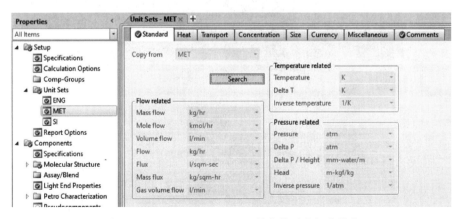

图 2-29　ASPEN PLUS"MET"单位体系的部分单位

为了在流股信息中能够察看各组分的摩尔流率，在"Setup"项的"Report Options"选项中的"Stream"页里，在"Fraction basis"中选中"Mole"。如图2-30所示。

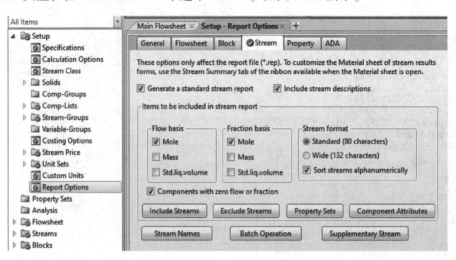

图2-30　ASPEN PLUS中流股各组分的摩尔流率

第二步，建立模拟流程图，在"Model Libarary"上分别选择Mixer(位于Mixers/Splitters类别)、Vavle(位于Pressure changers类别)、Flash2(位于Separators类别)、FSplit(位于Mixers/Splitters类别)和Pump(位于Pressure changers类别)5种单元操作模型，如图2-31所示。

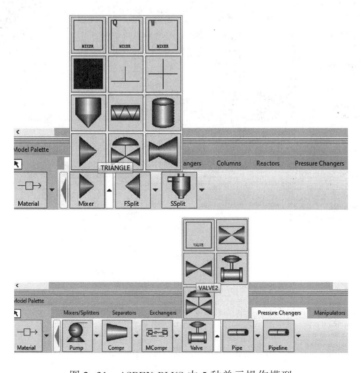

图2-31　ASPEN PLUS中5种单元操作模型

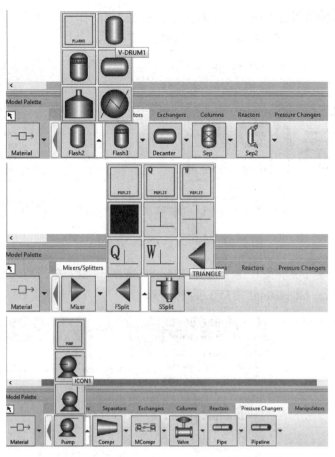

图 2-31　ASPEN PLUS 中 5 种单元操作模型（续）

在绘图窗口添加了单元模块之后，使用物料流股将单元模块连接起来，并将设备名称和流股名称修改，如图 2-32 所示。其中单元模块 S1 和 P1 在模型图标的初始形状上进行了旋转。旋转模型图标的方法是在模型图标上单击鼠标右键，然后在"Rotate Icon"中选择相应的旋转方向就可以了。单元模块 S1 选择的是"Rotate Right"，向右旋转 90°，单元模块 P1 选择的是"Rotate Left/Right"，左右旋转 180°。

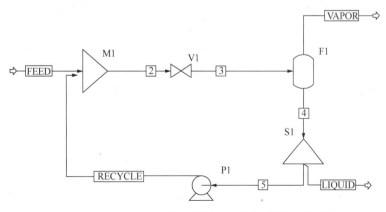

图 2-32　ASPEN PLUS 使用物料流股将单元模块连接起来

　　第三步，输入模拟组分，单击"Find"按钮，按照2.2.3节的方法查找并输入组分。输入完成后的"Components specifications"窗口，如图2-33所示。

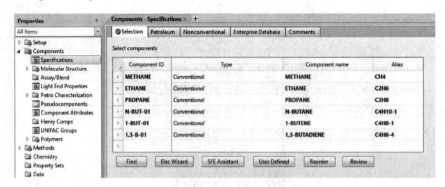

图2-33　ASPEN PLUS 输入模拟组分

　　第四步，选择热力学模型，这里选择"RK-SOAVE"模型，单击"Next step"按钮（），向导指示进入"Binary Interaction"窗口，见图2-34。

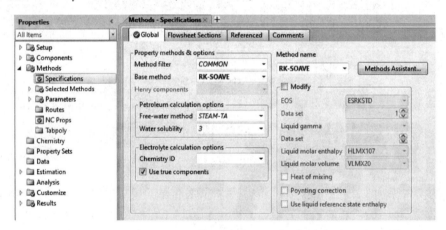

图2-34　ASPEN PLUS 选择热力学模型

交互作用参数的表格数据，如图2-35所示。

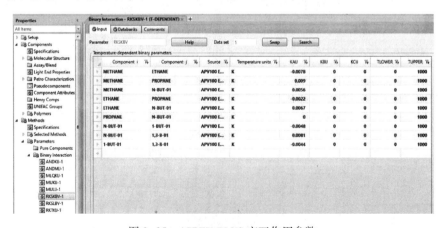

图2-35　ASPEN PLUS 交互作用参数

单击"Next step"按钮(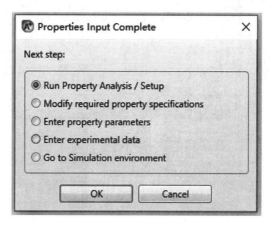)，ASPEN PLUS 提示进行下一步的输入，如图 2-36 所示。选中"Go to Next required input step"，单击"OK"按钮，进入流股参数输入窗口。

图 2-36 ASPEN PLUS 进行下一步的输入

第五步，输入流股参数，在"State Variable"窗口中选择"Temperature"，输入 85℃，在"Pressure"中输入 6.8atm。在"Composition"中选择"Mole-Flow"和"kmol/hr"，在对应组分中输入相应的组分摩尔流率。输入完成后单击"Next step"按钮(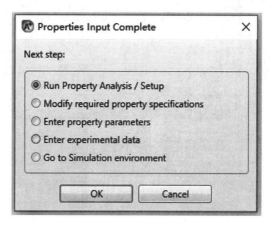)进行设备操作参数和操作条件的设定，如图 2-37 所示。

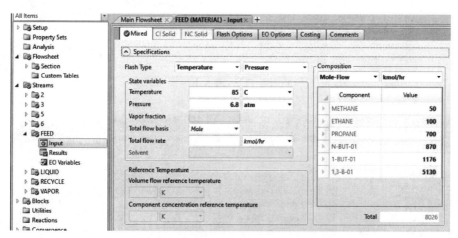

图 2-37 ASPEN PLUS 进行设备操作参数和操作条件的设定

第六步，设备操作参数和操作条件的输入如图 2-38 所示，在闪蒸器 F1 中输入闪蒸温度 5℃和闪蒸压力 1.7atm。单击"Next step"按钮(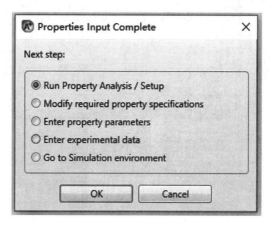)进入下一模型的输入。

在混合模型 M1 中，维持 ASPEN PLUS 的设定，Pressure 为 0atm，表明在 M1 种无压力变化。单击"Next step"按钮(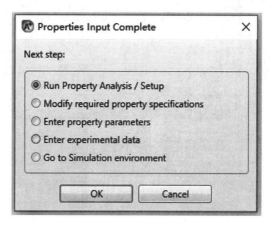)进入下一模型的输入，如图 2-39 所示。

在泵模型 P1 中的"Discharge pressure"中输入 6.8atm，也就是泵的出口压力为 6.8atm，该数值与混合器 M1 的压力一致，若泵的出口压力低于 6.8atm，则无法将循环物料输入混合器。单击"Next step"按钮(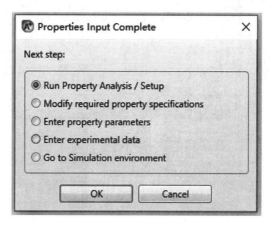)进入下一模型的输入，如图 2-40 所示。

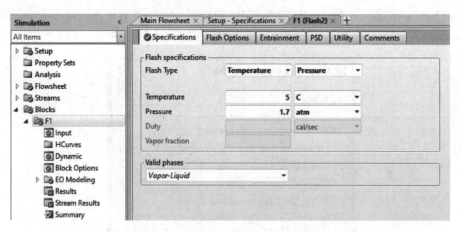

图 2-38　ASPEN PLUS 进行设备操作参数和操作条件的输入

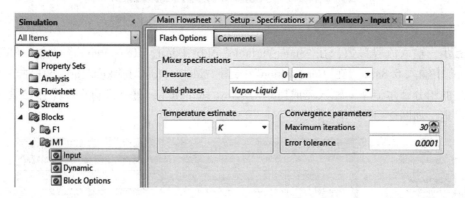

图 2-39　ASPEN PLUS 进入下一模型的输入

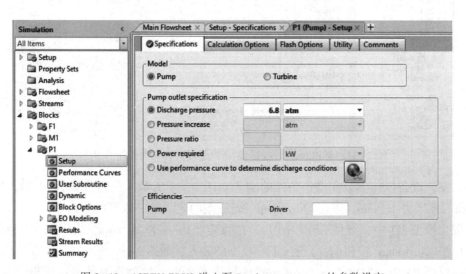

图 2-40　ASPEN PLUS 进入泵 Discharge pressure 的参数设定

　　在分流器 S1 中的流股 5 的"Split fraction"中输入 0.5，表明分流比为 0.5，另外一个流股 7 的分流比为 1-0.5-0.5。单击"Next step"按钮(  )进入下一模型的输入如图 2-41 所示。

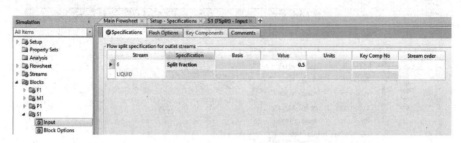

图2-41 ASPEN PLUS 分流器 S1 中的流股 5 的参数设定

在阀 V1 中的"Outlet pressure"中输入 1. 7atm 如图 2-42 所示，该压力与闪蒸器的操作压力一致。

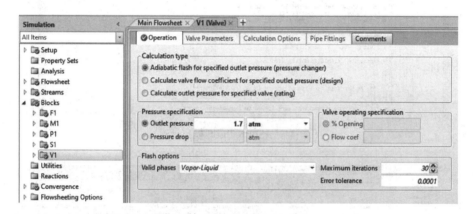

图2-42 ASPEN PLUS 阀 V1 中 Outlet pressure 的参数设定

单击"Next step"按钮(  )进入下一模型的输入。ASPEN PLUS 弹出对话框，告知用户输入完成( Required Input Complete )，可以进行模拟计算( Simulation )了。单击"确定"按钮，开始执行计算，如图 2-43 所示。

图2-43 ASPEN PLUS 弹出对话框告知用户输入完成( Required Input Complete )

第七步，模拟计算。模拟计算的控制面板，如图 2-44 所示，左边的树状窗口显示的是计算的顺序，右边显示的是每次迭代计算过程。当最后显示 "Simulation calculations completed"表明计算正常结束。

第八步，察看结果，单击"Check results"按钮( Check Status )显示模拟结果对话框。在"Results Summary"的"Streams"中查看所有流股信息，如图 2-45 所示，从中可以看到汽相和液相产品流股信息。

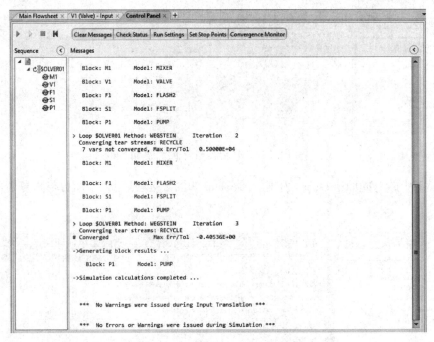

图 2-44　ASPEN PLUS 模拟计算

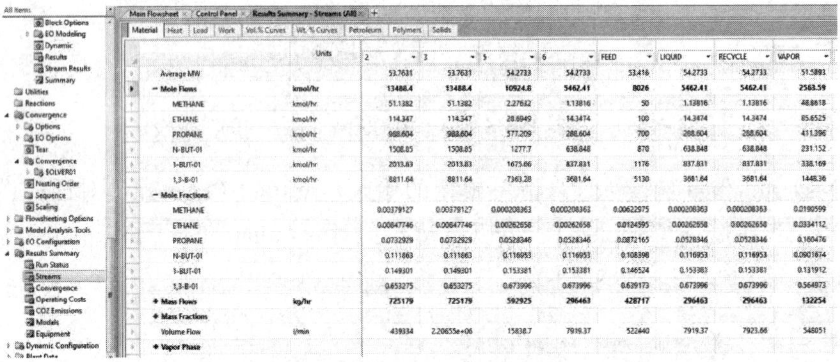

图 2-45　ASPEN PLUS 察看结果

因为该流程有一个循环流股，需要用到迭代计算，从"Convergence"中可以查看详细迭代计算步骤。如图 2-46 所示。

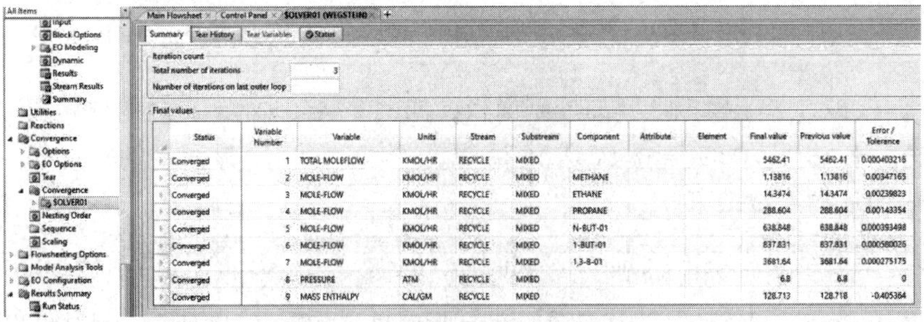

图 2-46　ASPEN PLUS 迭代计算

图 2-47 显示的是断裂流股的迭代历史纪录。

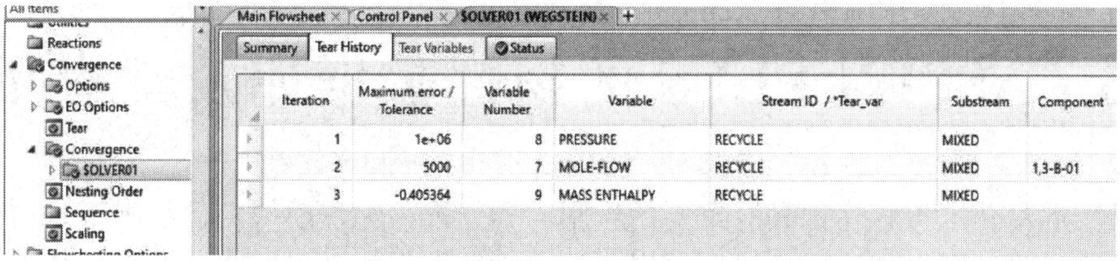

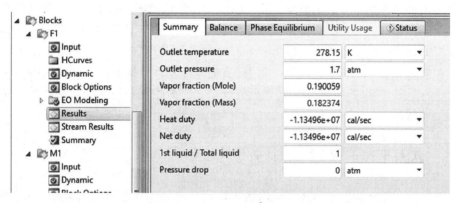

图 2-47  ASPEN PLUS 迭代历史纪录

此外也可以在"Blocks"中选择相应的模型查看模型计算结果，图 2-48 显示的是闪蒸器"Results"的详细结果。

图 2-48  ASPEN PLUS"Blocks"中选择相应的模型查看模型计算结果

也可以选择"Stream Results"查看与闪蒸器相连接的物料流股的详细结果，如图 2-49 所示。

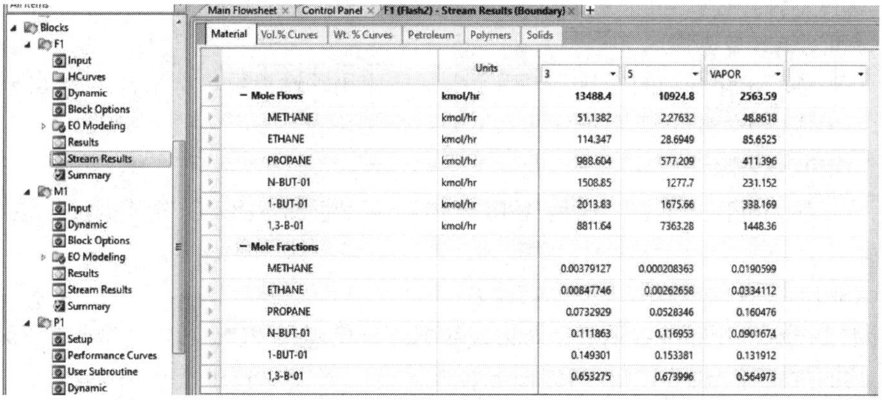

图 2-49  ASPEN PLUS 中查看与闪蒸器相连接的物料流股的详细结果

当然也可以通过选择其他模型名称查看其他模型的计算结果。

【练习题 2-1】在例题 2-1 的基础上进行如下计算：(1)通过改变闪蒸器温度，在闪蒸器塔顶获得 850kmol/h 的塔顶气体。(2)考察在循环比为 0.75 和 0.25 时的汽相和液相出口流率和组成。

# 3 ASPEN PLUS 的物性数据库及其应用

物性数据对化工流程模拟具有重要的作用，不仅因为流程模拟的运行离不开物性数据的支持，重要的是流程模拟的质量好坏强烈依赖于物性数据的准确性和可靠性，并且流程模拟计算量的 60%~80% 是在进行热力学性质的计算。

用于流程模拟的物性数据包括反映过程平衡特性的热力学物性数据和反映过程速率特性的传递过程物性数据。在流程模拟软件中的物性数据库一方面包括纯组分性质的基础物性数据库，然而流程模拟通常处理的是混合物，因此物性数据库还包括由纯组分的基础物性预测混合物性质的预测模型，甚至直接由试验测定数据来回归得到模型参数。因此，支持化工过程流程模拟的物性数据库应该具备以下三方面的功能：(1)基础物性数据库，基础物性的存储、检索和修订；(2)物性估算系统，利用已有的基础物性数据和模型估算纯组分和混合组分的热力学性质和传递性质；(3)实验数据处理系统，根据用户提供的试验数据，对其进行筛选和模型参数回归。

## 3.1 ASPEN PLUS 的组分数据库

ASPEN PLUS 物性数据库的数据包括离子种类、二元交互参数、离子反应所需数据等。共含 5000 个纯组分、40000 个二元交互参数、5000 个二元混合物及与 250000 多个混合物实验数据的 DETHERM 数据库接口和与 In-house(内部)数据库接口。可直接在 CD-ROM 和 Internet 上获得数据，详述如下：

(1) AQUEOUS 数据库

包括 900 种离子化合物的参数，它用于电解质应用关键参数。有水合热和无限稀释状态下的吉布斯生成自由能以及无限稀释状态下的水合相热容。

(2) AQU92 数据库

包括 900 种无机物的参数，这是 ASPEN PLUS9.2 版的 AQUEOUS 数据库，该数据库可以向上兼容。

(3) ASPENPCD 数据库

包括 472 个有机物和一些无机化合物该数据库，已经被 PURECOMP 数据库所替代作为纯组分参数的主要源 ASPENPCD 可以向上兼容。

(4) INORGANIC 数据库

包括大约 2450(大多数是无机物)个组分的热化学数据，关键数据是焓、熵、吉布斯自由能和热容关联系数。对于给出的一个组分可以有大量的固相、一个液相和理想气相的数据。相同的参数集可用于计算一个给定的温度范围之内的一个给定相态的焓、熵、吉布斯自由能和热容。INROGANIC 数据库用于固体高温冶金和电解质应用。

(5) PURE10 数据库

包括多于 1727 个组分(大多数为有机物)的参数，这是 ASPEN PLUS 纯组分参数的主要数据源。该数据库是以 AICHE DIPPR 数据编辑项目开发的数据、ASPENTECH 开发的参数、从 ASPENPCD 数据库得到的参数以及其他数据源为基准的。对于大多数模拟，PURE10 包括了所需要的所有物性参数。保存在数据库中的参数可分类如下：

① 与状态无关的固有属性，如分子量、临界参数、偏心因子等。

② 标准状态下一定相态的属性，如25℃时的标准生成热、标准燃烧热、标准生成自由能等。

③ 一定状态下的属性，如各温度下的热容、饱和蒸气压、黏度等，通常以一定的方程形式关联，将方程参数作为基础物性数据。

④ 其他专用模型参数，如 UNIFAC 模型的官能团信息。

表 3-1～表 3-4 分别列出了 ASPEN PLUS 数据库中的纯组分数据库中的部分物性名称及相关代码。

表 3-1　固有性质

| 物性 | 代号 | 物性 | 代号 |
| --- | --- | --- | --- |
| 分子量 | MW | 临界压缩因子 | ZC |
| 临界温度 | TC | 偏心因子 | OMEGA |
| 临界压力 | PC | 偶极距 | MUP |
| 临界体积 | VC | 回转半径 | RGYR |

表 3-2　标准态下的物性

| 物性 | 代号 | 物性 | 代号 |
| --- | --- | --- | --- |
| 生成热 | DHFORM | API 度 | API |
| 生成自由能 | DGFORM | 溶解度参数 | DELTA |
| 沸点 | TB | 等张比体积 | PARC |
| 标准沸点下的摩尔体积 | VB | 气体黏度 | MUVDIP |
| 汽化热 | DHVLB | 液体黏度 | MULAND |
| 凝固点 | TEP | 导热系数 | KVDIP |
| 相对密度 | SG | 表面张力 | SIGDIP |

表 3-3　关联式参数

| 物性 | 代号 | 参数个数 |
| --- | --- | --- |
| ANTOIN 蒸气压关联式参数 | PLXANT | 9 |
| 理想气体热容关联式参数 | CPIG | 11 |
| WASTON 关联式参数 | DHVLWT | 5 |
| RACKETT 液体容积方程关联式 | RKTZRA | 1 |
| CAVETT 综合方程参数 | DHLCAT | 1 |
| CAVETT 综合关联式参数 | PLCAVT | 4 |
| SEALCHASD-HILDEBRNUD 方程参数 | VLCVT1 | 1 |
| 标准液体容积方程参数 | VLSTD | 3 |
| 水溶解度方程参数 | WATSOL | 5 |
| AUDRADE 液体黏度关联式参数 | MULAND | 5 |

表 3-4　功能团参数

| 物性 | 代号 | 物性 | 代号 |
|------|------|------|------|
| UNIFAC 方程功能团的 Q 参数 | GMUFQ | UNIFAC 方程功能团的相互作用参数 | GMUFB |
| UNIFAC 方程功能团的 P 参数 | GMUFP | | |

主要纯组分数据库的内容是在不断更新扩展和改进的，因此从一个版本到下一个版本的 ASPEN PLUS，某个参数值可能改变了。如果使用新的更新的数据库，这种改变可能会引起模拟结果的不同。

为了具备向上的兼容性（也就是说，可以得到与以前版本相同的模拟结果），主要纯组分数据库 ASPEN PLUS 的主要版本来命名，例如 8.5-6 版的纯组分数据库叫做 PURE856，而 9.3 版的纯组分数据库叫做 PURE93。

（6）PURE856 数据库

包括 1212 个组分的参数，它是来自于 ASPEN PLUS8.5-6 版的主要纯组分数据库，该数据库已经具有向上的兼容性。

（7）PURE93 数据库

包括 1550 个组分的参数，它是来自于 ASPEN PLUS9.3 版的主要纯组分数据库，该数据库已经具有向上的兼容性。

（8）SOLIDS 数据库

包括 3314 个固体组分的参数，该数据库用于固体和电解质应用。该数据库大部分被 INORGANIC 替代了，但它对于电解质应用来说仍然是必要的。

（9）COMBUST 数据库

COMBUST 数据库是一个用于高温气相计算的专用数据库，它包括在燃烧产品中发现的 59 个典型组分的参数，包括自由基。CPIG 由 JANAF 表中的数据决定温度高达 6000K（HANAF 热化学表，Dow 化学公司，Midland Michigan 1979）。使用 ASPEN PCD 和 PURECOMP 中的参数在 1500K 以上时计算通常不够准确。

COMBUST 数据库只能用于理想气体计算（IDEAL 选项集）和下列单元操作模型：MIXER、FSPLIT、SEP、SEP2、HEATER、HEATX、MHEATX、RSTOIC、RYIELD、REQUIL、RGIBBS、RCSTR、RPLUG、RBATCH、COMPR、MCOMPR、DUPL 和 MULT。你必须输入选项 NPHASE=1 给它适用的每个单元操作模块和每个 STREAM。

由以上子数据库构成的数据库系统我们通常将它称作 ASPEN PLUS 的**系统数据库**，适用于每一个 ASPEN PLUS 运行的物性参数会自动从 PURECOMP、SOLIDS、AQUEOUS、INORGANIC 和 BINARY 数据库中检索出来。要从其他数据库中检索参数使用 Components Main 组分表。用户也可以修改系统数据库来添加自己的组分或参数，但是不鼓励这样做。如果用户有大量的数据，可以使用**内置数据库**来代替系统数据库。这些数据库与 ASPEN PLUS 系统数据库无关，你的 ASPEN PLUS 系统管理员必须创建并激活内置数据库。

当某种数据不是供所有的 ASPEN PLUS 用户所使用时，使用**用户数据库**是合适的。在数据的准确性有问题或数据有其专有的性质时，会使用用户数据库。使用 ASPEN PLUS 数据文件管理系统（DFMS）来创建用户数据库。这些数据库可用于任何 ASPEN PLUS 运行中，使用 DFMS 所创建的任何内置数据库或用户数据库也必须安装在 Model Manager 模型。

## 3.2 ASPEN PLUS 的物性方法和模型

一个完备的无形数据库系统除了具有丰富的组分数据库外，还需要有精确的物性计算方法和模型，这对于平衡计算和性质计算尤为重要，进而影响整个流程模拟结果的准确性。那么，如何为你的模拟选择一个合适的(或正确的)性质方法，以及怎样通过替换性质模型来修改性质方法以满足所选模拟需要显得至关重要。本节介绍 ASPEN PLUS 的物性计算方法的基础知识，借此帮助用户正确用最佳的热力学计算模型起到辅助作用，更详细的帮助可以参考 ASPEN PLUS 关于物性模型的用户指南(ASPEN PLUS 物性方法和模型)。

ASPEN PLUS 模拟中的单元操作可能需要下列性质：热力学性质、逸度系数用于计算 $K$ 值、焓、熵、Gibbs 能、摩尔体积、传递性质、黏度、导热系数、扩散系数、表面张力。

ASPEN PLUS 的物性计算模型主要分为热力学性质模型、传递性质模型和非常规固体性质模型三大类。热力学性质模型主要是两种计算汽-液平衡的方法(状态方程方法和活度系数方法)和其他类型平衡计算方法(如液-液平衡)、汽化热模型和热容模型等其他热力学性质的计算。传递性质模型包括黏度模型、导热系数模型、扩散系数模型、表面张力模型。非常规固体性质模型指煤或焦炭等固体物质的性质计算模型。其具体的内容见表3-5。

表 3-5  ASPEN PLUS 的物性计算模型

| 类别 | 详细内容 | 类别 | 详细内容 |
|---|---|---|---|
| 热力学性质模型 | 状态方程模型<br>活度系数模型<br>蒸气压和液体逸度模型<br>汽化热模型<br>摩尔体积和密度模型<br>热容模型<br>溶解度关联模型<br>其他 | 传递性质模型 | 黏度模型<br>导热系数模型<br>扩散系数模型<br>表面张力模型 |
| | | 非常规固体性质模型 | 一般焓和密度模型<br>煤和焦炭的焓和密度模型 |

### 3.2.1  热力学平衡计算模型的状态方程法

(1) IDEAL 理想状态性质方法

IDEAL 理想状态性质方法包含了 Raoult 定律和 Henry 定律，该方法适用于气相和液相处于理想状态的体系，如减压体系、低压下的同分异构体系可以被看作理想体系。如果液体具有很小的相互作用(例如相同碳原子个数的链烷烃)或者相互作用彼此抵消(例如水和丙酮)，也表现出理想行为。有时，一些不重要的固体加工过程(例如煤的加工过程)，也可以用 I-DEAL 性质方法计算汽液平衡，但是对这种情况推荐使用 SOLIDS 性质方法。

用于汽相的传递性质模型都能很好地适用于理想气体，用于液相的传递性质模型是通过拟合实验数据得到的经验方程。

(2) 用于石油混合物的性质方法

烃可能是来自天然气或原油，即用虚拟组分来处理的复杂的混合物，这些性质方法经常用于炼油应用。表 3-6 中的性质方法是为烃类和轻气体的混合物而设计的，在低压和中压系统中使用K-值模型和液体逸度关联式。

表 3-6　对于石油混合物的性质方法

(a) 液体逸度和 K-值模型

| 性质方法名 | 模　　　型 |
| --- | --- |
| BK10 | Braun K10 K-值模型 |
| CHAO-SEA | Chao-Seader 液体逸度 Scatchard-Hildebrand 活度系数 |
| GRAYSON | Grayson-Streed 液体逸度 Scatchard-Hildebrand 活度系数 |

(b) 通用模型

| 性质 | 模　　　型 | 性质 | 模　　　型 |
| --- | --- | --- | --- |
| 液体焓 | Lee-Kesler | 表面张力 | API 表面张力 |
| 液体摩尔体积 | API | 液体黏度 | API |
| 气体黏度 | Chapman-Enskog-Brokaw | 液体导热系数 | Sato-Riedel/DIPPR |
| 气体导热系数 | Stiel-Thodos/DIPPR | 液体扩散系数 | Wilke-Chang |
| 气体扩散系数 | Dawson-Khoury-Kobayashi | | |

BK10 性质方法采用 Braun K-10 的 K-值关联式，该关联式是由真实组分和石油馏分的 K10 图而开发出的。真实组分包括 70 种烃和轻气体，石油馏分的沸程范围为 450~700K（350~800℉），对于较重的馏分开发了专有的方法。

CHAO-SEA 性质方法使用 Chao-Seader 关联式计算参考状态逸度系数；使用 Scatchard-Hildebrand 模型计算活度系数；使用 Redlich-Kwong 状态方程计算气体性质；使用 Lee-Kesler 状态方程计算液体和气体焓；使用 API 方法计算液体摩尔体积黏度和表面张力。CHAO-SEA 性质方法是具有预测性的，它能用于原油塔、减压塔和乙烯装置的部分工艺过程，对含有氢气的系统不推荐使用它。

GRAYSON 性质方法使用 Chao-Seader 关联式计算参考状态逸度系数使用 Scratchard-Hildebrand 模型计算活度系数；使用 Redlich-Kwong 状态方程计算气体性质；使用 Lee-Kesler 状态方程计算液体和气体焓；使用 API 方法计算液体摩尔体积黏度和表面张力。GRAYSON 性质方法是具有预测性的，它可用于原油塔、减压塔和乙烯装置部分工艺过程，对含有氢气的系统推荐使用该方法。

在应用范围上，BK10 性质方法通常用于减压和低压（最多几个大气压），对于标准沸点范围为 450~700K 的纯脂肪族或纯芳香族混合物能得到最好的结果。BK10 参数全部是内置的，不需要提供它们。对于脂肪族和芳香族组分的混合物，或环烷烃混合物，计算精度下降。对中压下具有轻气体的混合物体系，推荐使用 CHAO-SEA 或 GRAYSON 性质方法。CHAO-SEA 和 GRAYSON 性质方法是为含有烃和轻气体（如二氧化碳和硫化氢）的系统开发的。如果系统中含有氢气，推荐优先使用 GRAYSON 性质方法而不使用 CHAO-SEA 性质方法。

应用CHAO-SEA 性质方法和GRAYSON 性质方法可以用在高压系统。GRAYSON 性质方法具有很宽的应用范围，达到几十个大气压。对于富氢系统推荐使用 GRAYSON 性质方法，这些性质方法很少适合于炼油厂高压（50 个大气压以上）系统，对于高压系统最好使用针对石油调整的状态方程。

在很高压力条件下，特别是接近混合物临界点的情况下，不能使用该性质方法。因为在这些区域中有反常行为。在轻油储藏管道的气体运输和一些气体加工系统，会有这种情况，最好使用用于非极性组分的标准状态方程。如果存在极性混合物，如在气体处理过程中，则使用灵活的和预测性的状态方程。

BK10 图的可应用温度范围是 133~800K(-122~980℉)，最高限度为 1100K(1520℉)。

使用 CHAO-SEA 性质方法的系统其温度和压力限制为

$$200K<T<533K$$

$$0.5<T_{ri}<1.3$$

$$T_{rm}<0.93$$

$$p<140atm$$

式中　$T_{ri}$——某组分的对比温度；

　　　$T_{rm}$——混合物的对比温度。

使用 GRAYSON 性质方法的系统其温度和压力限制为

$$200K<T<700K$$

$$0.5<T_{ri}$$

$$p<210atm$$

式中　$T_{ri}$——对比温度系数。

（3）针对石油调整的状态方程性质方法

对于低压炼油应用，通常最好使用基于液体逸度关联式或 K-值模型的性质方法。针对石油而调整的状态方程性质方法是基于带有内置二元参数的用于非极性化合物的方程而开发的，它能处理临界点，如表 3-7 所示。

这些性质方法用 API/Rackett 模型计算液体密度，克服了由立方状态方程计算液体密度不准确的缺点。液体黏度和表面张力由 API 模型计算。状态方程在计算汽液平衡方面其性能都相差无几，对富氢系统推荐使用 BWR-LS 方法。

表3-7　针对石油调整的状态方程

| 性质方法名 | 模型 | 性质方法名 | 模型 |
| --- | --- | --- | --- |
| PENG-ROB | Peng-Robinson | RK-SOAVE | Redlich-Kwong-Soave |

PENG-ROB 性质方法使用 Peng-Robinson 立方状态方程计算除液体摩尔体积外的所有热力学性质，使用 API 方法计算虚拟组分的液体摩尔体积，使用 Rackett 模型计算真实组分的液体摩尔体积。该性质方法同 RK-SOAVE 性质方法类似，它被推荐用于气体加工、炼油及化工应用。应用实例包括：气体加工装置、原油塔及乙烯装置。

RK-SOAVE 性质方法使用 Redlich-Kwong-Soave(RKS)立方状态方程计算除液体摩尔体积以外的所有热力学性质；使用 API 方法计算虚拟组分的液体摩尔体积，使用 Rackett 方法计算真实组分的液体摩尔体积。该性质方法同 PENG-ROB 性质方法类似，它被推荐用于气体加工、炼油及化工应用。应用实例包括气体加工装置、原油塔及乙烯装置。

PENG-ROB 性质方法和 RK-SOAVE 性质方法具有内置的二元参数 RKSKIJ，在 ASPEN PLUS 中自动使用它们。要想在汽液平衡或液液平衡计算中得到精确的结果，必需使用二元参数,如 ASPENPLUS 内置的二元参数。使用 Properties Parameters Binary Interaction PRKIJ-1 表页来查看可用的内置二元参数,也可以使用数据回归系统(DRS)由相平衡实验数据(通常是二元 VLE 数据)来确定二元参数。

PENG-ROB 性质方法和 RK-SOAVE 性质方法适用于非极性的或弱极性的烃和轻气体(如二氧化碳、硫化氢和氢气)系统。它被推荐用于气体加工、炼油及化工应用。应用实例包括气体加工装置、原油塔及乙烯装置。

对所有温度和压力,都可能获得合理的计算结果。PENG-ROB 性质方法和 RK-SOAVE 性质方法在临界区域内也是一致的。因此,与活度系数性质方法不同,它不表现反常行为。但是结果在接近混合物临界点区域内不太精确。

(4)用于高压烃应用的状态方程性质方法

表 3-8 列出了用于高压烃和轻气体混合物的状态方程性质方法。这些性质方法能处理高温、高压以及接近临界点的体系(如气体管线传输或超临界抽提)。气体和液体所有热力学性质方法都由状态方程计算。用于计算黏度和导热系数的 TRAPP 模型能够描述临界点以外的气体和液体的连续性,它类似于状态方程。

烃组分可能来自复杂的原油或气体混合物,可将它们按虚拟组分处理。但对用于石油混合物的性质方法做了较好的调整,以便在低压至中压范围内适用于这些应用。除非使用拟合的二元交互作用参数,否则在接近临界点处不可能得到很精确的结果。立方状态方程不能准确地预测液体密度。

**表 3-8　用于高压烃的状态方程性质方法**

**(a)液体逸度和 K-值模型**

| 性质方法名称 | 模　　型 | 性质方法名称 | 模　　型 |
|---|---|---|---|
| BWR-LS | BWR-Lee-Starling | PR-BM | Peng-Robinson-Boston-Mathias |
| LK-PLOCK | Lee-Kesler-Plocker | RKS-BM | Redlich-Kwong-Soave-Boston-Mathias |

**(b)通用模型**

| 性质 | 通用模型 | 性质 | 通用模型 |
|---|---|---|---|
| 气体黏度 | TRAPP | 液体黏度 | TRAPP |
| 气体导热系数 | TRAPP | 液体导热系数 | TRAPP |
| 气体扩散系数 | Dawson-Khoury-Kobayashi | 液体扩散系数 | Wilke-Chang |
| 表面张力 | API 表面张力 | | |

BWR-LS 性质方法是基于 BWR-Lee-Starling 状态方程。它是(根据纯组分临界性质)对 Benedict-Webb-Rubin 维里状态方程的普遍化。该性质方法使用状态方程计算所有热力学性质。该性质方法在相平衡计算方面与 PENG-ROB、RK-SOAVE 和 LK-PLOCK 性质方法相差无几,但在计算液体摩尔体积和焓方面比 PENG-ROB 和 RK-SOAVE 更精确。使用 BWR-LS 性质方法,它能很好地预测长分子和短分子间的非对称交互作用。

LK-PLOCK 性质方法是基于 Lee-Kesler-Plocker 状态方程,tab 是一个维里型方程。使用状态方程计算除液体摩尔体积外的所有热力学性质;使用 API 方法计算虚拟组分的液体摩尔体积,使用 Rackett 模型计算真实组分的液体摩尔体积。

PR-BM 性质方法采用带有 Boston-Mathias 函数的 Peng Robinson 立方状态方程计算所有热力学性质。

RKS-BM 性质方法采用带有 Boston-Mathias 函数的 Redlich-Kwong-Soave(RKS)立方状态方程计算所有热力学性质。

想得到精确的计算结果，请使用二元交互作用参数。对于许多组分对，ASPEN PLUS 都有内置的二元参数，ASPEN PLUS 自动使用这些二元参数，使用二元交互作用参数表页来检索可用的内置二元参数。也可以使用数据回归系统(DRS)，由相平衡实验数据(通常是二元 VLE 数据)来确定二元参数。

对于所有温度和压力范围，使用高压烃的状态方程性质方法都能得到合理的计算结果。在临界区域内结果也是一致的，因此与活度系数性质方法不同，它没有反常行为。在接近混合物临界点区域内计算结果最不精确。

在很高压力系统中，液-液分离计算结果可能不切实际。高压的长链和短链烃间发生液-液分离，例如高压下二氧化碳与较长链的烃之间。

(5) 灵活的和预测性的状态方程性质方法

表3-9列出了用于极性组分和非极性组分的混合物及轻气体的"灵活的和预测性的状态方程性质方法"。这些性质方法能计算高温、高压、接近临界点混合物及在高压下的液-液分离的体系。应用实例有乙二醇气体干燥、甲醇脱硫及超临界萃取。

**表 3-9　灵活的和可预测的状态方程性质方法**

**(a) 液体逸度和 K-值模型**

| 性质方法名 | 状态方程 | 体积转换 | 混合规则 | 预测性 |
| --- | --- | --- | --- | --- |
| PRMHV2 | Peng-Robinson | — | HV2 | × |
| PRWS | Peng-Robinson | — | Wong-Sandler | × |
| PSRK | Redlich-Kwong-Soave | — | Holderbaum-Gm ehling | × |
| RK-ASPEN | Redlich-Kwong-Soave | — | Mathias | — |
| RKSMHV2 | Redlich-Kwong-Soave | — | MHV2 | × |
| RKSWS | Redlich-Kwong-Soave | — | Wong-Sandler | × |
| SR-POLAR | Redlich-Kwong-Soave | × | Schwartzentruber-Renon | — |

**(b) 通用模型**

| 性质 | 通用模型 | 性质 | 通用模型 |
| --- | --- | --- | --- |
| 气体黏度 | Chung-Lee-Starling | 液体黏度 | Chung-Lee-Starling |
| 气体导热系数 | Chung-Lee-Starling | 液体导热系数 | Chung-Lee-Starling |
| 气体扩散系数 | Dawson-Khoury-Kobayashi | 液体扩散系数 | Wilke-Chang 液体 |
| 表面张力 | Hakim-Steinberg-Stiel/DIPPR | | |

纯组分热力学性质是使用 Peng-Robinson 或 Redlich-Kwong-Soave 状态方程来模拟的。用带有三个参数的灵活的函数对它们进行了扩展，以便很精确地计算蒸气压。对于沸点很接近的体系的分离及对于极性组分这一点是很重要的。在有些情况下，用一个体积转换项对它们进行了扩展以便精确地计算液体密度。

在 PURECOMP 数据库中有许多组分的 Schwartzentruber-Renon 和 Mathias-Copeman 函数的参数。

这些模型混合规则是不同的。扩展的经典混合规则是用于富氢系统或具有大小和形状极不对称的系统(Redlich-Kwong-Aspen),与组成和温度相关的混合规则用于强非理想的高压系统(SR-POLAR),改进的 Huron-Vidal 混合规则可以由低压(基团贡献)活度系数模型预测高压非理想系统(Wong-Sandler、MHV2、PSRK)。改进的 Huron-Vidal 混合规则的预测能力比 SR-POLAR 的预测能力强,改进的 Huron-Vidal 混合规则的预测能力之间的差别很小。

Wong-Sandler MHV2 和 Holderbaum-Gmehling 混合规则使用活度系数模型来计算过剩 Gibbs 或 Helmholtz 能。具有这些混合规则的性质方法使用 UNIFAC 或 Lyngby 修正的 UNIFAC 基团贡献法模型。因此,它们具有预测性。可以将这些混合规则同任意 ASPEN PLUS 活度系数模型(包括用户模型)一起使用。使用 Properties Methods Models Models 页面来修改性质方法。

用于计算黏度和导热系数的 Chung-Lee-Starling 模型,描述临界点以外的气体和液体的连续性,这一点和状态方程差不多。这些模型能够模拟极性和缔合组分的性质,对于低压下极性和非极性组分混合物活度系数模型是首选模型,对于低压至中压下非极性的石油液体和轻气体混合物推荐使用用于石油混合物的性质方法。灵活的和预测性的状态方程不适于计算电解质溶液。

PRMHV2 性质方法是基于 Peng-Robinson-MHV2 状态方程模型。该模型是 Peng-Robinson 状态方程的扩展。缺省情况下用 UNIFAC 模型计算 MHV2 混合规则中的过剩 Gibbs 能,可用其他修正的 UNIFAC 模型和活度系数模型计算 Gibbs 能。除偏心因子外,还能使用最多三个极性参数来更精确地模拟极性化合物的蒸气压。MHV2 混合规则能预测在任何压力下的二元交互作用参数。在使用 UNIFAC 模型的情况下,MHV2 混合规则对于可由 UNIFAC 模型在低压下预测的任何交互作用参数都具有预测性。

PRWS 性质方法是基于 Peng-Robinson-Wong-Sandler 状态方程模型。该模型是 Peng-Robinson 状态方程的扩展。用 UNIFAC 模型计算 MHV2 混合规则的过剩 Helmholtz 能。除偏心因子外,还能使用最多三个极性参数来更精确地模拟极性化合物的蒸气压。Wong-Sandler 混合规则可以预测任何压力下的二元交互作用参数,用 UNIFAC 模型,PRWS 性质方法对于可由 UNIFAC 模型在低压下预测的任何交互作用参数都具有预测性。

PSRK 性质方法是基于 Soave-Redlich-Kwong 状态方程模型。该模型是 Redlich-Kwong-Soave 状态方程的扩展。除偏心因子以外,还能使用最多三个极性参数来更精确地模拟极性化合物的蒸气压。Holderbaum-Gmehling 混合规则或 PSRK 方法能预测任何压力下的二元交互作用参数。使用 UNIFAC 模型,PSRK 方法对于可由 UNIFAC 模型在低压下预测的任何交互作用参数都具有预测性。对于 PSRK 方法,UNIFAC 交互作用参数表已被扩展用于气体。

RK-ASPEN 性质方法是基于 Redlich-Kwong-Aspen 状态模型。该模型是 Redlich-Kwong-Soave 的扩展。该性质方法与 RKS-BM 方法相似,但它也应用于如醇和水等极性组分。RKS-BM 需要极性参数,这些参数必须用 DRS 回归蒸气压实验数据来确定。使用二元参数能够获得尽可能好的相平衡结果。RK-ASPEN 允许使用温度相关的二元参数,如果所有组分的极性参数是零,并且二元参数是常数,那么 RK-ASPEN 与 RKS-BM 相同。

RKSMHV2 性质方法是基于 Redlich-Kwong-Soave MHV2 状态方程模型。该模型是 Redlich-Kwong-Soave 状态方程的扩展。Lyngby 修正的 UNIFAC 模型用于计算 MHV2 混合规则的过剩 Gibbs 能。除偏心因子以外,还能使用最多三个极性参数来更精确地模拟极性化合物的蒸气压。MHV2 混合规则能预测任何压力下的二元交互作用参数,通过使用 Lyngby 修正的 UNIFAC 模型,Redlich-Kwong-Soave MHV2 模型对于 Lyngby 修正的 UNIFAC 所能预测的低压下任何交互作用参数都具有预测性。对于 MHV2 方法,Lyngby 修正的 UNIFAC 交互作用参数表已被扩展而应用于气体。

RKSWS 性质方法是基于 Redlich-Kwong-Soave-Wong-Sandler 状态方程模型。该模型是 Redlich-Kwong-Soave 状态方程的扩展。使用 UNIFAC 模型计算混合规则的过剩 Helmholtz 能。除偏心因子以外,可以使用最多三个极性参数来更精确地模拟极性化合物的蒸气压。Wong-Sandler 混合规则可以预测任何压力下的交互作用参数。通过使用 UNIFAC 模型,Wong-Sandler 混合规则对于 UNIFAC 在低压下所能预测的任何交互作用参数都具有预测性。

SR-POLAR 性质方法是基于 Schwarzentruber 和 Renon 状态方程模型。该模型是 Redlich-Kwong-Soave 状态方程的扩展。可以将 SR-POLAR 方法应用于非极性和强极性组分及强非理想混合物。该方法被推荐用于高温和高压应用。使用 SR-POLAR 方法需要极性组分的极性参数,这些参数是通过使用由扩展的 Antoine 模型生成的蒸气压数据而自动确定的。需要二元参数以便精确地描述相平衡,该二元参数是与温度有关的参数。如果不输入二元参数,ASPEN-PLUS 采用由 UNIFAC 基团贡献法生成的 VLE 数据来自动估算参数。因此,SR-POLAR性质方法对于由 UNIFAC 在低压下所能预测的任意交互作用参数都具有预测性。随着压力升高,预测的准确度下降。不能使用 UNIFAC 预测具有轻气体系统的交互作用参数。SR-POLAR 性质方法是可用于非理想系统的另一个可选择的性质方法。它可取代如 WILSON 等活度系数方法。

对于含轻气体的极性和非极性化合物的混合物,在高温、高压下,可以使用灵活的和预测性的状态方程性质方法。在压力最大为 150bar(1bar=10^5 Pa)左右,能得到较精确的预测结果。在给定温度下压力精度达 3%,摩尔分数精度达 2%,在任何条件下,倘若有 UNIFAC 交互作用参数,都能得到合理的结果。在接近临界点时,计算结果最不精确。

### 3.2.2 液体活度系数性质方法

ASPEN PLUS 中给出了五种液体活度系数模型(NRTL、UNIFAC、UNIQUAC、VAN LAAR 和 WILSON 模型)用于低压(小于 10 大气压)下非理想和强非理想混合物的性质方法,在 ASPEN PLUS 数据库中,有许多组分对的二元参数。在这五种模型中,基于 UNIFAC 性质方法是具有预测性的。

ASPEN PLUS 将这五个不同的描述液相非理想性的活度系数模型和六个不同的描述汽相非理想性的状态方程方法(理想气体定律、Redlich-Kwong、Redlich-Kwong-Soave、Nothnagel、Hayden-O Connell、HF 状态方程)配对就形成了 26 种性质方法,如表 3-10 所示。因此性质方法的描述分为两部分:液相 g 模型和汽相状态方程。

表 3-10　液体活度系数性质方法

(a) 液相 $g$ 模型和汽相状态方程

| 性质方法 | $g$ 模型名称 | 汽相状态方程名称 |
|---|---|---|
| NRTL | NRTL | 理想气体定律 |
| NRTL-2 | NRTL | 理想气体定律 |
| NRTL-RK | NRTL | Redlich-Kwong |
| NRTL-HOC | NRTL | Hayden-O'Connell |
| NRTL-NTH | NRTL | Nothnagel |
| UNIFAC | UNIFAC | Redlich-Kwong |
| UNIF-LL | UNIFAC | Redlich-Kwong |
| UNIF-HOC | UNIFAC | Hayden-O'Connell |
| UNIF-DMD | Dortmund 修改的 UNIFAC | Redlich-Kwong-Soave |
| UNIF-LBY | Lyngby 修改的 UNIFAC | 理想气体定律 |
| UNIQUAC | UNIQUAC | 理想气体定律 |
| UNIQ-2 | UNIQUAC | 理想气体定律 |
| UNIQ-RK | UNIQUAC | Redlich-Kwong |
| UNIQ-HOC | UNIQUAC | Hayden-O'Connell |
| UNIQ-NTH | UNIQUAC | Nothnagel |
| VANLAAR | VanLaar | 理想气体定律 |
| VANL-2 | VanLaar | 理想气体定律 |
| VANL-RK | Van Laar | Redlich-Kwong |
| VANL-HOC | Van Laar | Hayden-O'Connell |
| VANL-NTH | VanLaar | Nothnagel |
| WILSON | Wilson | 理想气体定律 |
| WILS-2 | Wilson | 理想气体定律 |
| WILS-GLR | Wilson | 理想气体定律 |
| WILS-LR | Wilson | 理想气体定律 |
| WILS-RK | Wilson | Redlich-Kwong |
| WILS-HOC | Wilson | Hayden O'Connell |
| WILS-NTH | Wilson | Nothnagel |
| WILS-HF | Wilson | HF 状态方程 |

(b) 通用模型

| 性质 | 通用模型 | 性质 | 通用模型 |
|---|---|---|---|
| 蒸气压 | 扩展的 Antoine | 气体扩散系数 | Dawson-Khoury-Kobayashi |
| 液体摩尔体积 | Rackett | 表面张力 | Hakim-Steinberg-Stiel/DIPPR |
| 汽化热 | Watson | 液体黏度 | Andrade/DIPPR |
| 气体黏度 | Chapman-Enskog-Brokaw | 液体导热系数 | Sato-Riedel/DIPPR |
| 气体导热系数 | Stiel-Thodos/DIPPR | 液体扩散系数 | Wilke-Chang |

　　但是，这些性质方法不适用于电解质，如果是电解质，请使用电解质活度系数法。在高压下，用灵活的和预测性的状态方程模拟极性混合物。非极性混合物可使用状态方程较方便地模拟，用液体逸度系数和状态方程可以较精确地模拟石油混合物。

（1）状态方程

理想气体定律是最简单的状态方程，它也是有名的 Boyle 和 Gay-Lussac 的组合定律，理想气体定律与组分特性参数无关。Redlich-Kwong 状态方程是简单的立方状态方程。对于低压系统，理想气体定律是有效的，它不适合模拟超过几个大气压的系统。对于中压系统请选择 Redlich-Kwong-based 性质方法。

理想气体定律不能模拟在汽相中的缔合现象，如在羧酸中出现的现象选择 Hayden-O'Connell 或 Nothnagel 来模拟这个缔合现象。Nothnagel 状态方程考虑了低压下的汽相二聚反应，二聚反应影响汽液平衡、汽相性质（如焓和密度）和液相性质（如焓）。当压力超过几个大气压时，不能使用 Nothnagel 性质方法，选择 Hayden-O'Connell 方程来计算中压以下的汽相缔合现象。在压力超出 10~15 个大气压时，不能使用 Hayden-O'Connell 性质方法。

对于 HF-烃混合物，Wilson 活度系数模型通常是最适于用来预防不现实的液相分离。HF 状态方程预测低压下汽相中 HF 的强缔合作用，缔合（主要的六聚物）影响汽液平衡、汽相性质（如焓和密度）和液相性质（如焓）。当压力超过 3 个大气压时，不能使用 WILS-HF 性质方法。ASPEN PLUS 内置了温度为 373K 以下的 HF 状态方程的参数，可以输入参数。并且，如果需要的话可以使用 ASPENPLUS 数据回归系统（DRS）回归参数有关模型。

（2）活度系数法

NRTL 模型、UNIQUAC 模型可以描述强非理想溶液的汽-液平衡（VLE）和液-液平衡（LLE）。Van Laar 模型可以描述与 Raoult 定律有正偏差的强非理想溶液的 VLE 和 LLE。Wilson 模型可以描述强非理想溶液。该模型不能处理两液相，若有两液相情况下请使用 NRTL 或 UNIQUAC 模型。这些模型需要二元参数。在 ASPENPLUS 数据库中，有许多来自于文献及通过实验数据回归得到的二元参数。可以使用不同的二元参数数据集来模拟不同条件下性质或平衡，可以把一个数据集用于 VLE 计算，而将第二数据集用于 LLE 计算（如使用 NRTL 和 NRTL-2）。除了它们使用的数据集号不同外，性质方法是一样的。例如可以在不同的流程段或塔段使用这些性质方法。

活度系数模型能模拟任何极性和非极性化合物的混合物，甚至很强的非理想体系。参数应该在操作的温度、压力和组成范围内拟合，任何组分都不能接近它的临界温度。

UNIFAC 是一个活度系数模型，它类似于 NRTL 或 UNIQUAC 模型。但它是基于基团贡献原理，而不是基于分子贡献原理。用有限的基团参数及基团间交互作用参数，UNIFAC 便能预测活度系数。最初版本的 UNIFAC 可以使用两个参数集来预测 VLE 和 LLE，因此基于原始 UNIFAC 模型的性质方法有两个：一个是使用 VLE 数据集（UNIFAC），另一个是使用 LLE 数据集（UNIF-LL）。

UNIFAC 模型有两个修正模型，它们是以开发它们的大学所在地命名的。丹麦的 Lyngby 和德国的 Dortmund，相应的性质方法是 UNIF-LBY 和 UNIF-DMD 这两个模型。它们的特点是：包括更多的基团间交互作用参数的温度相关项；用一单个参数集预测 VLE 和 LLE；预测混合热精度比较好。

在 Dortmund 修正模型中，无限稀释的活度系数的预测精度得到改进。

UNIFAC 模型和修正的 UNIFAC 模型能计算任意的极性和非极性化合物的混合物。使用 Henry 定律可以计算在溶液中溶解气体的溶解度，UNIFAC 不预测气体与溶剂之间的交互作用参数。任何组分都不能接近它的临界温度。

（3）状态方程方法的优点和缺点

可以在一个很宽的温度和压力范围应用状态方程，包括亚临界和超临界范围。对于理想或微非理想的系统，汽液两相的热力学性质能用最少的组分数据计算状态方程，适用于模拟带有诸如 $CO_2$、$N_2$、$H_2S$ 这样轻气体的烃类系统。

为了最好地描述非理想系统，必须通过回归汽-液平衡实验数据（VLE）而获得二元交互作用参数。在 ASPEN PLUS 中有许多组分对的状态方程二元参数。

在较简单的状态方程 Redlich-Kwong-Soave、Peng-Robinson、Lee-Kesler-Plöcker 中所做的假设不适用于描述高度非理想的化学系统，例如：乙醇-水系统。在低压下，对于这样的系统采用活度系数选择集。在高压下，采用灵活的、有预测性的状态方程。

（4）活度系数模型的优点和缺点

活度系数方法是描述低压下高度非理想液体混合物的最好方法。必须由经验数据（例如相平衡数据）估计或获得二元参数。在 ASPEN PLUS 中可以得到用于 Wilson、NRTL 和 UNIQUAC 模型的许多组分对的二元参数这些二元参数。

二元参数只有在获得数据的温度和压力范围内有效使用。有效范围外的二元参数应谨慎，特别是液-液平衡应用。如果得不到参数，可用具有预测功能的 UNIFAC 模型。

活度系数方法只能用在低压系统（10atm 以下），对于在低压下含有可溶气体并且其浓度很小的系统，使用亨利定律。对于在高压下的非理想化学系统，用灵活的、具有预测功能的状态方程。

## 3.3　ASPEN PLUS 物性数据集

在 ASPEN PLUS 中用于计算热力学性质和传递性质的方法和模型被组装在性质方法中，每种性质方法中包括了一个模拟所需的所有方法和模型。用于计算一个性质的模型和方法的每个不同组合形式叫作路线（Route）。

大多数性质都分为几步计算。例如：计算一个液体混合物中某一组分的逸度系数：

$$\phi_i^l = \gamma_i \phi_i^{*,l} \tag{3-1}$$

其中

$$\phi_i^{*,l} = \phi_i^{*,v} \frac{p_i^{*,l}}{p} \tag{3-2}$$

方程（3-1）和方程（3-2）都是由热力学方法导出的。这些方程把要计算的性质（$\phi_i^l$，$\phi_i^{*,l}$）和其他性质（$\gamma_i$，$\phi_i^{*,v}$，$p_i^{*,l}$）以及状态变量（$x_i$，$p$）关联起来。通常，这类方程都由一般的科学原理推导出的。这些方程被称为方法（methods）。

在计算液体混合物的逸度时，需要计算：活度系数（$\gamma_i$）、汽相压力（$p_i^{*,l}$）和纯组分汽相逸度系数。

计算这类性质通常使用依赖于通用参数（象 $T_c$ 和 $P_c$）、状态变量（例如 $T$ 和 $p$）和关联式参数的方程。使用关联参数会使这些方程比方法的通用性更差些，但主观性更强。为了区别起见，把它们叫做模型（models）。经常有几个模型都可以计算同一个性质例如：要计算 $\gamma_i$，可以使用 NRTL UNIQUAC 或 UNIFAC 模型。

分别处理模型和方法的原因是可以使性质计算具有最大的灵活性。一个完整的计算路线是由一个方法和模型的组合形式构成。在 ASPEN PLUS 中定义了许多经常使用的路线。在逻辑上属于一类的路线已经被分成一组，形成了性质方法。若要为一个给定的性质路线（而不是在一个性质方法中所定义的性质路线）选择一个不同的计算路线，可以在性质方法中更换路线或模型。对于某一特定的性质，可选择许多模型和方法来用于建立一个路线。因此，ASPEN PLUS 没有将所有可能的路线都作为预定义的路线。但可以根据需要自由地构建计算路线。这是 ASPEN PLUS 所特有的功能。

### 3.3.1 方法

ASPEN PLUS 中的单元操作模型所需的性质叫做*主要性质*（major properties），一个主要性质可能依赖于其他的主要性质。另外，一个主要性质还可以依赖于非主要性质的其他性质，这些其他性质可以分为两类：次要性质和中间性质。

*次要性质*（Subordinate properties）可能依赖于其他主要的、次要的或中间性质，但不是单元操作模型计算直接需要的性质。次要性质的例子有焓偏差和过剩焓。

*中间性质*（Intermediate properties）可由性质模型直接计算出来，而不是作为其他性质的基本组合。中间性质的常见例子有汽相压力和活度系数，具体如表 3-11 所示。

表 3-11 中间性质

| 性质名称 | 说　明 |
| :---: | :---: |
| GAMMA | 液相活度系数 |
| GAMUS | 液相活度系数非均衡的规定 |
| GAMMAS | 固相活度系数 |
| WHNRY | 混合规律加权因子的亨利常数 |
| PL | 液体纯组分气体压力 |
| PS | 固体纯组分气体压力 |
| DHVL | 纯组分的汽化焓值 |
| DHLS | 纯组分的熔化焓值 |
| DHVS | 纯组分的升华焓值 |
| VLPM | 分摩尔液体体积 |

主要性质和次要性质都是通过一个方法计算得到。中间性质是由一个模型计算得到。在一种方法中，可以有任意多个主要性质、次要性质或模型。通常，一种方法可以与状态方程方法一起使用，而可替代它的另一个方法是与活度系数方法一起使用。总是有一种方法是按一个模型来称呼。尽管，热力学方法是有限的，但通常，每个性质都能找到已有的热力学方法。

传递性质方法不像热力学方法那么通用。因此，ASPEN PLUS 中提供的传递性质方法可能不够详尽，但一个性质也可用多个方法来计算。

ASPEN PLUS 中的所有用于计算主要性质和次要性质的物性方法可以参见 ASPEN PLUS 物性方法和模型这一手册，其中对于每个主要性质或次要性质这些表都列出了以下几项：性质符号和名称；性质类型主要或次要；可用于计算该性质的方法。对于每个方法给出了基本方程该表还列出了规定方法中的每一步所需要的信息。

### 3.3.2  路线的概念

一个方法计算所需要的每个性质都是由另一个方法计算或者一个模型计算来得到。由方法计算所得到的性质是主要性质或次要性质。模型求值所得到的性质都是中间性质。顶级的性质计算由下各项控制：性质名；方法；每个主要或次要性质的子级路线；计算每个中间性质的模型名称有时带有一个模型选项代码。

上述信息叫做路线。在每个方法中没有必要有一个主要性质或次要性质，但如果要计算的性质方法中有一个主要的或次要的性质，那么，路线取决于子级的路线。在一个路线中可以有任意多个级，每一级都需要以前所列出的信息来完成规定。按这种方式就形成了一个信息树，由于模型不需要下一级的信息，可以把它作为树分枝的一个端点。

ASPEN PLUS 中的每个内置路线都有一个唯一的路线 ID，它是由一个性质名和一个数字组成。例如 HLMX10。因此，路线 ID 可以用来表示路线信息。与路线信息有关的路线 ID 代表了子级路线和模型的一个唯一组合。因此一个顶级路线 ID 规定了整个的计算树，由于路线 ID 的唯一性，你可以用它们描述你的模拟。

一个性质方法可以计算一个固定的性质列表，每个性质的计算过程构成了一个路线，并有一个路线 ID。因此，一个性质方法是由一个它所能计算的性质的路线 ID 集合组成的。Property Methods Routes 页面上列出了一个性质方法所用的路线，如果想查看用于计算在Property 域中指定的性质的所有内置路线，可以用 Route ID 域中的列表框，如图3-1 所示。

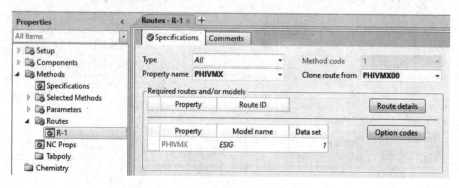

图3-1　性质–性质–方法–路线页面

### 3.3.3  模型

一个模型由估算一个性质的一个或多个方程组成，并且把状态变量、通用参数和关联式参数作为输入变量。由模型估算得到的性质叫中间性质。中间性质从不依赖于需要一个方法估算的主要性质和次要性质。与那些只基于一般的科学原理的方法相比，这些模型具有更大的随意性，还有需要由数据拟合确定的常数。模型的一个例子是扩展的 Antoine 蒸气压方程。

模型有时用于一个性质方法的多个路线中，例如一个状态方程模型可用于为一个基于状态方程性质的方法计算所有气体和液体偏差函数。Rackett 模型可用于计算纯组分和混合物液体的摩尔液体体积，而且，它还能用于 Plynting 校正因子的计算。该计算作为纯组分液体逸度系数计算的一部分。

　　Properties Property Methods Models 页面上显示了用于当前性质方法路线中的全局模型，如图3-2所示。在具体的路线中，可以发生全局级使用的例外，对于一个给定的模型，单击"Affected Properties"按钮来显示受模型计算影响的一个性质列表。用 Model Name 域上的列表框来显示一个具体性质可用的所有模型。也可以使用表热力学物性模型传递性质模型和非常规组分模型。如果需要用一个专用的模型或文献中的一个新模型，可以把这些模型与ASPEN PLUS 接起来(参考 ASPEN PLUS 用户模型手册)。

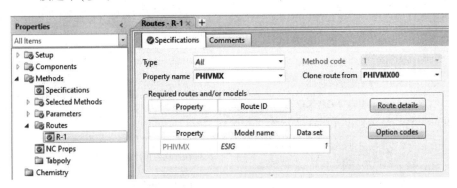

图 3-2　性质-方法-模型页面

## 3.3.4　性质方法

　　性质方法是性质计算路径的集合。通过性质方法，可以将一个性质计算过程集合作为一个整体来规定。例如可以在一个单元操作中，或在一个流程中使用它们。对于一个应用而言，选择正确的性质方法对于确保模拟成功是很重要的。为了帮助选择一个性质方法，对于经常遇到的应用，列出了推荐的性质方法。应用中经常会使用多个性质方法，推荐使用一个性质方法类，而不推荐使用单个性质方法。可用的性质方法类是：

（1）IDEAL 理想状态；

（2）液体逸度和 K-值关联式；

（3）针对石油而调整的状态方程；

（4）用于高压烃应用的状态方程；

（5）灵活的和预测性的状态方程；

（6）液体活度系数法；

（7）电解质活度系数及关联式；

（8）固体处理；

（9）蒸气表。

表 3-12 给出了对于不同的应用所推荐使用的性质方法类。

表 3-12　对于不同的应用所推荐使用的性质方法类

| 应用领域 | 应用实例 | 推荐使用的性质方法类 |
|---|---|---|
| 石油和气体加工应用 | 储运系统 | 用于高压烃应用的状态方程 |
| | 平台分离系统 | 用于高压烃应用的状态方程 |
| | 油气管道运输系统 | 用于高压烃应用的状态方程 |

续表

| 应用领域 | 应用实例 | 推荐使用的性质方法类 |
|---|---|---|
| 炼油应用 | 低压应用(最大几个大气压)<br>减压塔、常压塔 | 石油逸度和 K-值关联式 |
| | 中压应用(最大十几个大气压)<br>焦化主分馏塔、FCC 主分馏塔 | 石油逸度和 K-值关联式 |
| | 富氢应用<br>重整装置、加氢精制 | 精选的石油逸度关联式,针对石油调整的状态方程 |
| | 润滑油装置、脱沥青装置 | 针对石油调整的应用状态方程 |
| 气体加工应用 | 烃分离、脱甲烷塔、$C_3$ 分离塔 | 用于高压烃应用的状态方程(带 $K_{ij}$) |
| | 低温气体处理空气分离 | 用于高压烃应用的状态方程灵活和预测性的状态方程 |
| | 用乙二醇进行气体脱水 | 使用灵活和预测性的状态方程 |
| | 用甲醇或 NMP 进行酸性气吸收 | 使用灵活和预测性的状态方程 |
| | 用如下物质进行的酸性气吸收水、氨水、胺、胺+甲醇、碱、石灰、热碳酸盐 | 推荐使用电解质活度系数方法 |
| | 克劳斯二段脱硫 | 使用灵活和预测性的状态方程 |
| 石油化工应用 | 乙烯装置<br>初馏塔 | 石油逸度关联式 |
| | 轻烃分离塔 | 用于高压烃应用的状态方程 |
| | 急冷塔 | 用于高压烃应用的状态方程 |
| | 芳烃<br>BTX 抽提 | 液体活度系数(对参数很敏感) |
| | 取代烃<br>VCM 装置<br>丙烯腈装置 | 用于高压烃应用的状态方程 |
| | 醚生产:MTBE、ETBE、TAME | 液体活度系数法 |
| | 乙基苯和苯乙烯装置 | 用于高压烃的应用状态方程和理想状态方程(带 Watsol)或液体活度系数法 |
| | 对苯二甲酸 | 液体活度系数法(在醋酸部分用能模拟二聚反应的方法) |
| 化学应用 | 共沸分离:<br>  醇分离 | 推荐应用液体活度系数法 |
| | 羧酸:<br>  醋酸装置 | 推荐应用液体活度系数法 |
| | 苯酚装置 | 推荐应用液体活度系数法 |
| | 液体反应:<br>  酯化反应 | 推荐应用液体活度系数法 |
| | 合成氨装置 | 用于高压烃应用的状态方程(用 $K_{ij}$) |
| | 含氟化合物 | 推荐应用液体活度系数法(和 HF 状态方程) |
| | 无机化学:<br>  碱、酸、磷酸、硫酸、硝酸、盐酸<br>  氢氟酸 | 推荐应用电解质活度系数法<br>推荐应用电解质活度系数法(和 HF 状态方程) |

续表

| 应用领域 | 应用实例 | 推荐使用的性质方法类 |
|---|---|---|
| 煤加工应用 | 减小颗粒大小<br>粉碎、研磨 | 固体处理(带有煤分析和粒子大小分布) |
| | 分离和清洁：<br>　过滤、旋风分离<br>　筛分、洗涤 | 固体处理(带有煤分析和粒子大小分布) |
| | 燃烧 | 用于高压烃应用的状态方程(带燃烧数据库) |
| | 酸性气吸收 | 见前面气体加工 |
| | 煤气化和液化 | 见后面的合成燃料 |
| 发电应用 | 燃烧：<br>　煤、石油 | 用于高压烃应用的状态方程(带燃烧数据库)(以及用煤关联式的实验数据分析)(及实验数据分析) |
| | 蒸汽循环：<br>　压缩、透平 | 蒸汽表 |
| | 酸性气吸收 | 见前面气体加工 |
| 合成燃料应用 | 合成气体 | 用于高压烃应用的状态方程 |
| | 煤气化 | 用于高压烃应用的状态方程 |
| | 煤液化 | 用于高压烃应用的状态方程(带有 $K_{ij}$ 以及用煤关联式的化验分析) |
| 环境应用 | 溶剂回收 | 推荐应用液体活度系数法 |
| | (取代)烃汽提 | 推荐应用液体活度系数法 |
| | 用甲醇 NMP 的酸性气汽提 | 推荐应用灵活的和预测性的状态方程 |
| | 用下列物质进行的酸性气汽提过程：水、氨水、胺、胺+甲醇、碱、石灰、热碳酸盐 | 推荐应用电解质活度系数法 |
| | 克劳斯二段脱硫 | 推荐使用灵活和可预测的状态方程 |
| | 酸：<br>　汽提、中和 | 推荐使用电解质活度系数法 |
| 水和蒸汽应用 | 蒸汽系统 | 蒸汽表 |
| | 冷剂 | 蒸汽表 |
| 矿物的和冶金物的加工应用 | 机械加工：<br>　压碎、碾碎、筛分、洗涤 | 固体处理(用无机物数据库) |
| | 湿法冶金：<br>　矿物沥取 | 推荐应用电解质活度系数法 |
| | 热冶金：<br>　熔炉、转炉 | 固体处理(带无机物数据库) |

## 3.4　ASPEN PLUS 物性数据库的应用

### 3.4.1　ASPEN PLUS 的物性分析功能

虽然 ASPEN PLUS 的物性数据库存储了大量的基础物性数据和物性计算模型，但是用户通常都不能直接查看到这些数据，这就需要利用 ASPEN PLUS 提供的性质分析（Property Analysis）功能。通过此功能，可以计算出 ASPEN PLUS 数据库中所有组分的热力学性质以及传递性质等基础性质。本节结合实例介绍。

【例3-1】采用 ASPEN PLUS 的理想气体方法（Ideal Gas Method）查找水在 1atm 和 100～500℃范围内的摩尔体积和压缩因子。

解：第一步，在"Setup"页中进行基本设定如图 3-3 所示，重要的是计算类型（Run type）要选择"Property Analysis"，此项选择表示进行性质分析。此外还可以输入模拟文件的标题信息、单位制等基本信息，在单位制的定义中，本利选择了自定义单位集，将其中的温度和压力两项改为与题目一致的摄氏度（℃）和大气压（atm）。

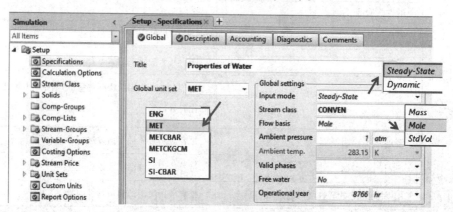

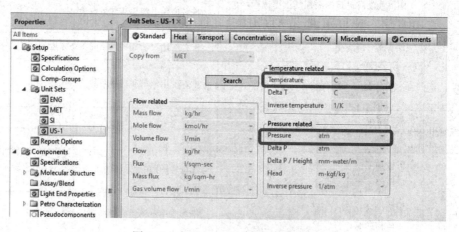

图 3-3　在"Setup"页中进行基本设定

输入完成后单击"Next"按钮进入下一步输入模拟组分如图3-4所示,本例中仅有一个组分(水),可以在"Component ID"中直接输入"WATER"后按回车键即可。

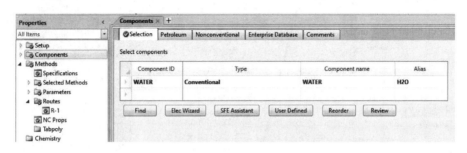

图3-4　单击"Next"按钮进入下一步输入模拟组分

接下来,单击"Next"按钮进入性质方法选择窗口,选择"IDEAL",即理想模型如图3-5所示。

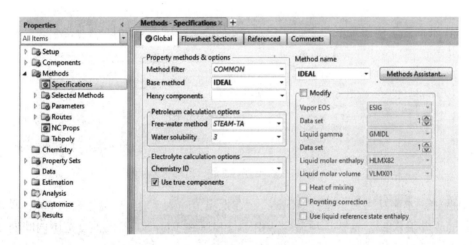

图3-5　进入性质方法选择窗口

第二步,单击"Next"按钮进入性质分析设置窗口,设定需要计算的性质:摩尔体积(molar volume)和压缩因子(compressibility factor)。ASPEN PLUS将在性质表中产生数据,因而需要在每一个性质表中给定要显示的性质。

单击"New"按钮。创建一个对象,在物性类型中选择"GENERIC"如图3-6所示。然后按"OK"键确定。

在"System"这个窗口中设定进行性质分析的组分如图3-7所示。需要注意的是,虽然这里设定水的流速为1kmol/h,软件认为水在体系中已经存在,当体系中只有一个组分时,这里输入的值跟计算是不相关的。

单击"**Next**"按钮。进入温度和压力变量输入窗口。在这个例子中,保持压力为常数,变化温度。在"**Pressure**"框中输入"1bar"。在"**Adjusted variable**"框中的"**variable**"列下单击,在列表中选择"**Temperature**"项。

单击"**Range/List**"按钮给定温度这个变量的变化范围,其定义可以有列表(List)和范围

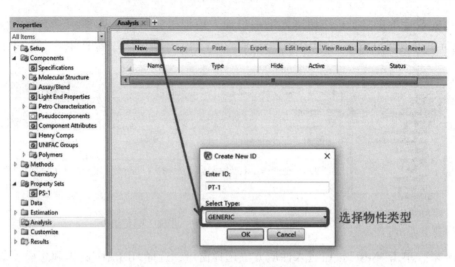

图 3-6　创建一个对象

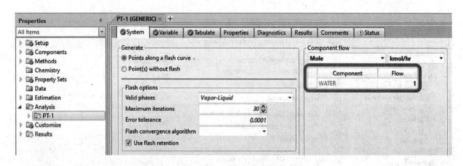

图 3-7　设定进行性质分析的组分

（Range）两种。本例从列表中选择"Range"。在低温值输入 100，高温值输入 500，单击选中 "Increments"并输入 25。这些选项命令 ASPEN PLUS 在 100~500℃的温度范围内间隔 25℃计算性质。

　　设定完成后单击"Next"按钮返回前一个窗口，再次单击"Next"按钮，进入性质集创建窗口如图 3-8 所示。在"**Available PropSets**"框中单击鼠标右键，然后左键单击出现的"New"命令。现在创建一个新的性质集，ASPEN PLUS 自动命名为"**PS-1**"，一般情况就同意这个命名，然后就按"**OK**"，返回前一个窗口。

　　第三步，在前一部分创建了名为"PS-1"的性质集。这里，将设定这一性质集中包含的性质如图 3-9 所示。为了求解这个问题，需要包括摩尔体积和压缩因子两个性质。单击 "**Next**"按钮，在"**Physical properties**"列下第一个框中单击，在列表中选择"ZMX"，代表混合物的压缩因子（在这个例子中只有水存在）。在"**Physical properties**"列第二个框中单击从列表中选择"V"，代表组分的摩尔体积，在"Unit"列下指定其单位为"mL/mol"。

　　单击"Next"按钮进入"Qualifiers"。因为在这个例子的体系为气相，所以在"**Phase**"框中选择"**Vapor**"项。

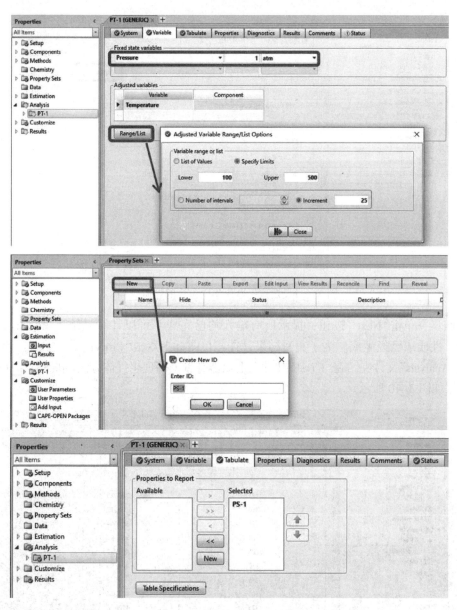

图 3-8 进入性质集创建窗口

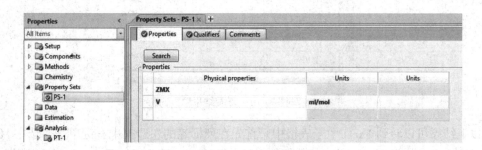

图 3-9 设定这一性质集中包含的性质

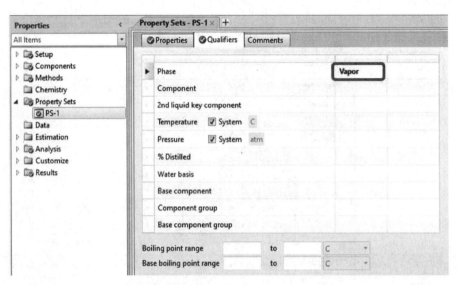

图 3-9 设定这一性质集中包含的性质(续)

第四步，单击"Next"按钮，提示所有输入均已完成，可以计算。结果窗口显示计算没有错误，性质表已经生成。为了查看结果，在蓝色图标上双击"Properties"文件夹。然后双击蓝色的"Analysis"文件夹。在"PT-1"文件夹上双击查看采用理想气体方法(Ideal Gas Method)计算的结果如图 3-10 所示。

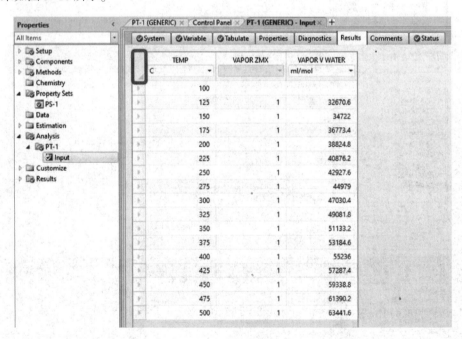

图 3-10 查看结果

以上结果可以转到 Excel 电子表格中。首先在列标签的左边框中右键单击，选中"Copy"选项，这个命令拷贝窗口中所有的数值数据到剪贴板。然后可以打开 Excel，粘贴数据。

【例 3-2】采用 ASPEN PLUS 分别计算在 25℃、35℃和 45℃下不同质量浓度甲醇水溶液

（甲醇含量从0%~100%范围内变化）的密度，热力学计算方法选择NRTL模型。

解：第一步，在"Setup"页中的计算类型仍然选择"Property Analysis"进行性质分析。其他设置可以参考例3-1。基本设置完成后在"Components"页中输入组分甲醇和水，然后在"Properties"页中选择"NRTL"方法。单击"Next"按钮进入性质分析设置窗口。

第二步，在"Analysis"页的"System"项的输入法与例3-1基本相同，对甲醇和水组分流率均给定为"1kg/h"。而"Variable"的设置则有两种方式，一种是在固定温度和固定压力的情况下，计算不同甲醇水溶液组成对应的密度，一个温度计算完成后再计算另外一个温度；另外一种方式是在固定压力的情况下，依次计算出不同温度和不同甲醇水溶液组成对应的密度。两种设置方式分别如图3-11所示。需要注意的是在以质量分率作为变量时，需要指定组分，本例中指定"甲醇"为参考组分。另外在第二种方式中温度范围和质量组成范围分别采用"List"和"Range"两种方法进行定义。

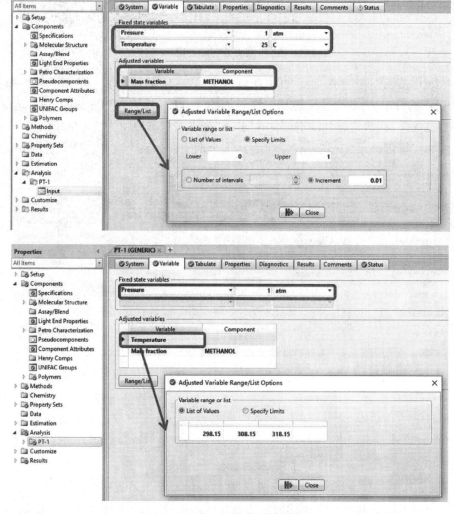

图3-11　进入性质分析设置窗口

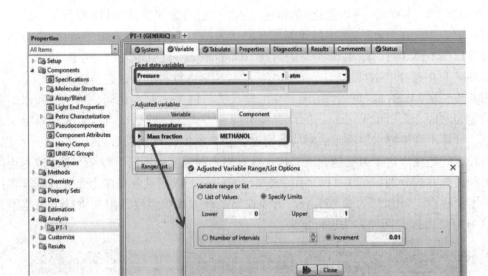

图 3-11　进入性质分析设置窗口(续)

单击"Next"按钮,在"Tabulate"页中新建一个"PS-1"的性质表。单击"Next"按钮,进入"Prop-Sets"的"PS-1"页给性质表指定性质如图 3-12 所示,在"**Physical properties**"列表中选择"RHOMX",代表混合物的密度,在"Unit"列下指定其单位为"gm/mL"。

单击"Next"按钮进入"Qualifiers"。因为在这个例子的体系为液相,所以在"**Phase**"框中选择"**Liquid**"项。

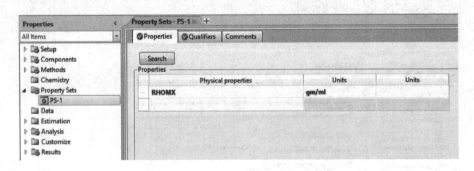

图 3-12　给性质表指定性质

第三步,单击"**Next**"按钮,提示所有输入均已完成,计算结果窗口显示计算没有错误,性质表已经生成。然后双击蓝色的"Analysis"文件夹。在"PT-1"文件夹上双击查看计算结果如图 3-13 所示。这是采用第二种变量输入方式得到的结果,将此结果拷贝至 Excel 软件中,可以按照画出不同温度下不同甲醇水溶液组成对应的密度。

【练习题 3-1】利用 ASPEN PLUS 分别计算三氯化磷($PCl_3$)和三氯氧磷($POCl_3$)在 30℃、35℃、45℃、50℃、55℃和 60℃下的液体纯组分导热系数(ASPEN PLUS 中的性质名为 K),热力学方法采用理想模型(IDEAL)。

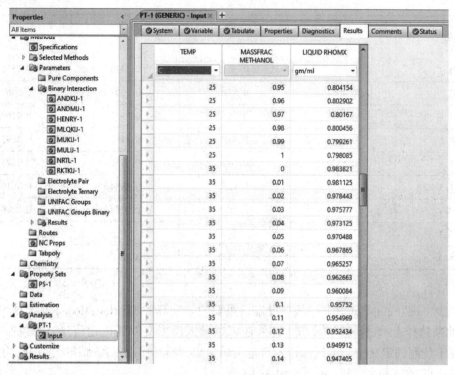

图 3-13 在"PT-1"文件夹上双击查看计算结果

## 3.4.2 ASPEN PLUS 的参数估值与数据回归

【例 3-3】使用 Gillespie 釜测定了 1atm 下乙醇-水混合物的 $T-x-y$ 数据如表 3-13 所示，现采用 ASPEN PLUS 回归 UNIQUAC 模型参数。

表 3-13 使用 Gillespie 釜测定 1atm 下乙醇-水混合物 $T-x-y$ 数据

| 温度/℃ | $x/\%$ | $x/\%$ | $y/\%$ | $y/\%$ |
|---|---|---|---|---|
| | Ethanol | Water | Ethanol | Water |
| 100 | 0 | 1 | 0 | 1 |
| 99.3 | 0.0071 | 0.9929 | 0.0772 | 0.9228 |
| 96.9 | 0.0297 | 0.9703 | 0.2464 | 0.7536 |
| 96 | 0.0361 | 0.9639 | 0.2856 | 0.7144 |
| 94.8 | 0.0549 | 0.9451 | 0.3692 | 0.6308 |
| 93.5 | 0.0738 | 0.9262 | 0.4346 | 0.5654 |
| 90.5 | 0.1229 | 0.8771 | 0.5442 | 0.4558 |
| 89.4 | 0.1456 | 0.8544 | 0.5675 | 0.4325 |
| 88.6 | 0.1645 | 0.8355 | 0.5916 | 0.4084 |
| 85.4 | 0.2685 | 0.7315 | 0.6919 | 0.3081 |

续表

| 温度/℃ | x/% | x/% | y/% | y/% |
|---|---|---|---|---|
| | Ethanol | Water | Ethanol | Water |
| 83.4 | 0.3985 | 0.6015 | 0.7423 | 0.2577 |
| 82.3 | 0.4664 | 0.5336 | 0.7593 | 0.2407 |
| 81.4 | 0.5473 | 0.4527 | 0.7831 | 0.2169 |
| 80.5 | 0.6589 | 0.3411 | 0.8107 | 0.1893 |
| 78.8 | 0.8339 | 0.1661 | 0.8755 | 0.1245 |
| 78.5 | 0.8763 | 0.1237 | 0.8984 | 0.1016 |
| 78.4 | 0.9129 | 0.0871 | 0.9184 | 0.0816 |
| 78.3 | 1 | 0 | 1 | 0 |
| 78.3 | 0.9658 | 0.0342 | 0.961 | 0.039 |

解：

第一步，在"Setup"页中进行基本设定，重要的是计算类型（Run Mode）要选择"Regression"，此项选择表示进行性质分析。此外还可以输入模拟文件的标题信息、单位制等基本信息，在单位制的定义中，本例选择了自定义单位集，将其中的温度和压力两项改为与题目一致的摄氏度（℃）和大气压（atm）如图3-14所示。

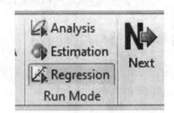

图3-14　在"Run Mode"选择"Regression"

基本设置完成后在"Components"页中输入组分乙醇和水，然后在"Properties"页中选择"UNIQUAC"方法。单击"Next"按钮进入 ASPEN PLUS 在交互参数表中显示 ASPEN PLUS 自带数据库中的参数对。单击"Next"按钮进入试验数据输入窗口。

第二步，在"Data"页的"Object Manager"中创建一个数据对象"D-1"，类型选择为"Mixture"如图3-15所示。

在"D-1"对象的"Setup"栏目中在"Category"中选择"Phase equilibrium"，在"Data type"中选择"TXY"，在"Constant temperature or pressure"中规定压力为1atm，在"Composition basis"中选择组成基准为"Mass Fraction"，表示质量分率。

单击"Next"按钮进入"Data"页面输入试验数据，数据的输入可以逐个输入，也可以事先在 Excel 等表格软件中输入好之后再拷贝到 ASPEN PLUS 中来。对于两组分体系，当输入一个组分的液相组成之后，另一组分的液相组成会 APEN PLUS 自动计算出来，不需要用户输入，对其相组成亦然。在输入试验数据的时候要特别注意表格标题中温度的单位一定要与试验测定数据使用的单位一致，否则，回归计算的结果就会出现错误如图3-16所示。

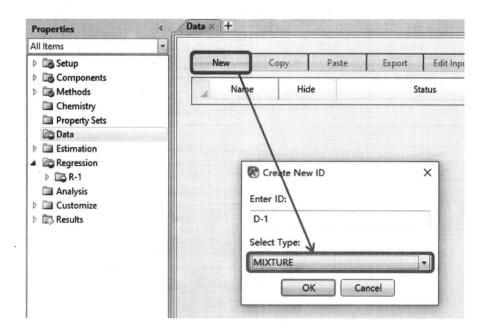

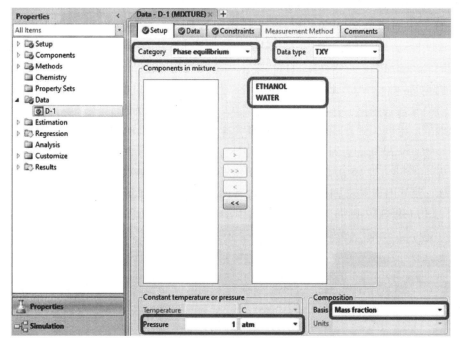

图3-15 进入试验数据输入窗口

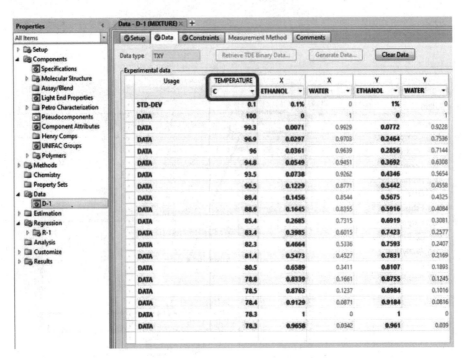

图 3-16　进入"Data"页面输入试验数据

单击"Data Browser"的"Regression"创建一个回归计算的对象"R-1"。其"Setup"栏可以采用默认参数。它规定了性质计算方法为"UNIQUAC"，计算类型为"Regression"，另外还有热力学一致性检验，采用的方法为"Area test"方法，误差为 10%。在"Parameters"页面中，"Usage"有"Fix"和"Regress"两种，"Fix"表示固定初始值不变，仅回归标记为"Regress"的参数。而初始值"Initial Value"来自 ASPEN PLUS 数据库中自带的数值，若 ASPEN PLUS 中不存在欲回归的参数对的值，则需要用户自己输入如图 3-17 所示。

第三步，单击"Next"按钮执行模拟计算，计算完成之后，ASPEN PLUS 会询问用户是否采用回归的结果替代模拟文件中已有的参数对数据，若是，则选择"Yes to all"按钮，否则，单击"Not to all"如图 3-18 所示。

计算完成后，单击"Results"按钮查看计算结果，在"Parameters"窗口中显示回归参数值的结果 $b_{\mathrm{E,W}} = -822.41$，$b_{\mathrm{W,E}} = 856.61$ 如图 3-19 所示。在"Consistency Tests"窗口中显示一致性检验的结果，结果"Passed"显示已经通过一致性检验。其他显示的结果还有残差、分布等参数回归的结果。

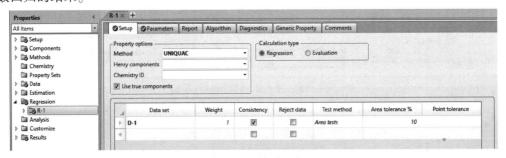

图 3-17　创建一个回归计算的对象"R-1"

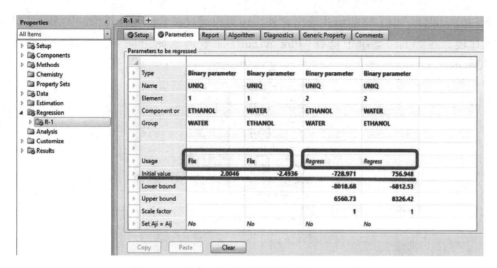

图 3-17　创建一个回归计算的对象"R-1"（续）

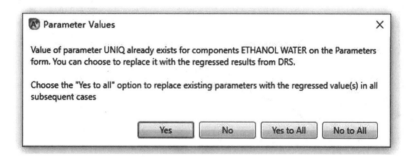

图 3-18　单击"Next"按钮执行模拟计

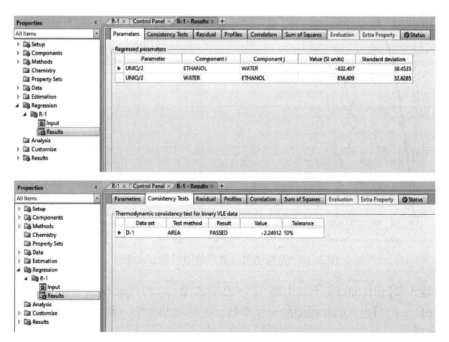

图 3-19　单击"Results"按钮查看计算结果

回归的结果除了以表格的形式给出之外，还可以通过试验值与计算值的图形化方式进行直观的比较。在"Plot"菜单中选择"Plot Wizard"命令进入图形向导，选择"x-y"图，如图 3-20 所示。

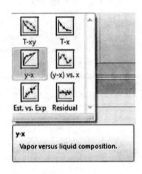

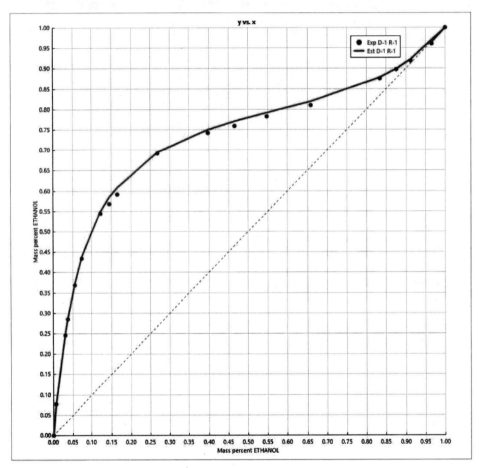

图 3-20　试验值与计算值的图形化方式表达

【练习题 3-2】101.33kPa 下，甲醇(1)-乙酸乙酯(2)的汽液平衡数据如表 3-14 所示，用 ASPEN PLUS 回归出 NRTL 模型的模型参数。并给出热力学一致性检验结果以及实验值与计算值的比较。

表3-14  101.33kPa下，甲醇(1)-乙酸乙酯(2)的汽液平衡数据

| 编号 | $T/K$ | $x_1$ | $y_1$ |
|------|-------|-------|-------|
| 1 | 350.25 | 0.0000 | 0.0000 |
| 2 | 349.25 | 0.0125 | 0.0475 |
| 3 | 347.30 | 0.0320 | 0.1330 |
| 4 | 344.39 | 0.0800 | 0.2475 |
| 5 | 340.90 | 0.1550 | 0.3650 |
| 6 | 338.75 | 0.2510 | 0.4550 |
| 7 | 337.25 | 0.3465 | 0.5205 |
| 8 | 337.15 | 0.4020 | 0.5560 |
| 9 | 336.40 | 0.4975 | 0.5970 |
| 10 | 336.12 | 0.5610 | 0.6380 |
| 11 | 335.65 | 0.5890 | 0.6560 |
| 12 | 335.80 | 0.6220 | 0.6670 |
| 13 | 335.65 | 0.6960 | 0.7000 |
| 14 | 335.50 | 0.7650 | 0.7420 |
| 15 | 335.75 | 0.8250 | 0.7890 |
| 16 | 335.95 | 0.8550 | 0.8070 |
| 17 | 336.36 | 0.9160 | 0.8600 |
| 18 | 337.05 | 0.9550 | 0.9290 |
| 19 | 337.85 | 1.0000 | 1.0000 |

## 3.4.3  ASPEN PLUS 的物性估算

【例3-4】噻唑($C_3H_3NS$, Thiazole)不是 ASPEN PLUS 组分数据库中化合物组分，现已知

该化合物的分子结构式为：，相对分子质量为85，正常沸点为116.8℃，气相

压力关联式为：$\ln p_i^{0L} = 16.445 - 3281.0/(T + 216.255)$，$p_i^{0L}$ 的单位是 mmHg，$T$ 的单位为℃，
适用范围是 69℃$<T<$118℃。计算噻唑的焓和密度需要表3-15所示的数据，采用 ASPEN
PLUS 的"Property Estimation"功能估算这些性质。

表3-15

| Parameter | Description |
|-----------|-------------|
| TC | Critical temperature(临界温度) |
| PC | Critical pressure(临界压力) |
| CPIG | Ideal gas heat capacity coefficients(理想气体热容系数) |
| DHFORM | Heat of formation(生成热) |
| DGFORM | Gibbs free energy formation(Gibbs 自由能) |
| DHVLWT | Watson heat-of-vaporization coefficients(Watson 汽化热系数) |
| VC | Critical volume(临界体积) |
| ZC | Critical compressibility factor(临界压缩因子) |

解：第一步，在"Setup"页中进行基本设定，重要的是计算类型（Run type）要选择"Property Estimation"，此项选择表示进行性质估计。此外还可以输入模拟文件的标题信息、单位制等基本信息如图3-21所示。

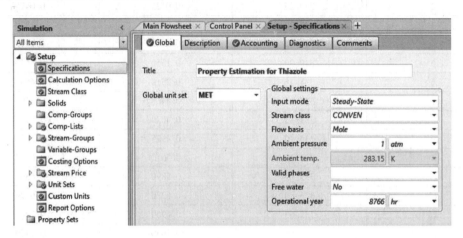

图3-21　在"Setup"页中进行基本设定

单击"Next"按钮，进入组分输入窗口，在"Component ID"中输入"Thiazole"如图3-22所示。

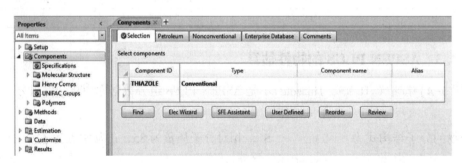

图3-22　进入组分输入窗口

单击"Next"按钮，告诉 ASPEN PLUS 估算所有缺失性质。

第二步，单击"Properties | Molecular Structure"输入噻唑的分子结构式，画出噻唑的分子结构式草图，并对非氢原子编号如图3-23所示。

$$C_1=C_2$$
$$S_3$$
$$N_5=C_4$$

第三步，虽然 ASPEN PLUS 估计性质使用分子结构信息就足够了，但是，输入其他尽知道的数据可以提高 ASPEN PLUS 估算的精度。

单击"Properties | Parameters | Pure Component"，在对象管理器（Object Manager）中创建一个名为"TBMW"的纯组分参数对象提供沸点（Boiling point）和分子量（Molecular weight）数据。纯组分参数类型选择"Scalar"如图3-24所示。

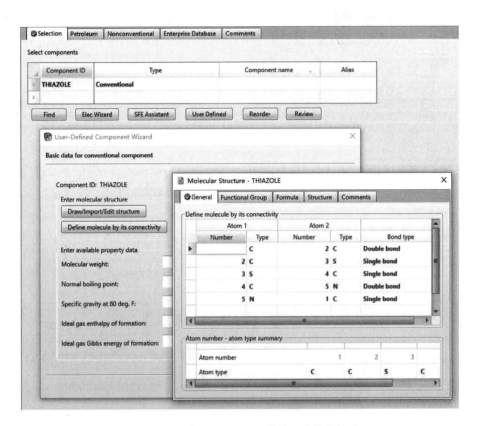

图 3-23 告诉 ASPEN PLUS 估算所有缺失性质

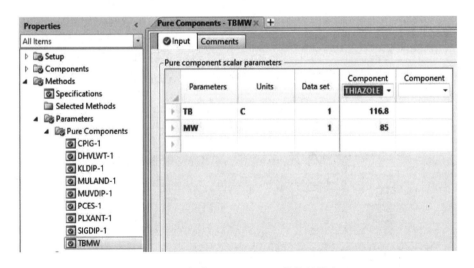

图 3-24 提高 ASPEN PLUS 估算的精度

单击"Properties | Parameters | Pure Component",在对象管理器(Object Manager)中创建一个纯组分参数对象。纯组分参数类型选择"T-Dependent correlation"。在"Liquid Vapor Pressure"中选择"PLXANT-1"表示 Antoine 气相压力关联式如图 3-25 所示。

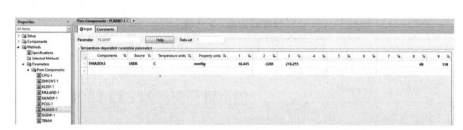

图 3-25   在对象管理器中创建一个纯组分参数对象

第四步，单击"Next"按钮，执行模拟计算，在"Control Panel"的状态栏显示信息"Results Availble with Warnings"的警告信息。此例可以忽略警告信息，因为在分子结构式中没有使用功能团。

在数据浏览窗口(Data Browser)菜单树中单击选择"Properties | Estimation | Results"察看计算结果，在"Pure Components"页显示噻唑的纯组分估计信息，以列表的方式显示，包括性质名(Property name)、参数缩略名(Abbreviation)、估计值(Estimated value)、单位(Units)和使用的方法(Method)。

在"T-Dependent"页显示与温度相关的性质的温度的多项式系数，以列表的方式显示，包括性质名(Property name)、参数缩略名(Abbreviation)、系数估计值(Estimated value)、单位(Units)和使用的方法(Method)如图 3-26 所示。

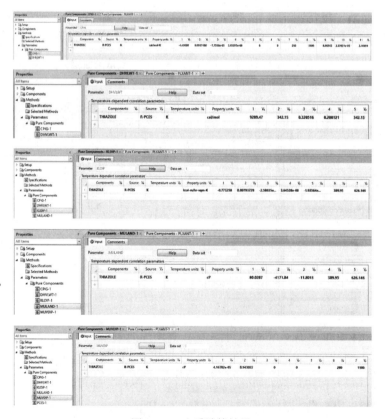

图 3-26   查看计算结果

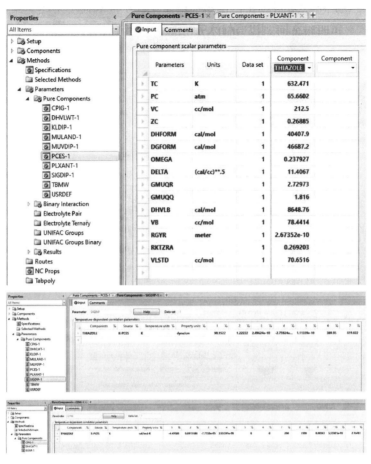

图 3-26　查看计算结果(续)

【练习题 3-3】二元醇醚溶剂因其具有两个强溶解功能的基团——醚键和羟基(或酯基)，前者具有亲油性，可溶解憎水性化合物，后者具有亲水性，可溶解水溶性化合物，有"万能"溶剂之称，广泛用于油漆、涂料、油墨、清洗剂、制动液以及化学中间体等领域。它是由氧化烯烃(环氧乙烷、环氧丙烷)和低碳脂肪醇催化加成生成的二元醇醚化合物，以及二元醇醚再进一步与低碳脂肪酸酯化所得的衍生物。根据制备的原料来源，二元醇醚类溶剂分为以环氧乙烷为原料的 E 系列和以环氧丙烷为原料的 P 系列两大类。根据环氧化合物加成的摩尔数不同，加成烷基的种类及烷基数的不同，形成由几十个品种构成的产品家族。

但是自 1982 年欧洲化学工业和毒理中心(ECETOC)发表了有关乙二醇醚及其酯类产品的毒理研究报告后，欧、美、日各国因 E 系列溶剂(EB 除外)的生殖毒性非常强烈，已将之列为毒性化学物质加以管制，乙二醇醚类溶剂的使用受到限制。而 P 系列因其毒性低，物理化学性质与 E 系列醇醚相似，近来在许多领域正逐步替代 E 系列醇醚溶剂。虽然国际市场上二元醇醚的消耗量逐年增加，但在大多数地区，乙二醇醚系列的生产和消费呈持平略有下降趋势，而丙二醇醚系列上升较快。丙二醇单甲醚丙酸酯即是新近开发一种毒性很低的绿色醇醚类溶剂。

丙二醇单甲醚丙酸酯为无色透明液体，有芳香味。相对分子质量：146.186。英文名称：

propylene glycol monomethyl propionate ， 简称 PMP。它有两种同分异构体：1-甲氧基-2-丙醇丙酸酯和 2-甲氧基-1-丙醇丙酸酯，1-甲氧基-2-丙醇丙酸酯的沸点为 160.5℃，CAS 登记号：148462-57-1。2-甲氧基-1-丙醇丙酸酯的沸点 169℃，CAS 登记号：148462-58-2。分子结构式如下：

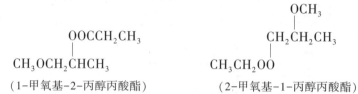

（1-甲氧基-2-丙醇丙酸酯）　　　　　（2-甲氧基-1-丙醇丙酸酯）

这两种异构体的毒性有一些差异：2-甲氧基-1-丙醇丙酸酯的生物毒性要略高于 1-甲氧基-2-丙醇丙酸酯，主要因为 2-甲氧基-1-丙醇丙酸酯在生物体内分解为 2-甲氧基-1-丙醇，约有 68%并进一步分解为 2-甲氧基丙酸，该物质结构类似于有生殖毒性的烷氧基乙酸。而 1-甲氧基-2-丙醇丙酸酯则在生物体内分解较为彻底，60%分解为 $CO_2$，其余以丙二醇、葡萄糖苷酸等残留在尿液中，所以 1-甲氧基-2-丙醇丙酸酯是希望得到的丙二醇单甲醚丙酸酯产品，通常用 1-甲氧基-2-丙醇丙酸酯代表丙二醇单甲醚丙酸酯。

由于 1-甲氧基-2-丙醇丙酸酯是一种新产品，故 ASPEN PLUS 的组分数据库中不存在该组分，并且该化合物的很多物化性质的数据也是空白，试采用 ASPEN PLUS 的物性估算功能估计此化合物的性质作为此产品的过程开发基础物性数据。

# 4  多组分平衡级分离过程计算

## 4.1  多组分单级分离过程

### 4.1.1  理论模型

闪蒸是连续单级蒸馏过程。该过程使进料混合物部分汽化或冷凝得到含易挥发组分较多的蒸气和含难挥发组分较多的液体。在图4-1(a)中，液体进料在一定压力下被加热，通过阀门绝热闪蒸到较低压力，在闪蒸罐内分离出气体。如果省略阀门，低压液体在加热器中被加热部分汽化后，在闪蒸罐内分成两相。与之相反，如图4-1(b)所示，气体进料在分凝器中部分冷凝，进闪蒸罐进行相分离，得到难挥发组分较多的液体。在两种情况下，如果设备设计合理，则离开闪蒸罐的汽、液两相处于平衡状态。

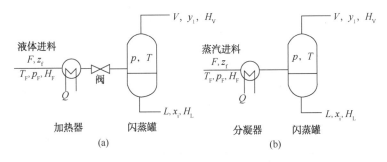

图4-1  闪蒸流程

除非组分的相对挥发度相差很大，单级平衡分离所能达到的分离程度是很低的，所以，闪蒸和部分冷凝通常是作为进一步分离的辅助操作。但是，用于闪蒸过程的计算方法极为重要，普通精馏塔中的平衡级就是一个简单绝热闪蒸级。可以把从单级闪蒸和部分冷凝导出的计算方法推广用于塔的设计。

在单级平衡分离中，由 $c$ 个组分构成的原料，在给定流率 $F$、组成 $z_j$、压力 $p_F$ 和温度 $T_F$ 的条件下，通过闪蒸过程分离成相互平衡的汽相和液相物流。闪蒸过程的数学模型可以用组分物料衡算(component Mass balance)、相平衡关系(Equilibtium)、每相中各组分的摩尔分数加和式(Summation)和热量衡算(Heat balance)共四个方程描述，简称 MESH 方程。

组分物料衡算式(Component Mass Balance)：

$$Fz_i = Lx_i + Vy_i \qquad i = 1, 2, \cdots, c$$

相平衡关系式(Equilibtium)

$$y_i = K_i x_i \qquad i = 1, 2, \cdots, c$$

摩尔分数加和式(Summations)

$$\sum_{i=1}^{c} y_i - \sum_{i=1}^{c} x_i = 0$$

热量衡算式(Heat balance)

$$FH_F + Q = LH_L + VH_V$$

除 MESH 方程外，尚有相平衡常数($K_i$)、气相摩尔焓($H_V$)和液相摩尔焓($H_L$)的关联式：

$$K_i = K_i(T,\ p,\ x_i,\ y_i) \qquad i=1,\ 2,\ \cdots,\ c$$
$$H_F = H_F(T,\ p,\ z_i) \qquad i=1,\ 2,\ \cdots,\ c$$
$$H_V = H_V(T,\ p,\ y_i) \qquad i=1,\ 2,\ \cdots,\ c$$
$$H_L = H_L(T,\ p,\ x_i) \qquad i=1,\ 2,\ \cdots,\ c$$

式中，$F$、$V$ 和 $L$ 分别表示进料、气相出料和液相出料的流率，$z_i$、$y_i$ 和 $x_i$ 为相应的组成，$Q$ 为加入平衡级的热量，$H_F$、$H_V$ 和 $H_L$ 分别表示进料、气相出料和液相出料的平均摩尔焓，$p$ 为系统压力。

上述模型共有方程 $2c+3$ 个，其中变量有 $3c+8$ 个（$F$、$V$、$L$、$z_i$、$y_i$、$x_i$、$T_F$、$T$、$p_F$、$p$、$Q$），因此必须规定 $c+5$ 个变量。除了规定 $c+3$ 个进料变量外，其余 2 个变量有多种规定方式。常见的闪蒸计算类型如表 4-1 所示。

表 4-1　常见的闪蒸计算类型表

| 规定变量 | 闪蒸形式 | 输出变量 |
|---|---|---|
| $p$、$T$ | 等温 | $Q$、$V$、$y_i$、$L$、$x_i$ |
| $p$、$Q=0$ | 绝热 | $T$、$V$、$y_i$、$L$、$x_i$ |
| $p$、$Q \neq 0$ | 非绝热 | $T$、$V$、$y_i$、$L$、$x_i$ |
| $p$、$L$ | 部分冷凝 | $Q$、$T$、$V$、$y_i$、$x_i$ |
| $P$（或 $T$）、$L$ | 部分汽化 | $Q$、$T$（或 $p$）、$y_i$、$L$、$x_i$ |

（1）等温闪蒸的计算

等温闪蒸计算方法是由 Rachford 和 Rice 提出的，将相平衡方程代入组分物料平衡方程可得：

$$x_i = \frac{z_i}{(K_i-1)\dfrac{V}{F}+1}$$

再将此方程与相平衡方程联合代入流率加合方程可得 Rachford-Rice 方程：

$$\sum_{i=1}^{c} y_i - \sum_{i=1}^{c} x_i = \sum_{i=1}^{c} \frac{z_i}{(K_i-1)\dfrac{V}{F}+1} = 0$$

以 $V/F$ 为迭代变量，采用 Newton-Raphson 方法可以求解此方程。

（2）绝热闪蒸的计算

对于绝热闪蒸体系（$Q=0$），热平衡方程可以写成如下形式：

$$1 - \frac{H_V}{H_F} - \left(1 - \frac{V}{F}\right)\frac{H_L}{H_F} = 0$$

以 $V/F$ 和 $T$ 为迭代变量，采用 Newton-Raphson 方法联立求解此方程与 Rachford-Rice 方程。

### 4.1.2 ASPEN PLUS 中的单平衡级过程模型

ASPEN PLUS 在分离器模块(Separator Blocks)中的 Flash2 和 Flash3 可以实现两相或三相闪蒸模型计算，这些模型根据规定进行相平衡闪蒸计算(绝热、等温、恒温恒压露点或泡点闪蒸计算，计算混合物的露点可以设置气相摩尔分率为 1，计算混合物的泡点可以设置气相摩尔分率为 0)，据此可以确定具有一个或多个入口物流的混合物的热状态和相态。

通常要固定入口物流的热力学状态必须规定温度、压力、热负荷和气相摩尔分率中的任意两项。需要注意的是，在闪蒸模型中不允许同时规定热负荷和气相摩尔分率。

Flash2 和 Flash3 可以进行严格的两相(气-液相)和三相(气-液-液相)平衡计算，以产生一个气相出口物流、一个液相出口物流和一个可选的游离水倾析物流。闪蒸模型可以用来模拟闪蒸罐、蒸发器、分液罐和其他的单级分离器。见图 4-2。

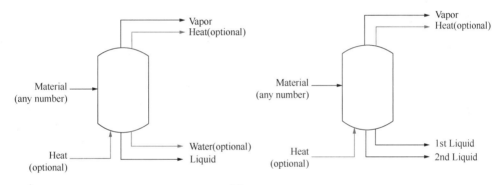

图 4-2

闪蒸模型的物料流入口需要至少一股物料流，出口需要一股气相物料流和一股液相物料流(如果存在三相液体，出口流将包括两个液相)，另外还有一股水倾析物流可选的，也可以规定气相物流中液体和/或固体的夹带量。

热流流股的输入与输出可选。如图 4-3 所示。

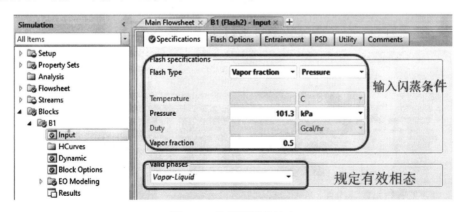

图 4-3 热流流股的输入

闪蒸模型的数据输入窗口是"Input Specification"页，如图4-3所示，在这里需要输入闪蒸计算条件，一般要输入温度(Temperature)、压力(Pressure)、气相分率(Vapor fraction)和热负荷(Heat duty)中的任意两个。如果只给出一个规定(温度或压力)，闪蒸模型用入口热流总和作为负荷规定，否则只使用入口热流计算净热负荷，净热负荷是入口热流的总和减去实际的(计算的)热负荷，也可以使用一个可选的出口热流作为净热负荷。

另外还必须规定有效的相态，对有效相态可以选择 Vapor-Liquid-Liquid、Vapor-Liquid-Liquid 和 Vapor-Liquid-FreeWater 三种。

闪蒸模型的其他可选输入项还包括：使用"FlashOptions"(闪蒸选项页)规定温度和压力估值以及闪蒸收敛参数；使用"Entrainment"(夹带量页)规定气相物流中液体和固体的夹带量；使用"Hcurves"窗口规定可选的加热(或冷却)曲线。

### 4.1.3　ASPEN PLUS 的闪蒸计算示例

【例4-1】乙醇水溶液的摩尔组成为 20%乙醇和 80%水，试确定该混合物在 1.0atm、1.5atm、2.0atm 和 2.5atm 下的泡点温度和露点温度。热力学模型采用 UNIQUAC 模型。

解：第一步，新建模拟文件，模拟类型选择"Flowsheet"，在"Setup"页进行模拟基本设置，在"Components"输入两个组分乙醇(Ethanol)和水(Water)，然后在"Physical Properties"也选择热力学方法"UNIQUAC"。

第二步，在流程图绘制区域建立只有一条物料流股的工艺流程图如图4-4所示，并给这条物料流股输入相应的信息，注意，温度、压力和总流率可以任意给定，但是物料组成需要根据题意输入：乙醇摩尔分数为 0.2，水的摩尔分数为 0.8，如图4-5所示。

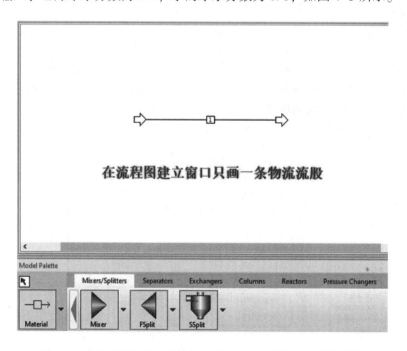

图4-4　在流程图绘制区域建立只有一条物料流股的工艺流程图

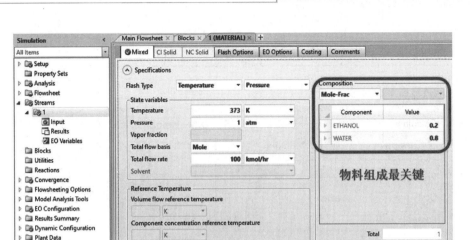

图 4-5　给这条物料流股输入相应的信息

第三步，在流程图绘制窗口选中物料流股 1，从"Tools"菜单栏中选择"Analysis"，然后选择"Stream"，最后选择"Bubble/Dew…"命令，进入泡点和露点计算的设置窗口如图 4-6 所示。根据题目计算要求，计算范围的起始值为 1atm，终止值为 2.5atm，在此区间范围有 4 个点。设置好后单击"Go"按钮得到以列表和图形化两种方式表示的计算结果如图 4-7 所示。

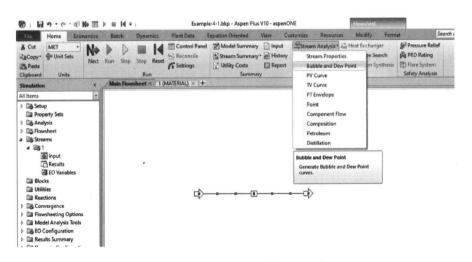

图 4-6　进入泡点和露点计算的设置窗口

在计算结果中，VFRAC 为 1(气相分率为 1)对应的温度就是露点温度，VFRAC 为 0(气相分率为 0)对应的温度就是泡点温度。将全部计算结果取出列于表 4-2。

表 4-2　计算结果

| 压力/atm | 1 | 1.5 | 2 | 2.5 |
| --- | --- | --- | --- | --- |
| 露点温度/℃ | 94.44852 | 105.838 | 114.4265 | 121.4038 |
| 泡点温度/℃ | 83.06602 | 94.02767 | 102.3377 | 109.1171 |

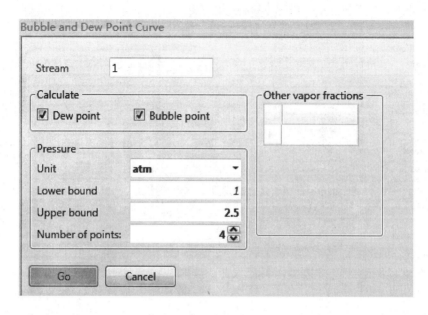

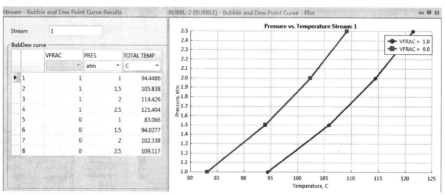

图4-7　单击"Go"按钮得到以列表和图形化两种方式表示的计算结果

【例4-2】摩尔组成分别为50/50的正戊烷和正己烷混合物在55℃和510kPa条件下进入闪蒸罐，闪蒸压力为95kPa，计算在50℃温度下达到平衡的气相和液相产品组成。热力学模型采用理想模型(IDEAL)。

解：第一步，新建模拟文件，模拟类型选择"Flowsheet"，在"Setup"页进行模拟基本设置，在"Components"输入两个组分正戊烷(n-Pentane)和正己烷(n-Hexane)，然后在"Physical Properties"也选择热力学方法"IDEAL"如图4-8所示。

第二步，建立如图4-9所示的闪蒸计算模拟流程图，单元操作模型选择"Flash2"。

第三步，输入进料流股信息，总进料量可以任意输入。温度、压力和组成根据所给定条件输入如图4-10所示。

第四步，输入闪蒸规定的温度和压力条件如图4-11所示。

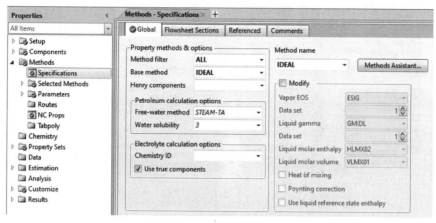

图 4-8 新建模拟文件

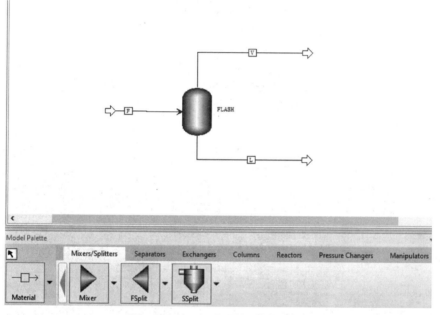

图 4-9 建立闪蒸计算模拟流程图

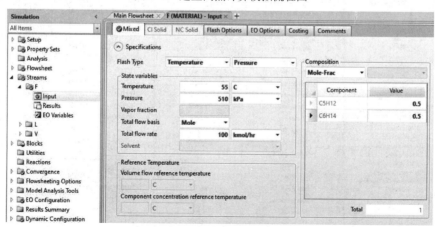

图 4-10 输入进料流股信息

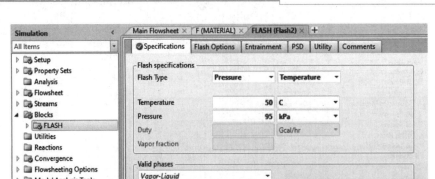

图 4-11　输入闪蒸规定的温度和压力条件

第五步，执行计算，查看结果如图 4-12 所示，总结如表 4-3 所示。

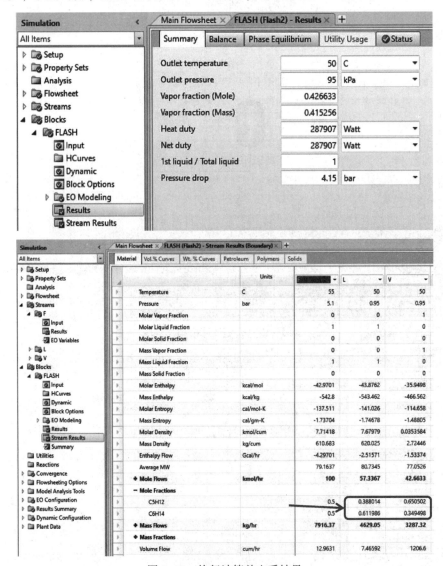

图 4-12　执行计算并查看结果

表 4-3　结果汇总

| 项目 | 气相 | 液相 |
| --- | --- | --- |
| 正戊烷 | 0.65050246 | 0.38801358 |
| 正己烷 | 0.34949754 | 0.61198642 |

【练习题 4-1】在 101.3kPa 下，对组成为 45%（摩尔分数，下同）正己烷、25% 正庚烷和 30% 正辛烷的混合物。(1) 计算泡点和露点温度；(2) 将此混合物在 101.3kPa 下进行闪蒸，使进料的 50% 汽化。求闪蒸温度和两相的组成。热力学模型采用理想模型（IDEAL）。

## 4.2　多组分多级分离塔的简捷计算

目前，多组分精馏过程的近似设计计算法常用于初步设计、对多种操作参数进行评比以寻求适宜的操作条件以及在过程合成中寻找合理的分离顺序。近似算法还可用于控制系统的计算以及为严格计算提供合适的设计变量数值和迭代变量初值。此外，当相平衡数据不够充分和可靠时，采用近似算法不比严格算法逊色。近似算法虽然适于手算，但为了快速、准确，采用计算机进行数值求解也已广泛应用。

### 4.2.1　多组分精馏的 FUG 简捷计算法

对于一个多组分精馏过程，若指定两个关键组分并以任何一种方式规定它们在馏出液和釜液中的分配，则：①用芬斯克（Fenske）公式估算最少理论板数和组分分配；②用恩特伍德（Underwood）公式估算最小回流比；③用吉利兰（Gilliland）图或相应的关系式估算实际回流比下的理论板数。以这三步为主体组合构成了多组分精馏的 FUG 简捷计算法（Fenske – Underwood–Gilliland）。由于估计非关键组分的分配比较困难，此法需要进行迭代计算。

（1）关键组分

所谓关键组分，是进料中按分离要求选取的两个组分（不少情况是挥发度相邻的两个组分），它们对于物系的分离起着控制作用，且它们在塔顶或塔釜产品中的浓度或回收率通常是给定的（即是应该指定的两个浓度变量），因而在设计中起着重要作用。这两组分中挥发度大的称为轻关键组分，挥发度小的称为重关键组分，它们各自在塔顶或塔底的含量必须加以控制，以保证分离后产品的质量。

例如，石油裂解气分离中的 $C_2$-$C_3$ 塔，其进料组成中有甲烷、乙烯、乙烷、丙烯、丙烷和丁烷，分离要求规定塔釜中乙烷浓度不超过 0.1%，塔顶产品中丙烯浓度也不超过 0.1%，试问其轻重关键组分分别是哪两个？

甲烷、乙烯沸点低于乙烷，若能将乙烷和丙烯分开，乙烷和比乙烷轻的组分必定从塔顶排出，同样，比丙烯重的组分则必定从塔釜排出。因此，根据规定的分离要求，则能确定乙烷是轻关键组分，而丙烯则是重关键组分。

（2）芬斯克（Fenske）公式估算最少理论板数

达到规定分离要求所需的最少理论塔板数对应于全回流操作的情况，是精馏设计的两个极端条件之一。精馏塔的全回流操作是有重要意义的：①一个塔在正常进料之前进行全回流操作达到稳态是正确的开车步骤；在实验室设备中，全回流操作是研究传质的简单和有效的手段；②全回流下理论塔板数在设计计算中也是很重要的，它表示达到规定分离要求所需的理论塔板数(以下简称理论板数)的下限，是简捷法估算理论板数必须用到的一个参数。

设 $i$, $j$ 分别为轻、重关键组分，B，D 分别表示塔顶和塔底，则计算最少理论板数的公式为：

$$N_{min}=\frac{\ln\left(\dfrac{x_{i,D}x_{j,B}}{x_{j,D}x_{i,B}}\right)}{\ln(\alpha_{i,j}^{av})}$$

其中，$\alpha_{i,j}^{av}$ 为相对挥发度的几何平均值，$\alpha_{i,j}^{av}=\sqrt{\alpha_{i,j}^{D}\alpha_{i,j}^{B}}$

相对挥发度 $\alpha_{i,j}^{D}=\dfrac{y_i^D/x_i^D}{y_j^D/x_j^D}=\dfrac{K_i^D}{K_j^D}$

此计算公式中的摩尔比也可以用组分摩尔流率、质量流率或体积流率之比等代替，其形式就变为：

$$N_{min}=\frac{\ln\left(\dfrac{D_iB_j}{D_jB_i}\right)}{\ln(\alpha_{i,j}^{av})}$$

也可以以回收率的形式给定，$\phi_{i,D}$ 表示请关键组分 $i$ 在馏出液中的回收率；$\phi_{j,B}$ 表示请关键组分 $j$ 在釜液中的回收率，则：

$$D_i=\phi_{i,D}\cdot f_i;\ B_i=(1-\phi_{i,D})\cdot f_i;\ B_j=\phi_{j,B}\cdot f_j;\ D_j=(1-\phi_{j,B})\cdot f_j$$

芬斯克公式则可以表示为：

$$N_{min}=\frac{\ln\left(\dfrac{\phi_{i,D}}{(1-\phi_{j,B})}\dfrac{\phi_{j,B}}{(1-\phi_{i,D})}\right)}{\ln(\alpha_{i,j}^{av})}$$

从 Fenske 公式可以看出，芬斯克方程的精确度明显取决于相对挥发度数据的可靠性。泡点、露点和闪蒸的计算方法可提供准确的相对挥发度。此外，最少理论板数与进料组成无关，只决定于分离要求。随着分离要求的提高(即轻关键组分的分配比加大、重关键组分的分配比减小)，以及关键组分之间的相对挥发度向 1 接近，所需最少理论板数将增加。

(3) 恩特伍德(Underwood)公式计算最小回流比

最小回流比的情况与最少塔板数正好相反，是精馏设计的另一个极端，这时所要达到预定分离要求有无穷多的塔板数。严格估计最小回流比是不可能的，尽管提出了多种预测最小回流比的近似方法，恩特伍德法是其中准确度较高、计算简便、最常用的方法。

推导恩特伍德公式时所用的假设是：①塔内汽相和液相均为恒摩尔流率；②各组分的相对挥发度均为常数。该公式的推导在众多的分离过程专著中都有详细论述。对于从事化学工程应用领域的技术人员而言，使用该公式比推导该公式更重要些。Underwood 法有两个方程构成：

第一个方程是：

$$1-q=\sum_{i=1}^{c}\frac{\alpha_ix_{i,F}}{\alpha_i-\theta}$$

$$q = \frac{H_G - H_F}{H_V}$$

式中　$q$——进料的液相分率；

　　　$H_G$——进料流股作为饱和蒸气下的摩尔焓；

　　　$H_F$——进料流股的摩尔焓；

　　　$H_V$——摩尔汽化相变焓；

　　　$\alpha_i$——组分 $i$ 的相对挥发度；

　　　$x_{i,F}$——进料混合物中组分 $i$ 的摩尔分数；

　　　$\theta$——方程式的根，对于有 $c$ 个组分的系统有 $c$ 个根，只取 $\alpha_{HK} < \theta < \alpha_{LK}$ 的那个根。

将第一个方程计算出的 $\theta$ 代入第二个方程计算 $R_{min}$：

$$R_{min} + 1 = \sum_{i=1}^{c} \frac{\alpha_i x_{i,D}}{\alpha_i - \theta}$$

式中　$R_{min}$——最小回流比 $= (L/D)_{min}$；

　　　$x_{i,D}$——全回流条件下馏出液中组分 $i$ 的摩尔分数。

（4）吉利兰（Gilliland）法计算实际回流比和理论板数

为了实现对两个关键组分之间规定的分离要求，回流比和理论板数必须大于它们的最小值。实际回流比的选择多出于经济方面的考虑，取最小回流比乘以某一系数，然后用分析法、图解法或经验关系确定所需理论板数；在实际情况下，如果一般取 $R/R_{min} = 1.05 \sim 1.50$。根据经验，一般取中间值 1.30。

Gilliland 根据对 $R$、$R_{min}$、$N$、$N_{min}$ 四者之间关系的研究，有实验结果总结了一种经验关联式，以最小回流比和最少理论板数的已知值为基础，适用于在分离过程中相对挥发度变化不大的情况，该经验关系表示成吉利兰图。为适应计算机辅助计算的需要，该图可以用拟合关系式表示，其中较准确的一个公式是：

$$Y = 1 - \exp\left[\frac{(1 + 54.4X)(X - 1)}{(11 + 117.2X)\sqrt{X}}\right] \text{ 或 } Y = 0.75 - 0.75X^{0.5668}$$

式中，$X = \dfrac{R - R_{min}}{R + 1}$，$Y = \dfrac{N - N_{min}}{N + 1}$

Kirkbride 法计算适宜进料位置。简捷法计算理论塔板数还包括确定适宜的进料位置。柯克布赖德提出了一个近似确定适宜进料位置的经验式：

$$\frac{N_R}{N_S} = \left[\left(\frac{z_{HK,F}}{z_{LK,F}}\right)\left(\frac{x_{LK,B}}{x_{HK,D}}\right)^2\left(\frac{B}{D}\right)\right]^{0.206}$$

式中　$N_R$——精馏段（进料板之上）理论板数；

　　　$N_S$——提馏段（进料板之下）理论板数。

## 4.2.2　ASPEN PLUS 中的简捷法精馏塔设计模型

ASPEN PLUS 的简捷蒸馏模型如表 4-4 所示，DSTWU、Distl 和 SCFrac。

表 4-4

| 模型 | 描述 | 目的 | 用于 |
|---|---|---|---|
| DSTWU | 使用 Winn-Underwood-Gilliland 方法设计简捷法蒸馏 | 确定最小回流比、最小级数或者实际回流比、实际级数 | 一个进料物流和两个产品物流的塔 |
| Distl | 使用 Edmister 方法进行简捷法蒸馏核算 | 确定以回流比、级数、馏出与进料比为基准的分离程度 | 一个进料物流和两个产品物流的塔 |
| SCFrac | 复杂的多个石油分馏单元的简捷精馏 | 确定产品组成和流率、每段的级数、使用分馏指数的热负荷 | 复杂塔例如原油单元和减压塔 |

（1）DSTWU——简捷法精馏设计

DSTWU 可对一个带有分凝器或全凝器一股进料和两种产品的蒸馏塔进行简捷法设计计算。DSTWU 假设恒定的摩尔溢流量和恒定的相对挥发度。

DSTWU 所使用的计算方法如表 4-5 所示。

表 4-5

| DSTWU 使用这个方法/关联式 | 去估算 |
|---|---|
| Winn | 最小级数 |
| Underwood | 最小回流比 |
| Gilliland | 规定级数所必需的回流比或规定回流比所必需级数 |

DSTWU 可以有以下三种计算规定如表 4-6 所示。

表 4-6

| 规定 | 估计/结果 | 规定 | 估计/结果 |
|---|---|---|---|
| 轻重关键组分的回收率 | 最小回流比和最小理论级数 | 回流比 | 必需理论级数 |
| 理论级数 | 必需回流比 | | |

DSTWU 也估算适宜的进料位置、冷凝器和再沸器的热负荷，并产生一个可选的回流比~级数的曲线图或表格。

（2）Distl——简捷法精馏核算

Distl 模拟一个带有一股进料和两种产品的多级多组分的蒸馏塔。Distl 可对一个带有一股进料和两种产品的蒸馏塔进行简捷法核算计算。塔可以带有分凝器或全凝器。Distl 使用 Edmister 法来计算产品的组成。Distl 也是假定摩尔溢流量和相对挥发度是恒定的

DSTWU 和 Distl 模型流程的连接如图 4-13 所示。

（3）SCFrac——简捷法多塔蒸馏

SCFrac 对具有一股进料、一股可选的汽提蒸汽流和任何股产品的复杂塔进行简捷法蒸馏计算。SCFrac 估算理论级数和每个塔段的加热/冷却负荷。SCFrac 能模拟诸如原油蒸馏装置和减压塔的复杂塔系。SCFrac 模型流程的连接如图 4-14 所示。

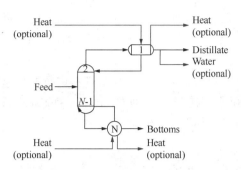

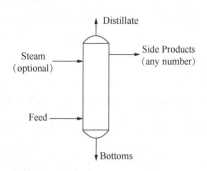

图 4-13 DSTWU 和 Distl 模型流程的连接　　　　图 4-14 SCFrac 模型流程的连接

SCFra 把 $n$ 个产品的塔分割成 $n-1$ 个塔段(参见图 4-15,SCFrac 多股抽出塔),并从上至下为这些塔段编号。SCFrac 假定:(1)对每个塔段使用恒定的相对挥发度;(2)从一个塔段流入下一个塔段的液体流动可以忽略。对每个塔段必须规定:(1)产品压力;(2)估计基于进料流率的产品流率或分率。

对所有产品物流除馏出物外,必须规定蒸汽与产品的比值。必须输入下列选项中的 $2(n-1)$ 规定:(1)塔段的分级编号(在全回流时理论级数);(2)产品流股中任何组分集的总流量、流率或回收率;(3)一个产品流股的物性集的物性的值;(4)一个产品流股或一对产品流股中的任何一对物性集物性之差;(5)一个产品流股或一对产品流股中的任何一对物性集物性之比。

使用 SCFrac 模型还必须注意以下两点:(1)因为 SCFrac 进行蒸汽计算,水必须被定义为一个组分,所有的水都与塔顶产品一起离开;(2)SCFrac 不能处理固体可在冷凝器中完成游离水计算。

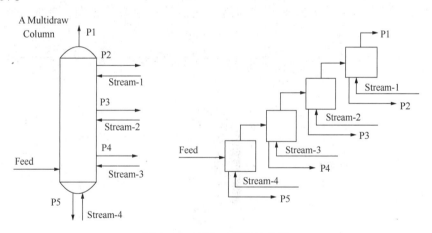

图 4-15 SCFrac 多股抽出塔

### 4.2.3 ASPEN PLUS 的简捷法精馏塔设计示例

下面举一例说明简捷法精馏设计模型 DSTWU 的使用。

【例 4-3】设计一个脱乙烷精馏塔,进料流量为 100kmol/h,进料组成为:氢气 0.00014、甲烷 0.00162、乙烯 0.75746、乙烷 0.24003、丙烯 0.00075(摩尔分数),进料流股压力为 18atm。要求乙烯在塔顶的收率达到 95%,并且塔顶馏出物中乙烯纯度达到 99%(摩尔分数）。塔顶设一全凝器，操作压力为17.8atm，塔釜有再沸器，操作压力为18.2atm，回流比为取3。试确定精馏塔的理论板数、进料位置以及产品流股的组成。热力学模型选择 Peng-Robinson 方程。

解：第一步，新建模拟文件，模拟类型选择"Flowsheet"，在"Setup"页进行模拟基本设置。为了在流股信息中能够察看各组分的摩尔流率，在"Setup"项的"Report Options"选项中的"Stream"页里，在"Fraction basis"中选中"Mole"，如图4-16所示。

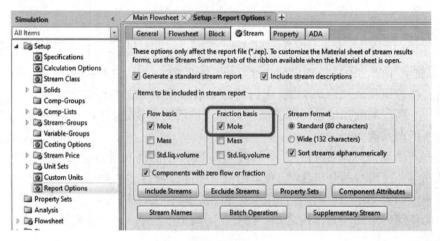

图4-16　新建模拟文件

在"Components"输入物料组分氢气（Hydrogen）、甲烷（Methane）、乙烯（Ethylene）、乙烷（Ethane）和丙烯（Propylene），然后在"Physical Properties"也选择热力学方法"PENG-ROB"。

第二步，建立如图4-17所示的精馏塔简捷法计算模拟流程图，单元操作模型选择"DSTWU"。

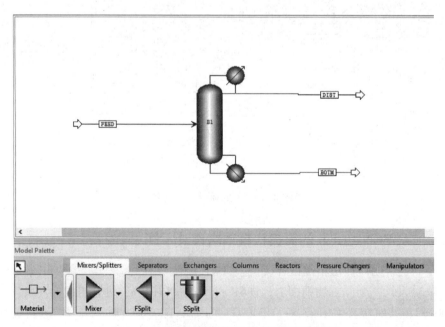

图4-17　建立精馏塔简捷法计算模拟流程图

第三步，输入进料流股信息如图4-18所示。进料流率、压力和组成根据所给定条件输入。由于题中没有给定进料温度，这里假定为饱和液体进料，也就是泡点进料，故"Vapor fraction"设为0。详细信息如表4-7所示。

表4-7

| Pressure | 18atm | ETHYLENE | 0.75746 |
|---|---|---|---|
| Vapor Fraction | 0 | ETHANE | 0.24003 |
| Composition Basis | Mole Fraction | PROPYLENE | 0.00075 |
| HYDROGEN | 0.00014 | Total Mole Flow | 100kmol/hr |
| METHANE | 0.00162 | | |

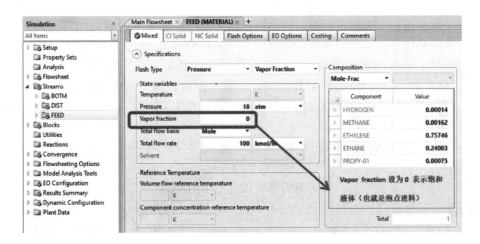

图4-18　输入进料流股信息

第四步，输入精馏塔设计条件如图4-19所示。输入的详细信息，如表4-8所示。

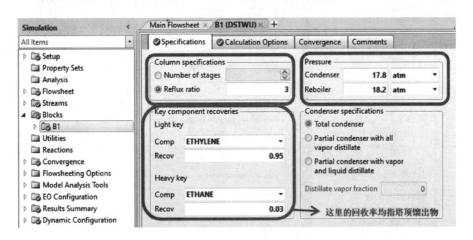

图4-19　输入精馏塔设计条件

表4-8

| Reflux Ratio | 3 |
|---|---|
| Light Key: | |
|     Component | Ethylene |
|     Recovery | 0.95 |
| Heavy Key: | |
|     Component | Ethane |
|     Recovery | 0.03 |
| Condenser Pressure | 17.8atm |
| Reboiler Pressure | 18.2atm |

因为要确定理论板数，所以这里给定回流比。在用简捷法设计时，也可以假设全塔没有压降，这是塔顶冷凝器和塔釜再沸器的压力相等。

需要注意的是，DSTWU 模型进行精馏塔的设计，回收率的设定均指塔顶馏出物中轻、重关键组分的回收率。在本例中轻关键组分乙烯的回收率0.95 是根据题目要求乙烯回收率为95%而定的。塔顶馏出物中关键组分乙烷的回收率取 0.03 是依据塔顶馏出物乙烯纯度99%（摩尔分数），采用全塔物料衡算而得。由于比轻关键组分沸点更低的氢气和甲烷的含量很低，可以近似假设在塔顶馏出物中只含有乙烯和乙烷，则塔顶中关键组分乙烷的回收率的计算公式为：

$$\frac{100×0.75746×0.95/0.99-100×0.75746×0.95}{100×0.24003}=0.03$$

这只是一个近似估计值，更精确的值可以通过 RADFRAC 模型做严格计算获得。

第五步，执行计算，查看结果如图 4-20 所示。设计结果可以在"Results"也看到，如图 4-20 所示。从中可以看出在回流比为3时所需理论塔板数为34（含全凝器合再沸器），进料位置为第20块塔板（从上向下，含全凝器）。再沸器热负荷为769.3kW，冷凝器热负荷为768.0kW。

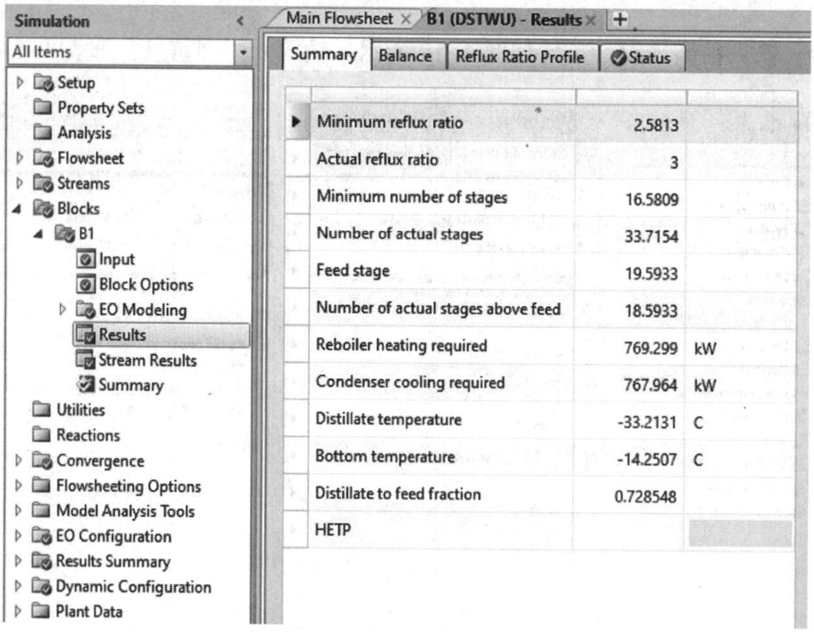

图 4-20 执行计算并查看结果

物料组成可以通过“Stream Results”页看到，从图 4-21 中可以看到塔顶馏出物中乙烯纯度为 0.9877(摩尔分数)，比设计规定的 99%差了一点点。在下一节我们将会在 RADFRAC 严格计算的基础上进行精馏塔参数和操作条件的优化使得塔顶乙烯纯度达到 99%。

| | Units | FEED | BOTM | DIST |
|---|---|---|---|---|
| − Mole Flows | kmol/hr | 100 | 27.1452 | 72.8548 |
| HYDROGEN | kmol/hr | 0.014 | 6.46061e-29 | 0.014 |
| METHANE | kmol/hr | 0.162 | 6.90785e-13 | 0.162 |
| ETHYLENE | kmol/hr | 75.746 | 3.7873 | 71.9587 |
| ETHANE | kmol/hr | 24.003 | 23.2829 | 0.72009 |
| PROPY-01 | kmol/hr | 0.075 | 0.0749998 | 2.21044e-07 |
| − Mole Fractions | | | | |
| HYDROGEN | | 0.00014 | 2.38002e-30 | 0.000192163 |
| METHANE | | 0.00162 | 2.54478e-14 | 0.0022236 |
| ETHYLENE | | 0.75746 | 0.13952 | 0.9877 |
| ETHANE | | 0.24003 | 0.857717 | 0.00988391 |
| PROPY-01 | | 0.00075 | 0.00276291 | 3.03403e-09 |
| − Mass Flows | kg/hr | 2852.5 | 809.513 | 2042.99 |
| HYDROGEN | kg/hr | 0.0282223 | 1.30238e-28 | 0.0282223 |
| METHANE | kg/hr | 2.59893 | 1.10821e-11 | 2.59893 |
| ETHYLENE | kg/hr | 2124.96 | 106.248 | 2018.71 |
| ETHANE | kg/hr | 721.762 | 700.109 | 21.6528 |
| PROPY-01 | kg/hr | 3.15605 | 3.15604 | 9.30167e-06 |

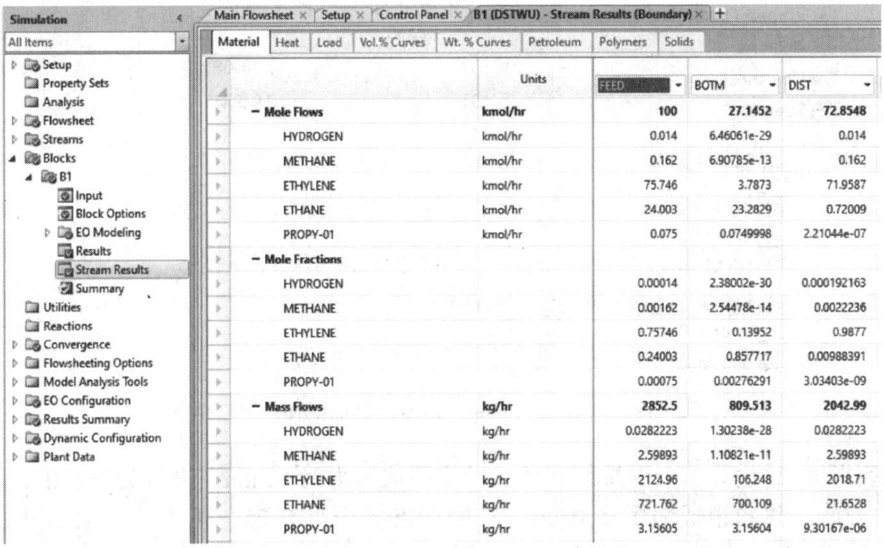

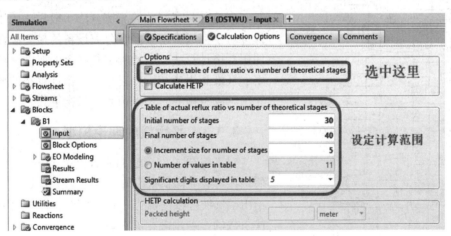

图 4-21　通过“Stream Results”页查看物料组成

除了以上设计结果外，“DSTWU”模型还可以计算不同回流比对应的理论板数，并将结果以列表形式给出。

在“Input”的“Calculation Options”页中将选项“Generate table of reflux ratio vs number of theoretical stages”选中，并在“Table of actual reflux ratio vs number of theoretical stages”项中设定计算范围。这里分别计算 30、35 和 40 块理论板对应的回流比。如图 4-22 所示。

图 4-22　设定计算范围

计算结果如图 4-23 所示。从图中可以看出，30、35 和 40 块理论板对应的回流比分别为 3.40、2.95 和 2.84。

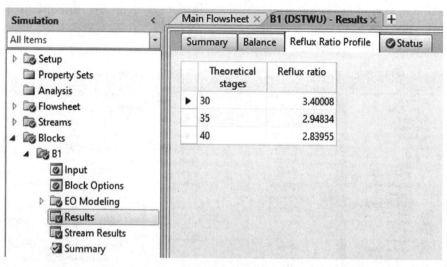

图 4-23　理论板对应的回流比

【**练习题 4-2**】设计一个丙烷精馏塔，操作平均压力为 22atm，进料为汽、液混合物，其中气相占 60%，进料组成为甲烷 0.26、乙烷 0.09、丙烷 0.25、正丁烷 0.12、正戊烷 0.11 和正己烷 0.12（摩尔分数），塔顶设一分凝器，塔釜有再沸器，要求丙烷在塔釜的收率不大于 0.04，丁烷在塔顶的收率不超过 0.0175，确定该精馏塔的理论板数、回流比、塔顶和塔釜的采出量及换热器的热负荷。

## 4.3　多组分多级分离塔的严格计算

多组分分离问题的简捷算法一般只适用于初步设计。对于完成多组分多级分离设备的最终设计，必须使用严格计算法，以便确定各级上的温度、压力、流率、气液相组成和传热速率。严格计算法的核心是联立求解物料衡算、相平衡和热量衡算式。

### 4.3.1　平衡级的理论模型

对于连续逆流接触的多级气液和液液接触过程。假定在各级上达到相平衡且不发生化学反应，图 4-24 给出了气液接触设备的一个平衡级 $j$，图中级号是从上往下数的。若用液相流来表示密度较高的液相，而用气相流来表示密度较低的液相，则该图也可表示液液接触设备的平衡级。

级 $j$ 的进料可以是一相或两相，其摩尔流率为 $F_j$，总组成以组分 $j$ 的摩尔分数 $z_{i,j}$ 来表示，温度为 $T_{F,j}$，压力为 $p_{F,j}$，相应的平均摩尔焓为 $H_{F,j}$。

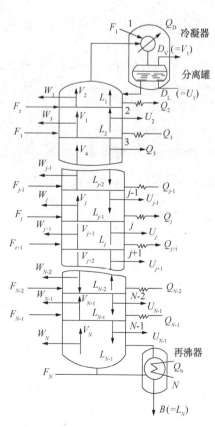

图 4-24　气液接触设备

级 $j$ 的另外两股输入是来自上面第 $j-1$ 级的液相流率 $L_{j-1}$ 和来自下面第 $j+1$ 级的气相流率 $V_{j+1}$，其组成分别以摩尔分数 $x_{i,j-1}$ 和 $y_{i,j+1}$ 表示，其他性质规定方法同上。

离开 $j$ 级的气相强度性质为 $y_{i,j}$、$H_j$、$T_j$ 和 $p_j$。这股物流可被分解为摩尔流率为 $W_j$ 的气相侧线采出和摩尔流率为 $V_j$ 的级间流，它被送往第 $j-1$ 级，当 $j=1$ 时则作为产品离开分离设备。另外，离开 $j$ 级的液相，其强度性质为 $x_{i,j}$、$h_j$、$T_j$ 和 $p_j$，它与气相成平衡。此液相可分成摩尔流率为 $U_j$ 的液相侧线采出和送往第 $j+1$ 级的级间流 $L_j$，若 $j=N$，则作为产品离开多级分离设备。见图 4-25。

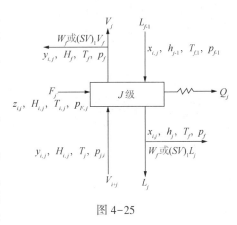

图 4-25

从 $j$ 级引出或引进 $j$ 级的热量相应以正或负来表示，它可用来模拟级间冷却器、级间加热器、冷凝器或再沸器。

围绕平衡级，能写出组分物料衡算(M)、相平衡关系(E)、每相中各组分的摩尔分数加和式(S)和热量衡算(H)共四组方程，简称 MESH 方程。

(1) 物料衡算式(每一级有 $c$ 个方程)

$$G_{i,j}^M = L_{j-1}x_{i,j-1} + V_{j+1}y_{i,j+1} + F_j z_{i,j} - (L_j+U_j)x_{i,j} - (V_j+W_j)y_{i,j} = 0 \quad i=1,2,\cdots,c$$

(2) 相平衡关系式(每一级有 $c$ 个方程)

$$G_{i,j}^E = y_{i,j} - K_{i,j}x_{i,j} = 0 \quad i=1,2,\cdots,c$$

(3) 摩尔分数加和式(每一级上各有一个)

$$G_j^{SY} = \sum_{i=1}^c y_{i,j} - 1.0 = 0$$

$$G_j^{SX} = \sum_{i=1}^c x_{i,j} - 1.0 = 0$$

(4) 热量衡算式(每一级有一个)

$$G_j^H = L_{j-1}h_{j-1} + V_{j+1}H_{j+1} + F_j H_{F,j} - (L_j+U_j)h_j - (V_j+W_j)H_j - Q_j = 0$$

除 MESH 方程组外，尚有相平衡常数($K_{i,j}$)、气相摩尔焓($H_j$)和液相摩尔焓($h_j$)的关联式：

$$K_{i,j} = K_{i,j}(T_j,\ p_j,\ x_{i,j},\ y_{i,j}) \qquad i=1,2,\cdots,c$$

$$H_j = H_j(T_j,\ p_j,\ y_{i,j}) \qquad i=1,2,\cdots,c$$

$$h_j = h_j(T_j,\ p_j,\ x_{i,j}) \qquad i=1,2,\cdots,c$$

若这些关系不被计入方程组内，则不把这三个性质看成变量，因此，用 $(2c+3)$ 个 MESH 方程即可描述一个平衡级。

将上述 $N$ 个平衡级按逆流方式串联起来，并且去掉分别处于串级两端的 $L_0$ 和 $V_{N+1}$ 两股物流，则组合成适用于精馏、吸收和萃取的通用逆流装置。该装置的方程数和变量数分别列于表中。

由表4-9和表4-10可以看出，对于多组分多级分离计算问题，变量数大于独立方程数，因此需要对某些变量就作出规定，使得变量数与方程数相等。首先，进料变量和压力变量的数值一般是必须规定的，其他设计变量的规定方法可分为设计型和操作型：设计型问题规定关键组分的回收率（或浓度）及有关参数，计算平衡级数、进料位置等；操作型问题规定平衡级数、进料位置以及有关参数，计算可达到的分离要求（回收率或浓度）等。因此，设计型问题是以设计一个新分离装置使之达到一定分离要求的计算，而操作型问题是以在一定操作条件下分析已有分离装置性能的计算。

表4-9　$c$ 组分 $N$ 级的方程数

| 方程类型 | 方程数 | 方程类型 | 方程数 |
|---|---|---|---|
| 物料衡算式，$G_{i,j}^{M}$ | $Nc$ | 热量衡算式，$G_{j}^{H}$ | $N$ |
| 相平衡关系式，$G_{i,j}^{E}$ | $Nc$ | 总方程数 | $(2c+3)N$ |
| 摩尔分数加和式，$G_{j}^{SY}$ 和 $G_{j}^{SX}$ | $2N$ | | |

表4-10　$c$ 组分 $N$ 级的变量数

| 变量类别 | 变量数 | 变量类别 | 变量数 |
|---|---|---|---|
| 各级温度和压力，$T_j$ 和 $p_j$ | $2N$ | 进料组成，$z_{i,j}$ | $Nc$ |
| 液相和气相流率，$L_j$ 和 $V_j$ | $2N$ | 各级液相组成，$x_{i,j}$ | $Nc$ |
| 液相和气相侧线流率，$U_j$ 和 $W_j$ | $2N$ | 各级气相组成，$y_{i,j}$ | $Nc$ |
| 各级热负荷，$Q_j$ | $N$ | 平衡级数，$N$ | $1$ |
| 进料流率和热焓，　$F_j$ 和 $H_{F,j}$ | $2N$ | 总变量数 | $(3c+9)N+1$ |

例如，一个典型的操作性问题可以规定如下设计变量：①各级进料量（$F_j$）、组成（$z_{i,j}$）、进料焓（$H_{F,j}$）；②各级压力（$p_j$）；③各级气相侧线采出流率（$W_j$）和液相侧线采出流率（$U_j$）；④各级换热器的换热量（$Q_j$）；⑤平衡级数（$N$）。上述规定的变量总数为（$c+6$）$N+1$ 个。未知变量数为 $x_{i,j}$、$y_{i,j}$、$L_j$、$V_j$ 和 $T_j$，其总数正好为（$2c+3$）$N$ 个，与 MESH 方程数相等，可以求得方程组的唯一解。

有时，计算中不希望规定塔顶冷凝器和塔底再沸器的热负荷，而希望规定某些塔顶或塔底的其他值（如回流比或再沸比、顶温或底温、塔顶或塔底产品流率、塔顶或塔底产品组成），这时可用相应的方程替换 $G_1^H$ 和 $G_2^H$。

MESH 方程组是一个非线性方程组，分析求解是不可能的，即使采用迭代法或其他数值法也不能保证总是能得到收敛解，因此针对多级平衡级分离过程的严格计算开发了多种方法，典型的方程解离法、同时校正法和内外法。

方程解离法是将 MESH 方程组按类型分为三组：修正的 M-方程（将 E 方程代入 M 方程）、S-方程和 H-方程，然后分别求解，这类方法的典型代表为泡点法（BP 法）和流率加和法（SR 法）。对于气液平衡常数变化范围比较窄的窄沸程体系，可以采用 Wang-Henke 的泡点法，用修正的 M-方程计算液相组成、用 S-方程计算各级温度、用 H-方程迭代计算气相流率。对于宽沸程或溶解度有较大差异的体系（在许多吸收和解析塔中，进料组分的沸点相差很大），热量平衡对级间温度比对级间流率要敏感得多，因此 Buruingham 和 Otto 提出用 S-方程计算计算气相流率、用 H-方程计算各级温度的方法，称之为流率加和法。因为修正的 M-方程具有方程矩阵特征，可以采用托马斯法（TOMAS 法）求解，具有计算速度快、占用内存少的优点。而求解温度需要采用迭代法，BP 法采用 Muller 法，SR 法则采用 Newton-Raphson 方法。

方程解离法对于理想体系具有较好的收敛效果，但是对非理想性很强的液体混合物的精馏过程（如萃取精馏和共沸精馏）、一级带有化学反应的分离过程的计算（如反应精馏和催化精馏等），则很可能会造成较大的计算误差，或迭代计算不能收敛。此时应该采用同时校正法（SC 法）较好，这种方法首先将 MESH 方程组用泰勒级数展开，并取其线性项，然后通过某种迭代技术（如 Newton-Raphson 法）联解。根据排列变量和方程式顺序的不同可以分为 Naphtali-Sandholm 同时校正法（NS-SC）和 Goldstein-Stanfield 同时校正法（GS-SC）。NS-SC 法按平衡级将方程式分组，再按平衡级的顺序排列，其计算量可以用 $N(c+2)^2$ 表示。对于组分数比较少但平衡级数比较多的分离过程，如精密精馏过程，NS-SC 法比较适宜。GS-SC 法按独立方程式的类型分组，即按组分物料衡算方程、热量衡算方程、摩尔分数加和方程和总物料衡算方程的次序排列，组分物料衡算方程又按组分分为 $c$ 个组，每组包括按平衡级顺序排列的 $N$ 个方程。该法的计算量可以用 $cN^2+(2N)^3$ 表示。对于平衡级数比较少而组分数比较多的精馏过程，如原油蒸馏塔，GS-SC 法比较适合。如果平衡级数比较多（$N>50$），同时组分数也比较多（$c>25$），这两种方法都不理想，但是 NS-SC 法的效果一般要好些。

不论是方程解离法还是同时校正法，用于计算 $K$ 值、气相焓和液相焓的工作量占很大比例，当使用严格的热力学模型时（例如 SRK 方程、PR 方程、wilson、NRTL 和 UNIQUAC 方程）尤为突出。如图 4-26(a) 所示，在每次迭代中都要计算这些性质。此外，在每次迭代中还要计算这些性质的偏导数。例如，在 SC 法需计算上述三个热力学性质对两相组成和温度的导数；BP 法中需计算 K 值对温度的导数；在 SR 法中需计算汽、液相焓对温度的导数。

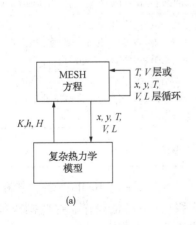

(a)

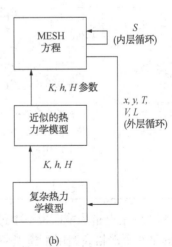

(b)

图 4-26

由 Boston 和 Sullivan 提出的内-外法在设计稳态、多组分分离过程时大大缩短了计算热力学性质所耗用的时间。如图 4-26(b)所示，采用两套热力学性质模型：①简单的经验法用于频繁的内层收敛计算；②严格和复杂的模型用于外层计算。在内层求解 MESH 方程使用经验关系式，而经验式中的参数则需在外层用严格的热力学关系校正，但这种校正是间断进行的且频率并不高。由于 Boston-Sullivan 法的特点是分内层和外层迭代，所以该法被称为内-外法。内-外法的另一特点是迭代变量的选择有所不同。在前述方法中，迭代变量定为：$x_{i,j}$、$y_{i,j}$、$T_j$、$L_j$ 和 $V_j$。而对于内-外法，外层的迭代变量是描述热力学性质的经验关系中的参数。内层的迭代变量与提馏因子有关，$S_{i,j}=K_{i,j}V_j/L_j$。

最初，内-外法局限于烃类分离塔的计算，已知平衡级数，塔身允许有多个进料、侧线采出和中间换热器。后经改进，几乎能应用于所有类型的稳态、多组分、多级汽液分离过程。在 ASPEN PLUS 软件中，用改进的内-外法编制了 RADFRAC 和 MULTIFRAC 计算程序，它们可应用于多种类型的分离过程计算。包括：①吸收、气提、再沸吸收、再沸气提、萃取精馏和共沸精馏；②汽-液-液三相精馏；③反应精馏；④需要活度系数模型的高度非理想系统；⑤窄沸点进料、宽沸点进料和以轻、重组分为主的哑铃形进料的分离过程等。

内-外法在迭代计算上具有以下优点：①组分的相对挥发度对 $K$ 值的变化小得多；②汽化焓的变化小于各相焓的变化；⑤组分的提馏因子综合了每级温度和汽、液流率的影响。内-外法的内层使用了相对挥发度和提馏因子，改进了迭代的稳定性和缩短了计算时间。

### 4.3.2 严格法精馏塔计算模型——RadFrac

ASPEN PLUS 的严格蒸馏模型如表 4-11，有 RadFrac、MultiFrac、PetroFrac 和 RateFrac，以及液-液萃取模型 Extract。

表 4-11 蒸馏模型比较

| 模型 | 描述 | 目的 | 用于 |
| --- | --- | --- | --- |
| RadFrac | 严格分馏 | 执行各塔严格核算和设计计算 | 普通蒸馏、吸收塔、汽提塔、萃取和共沸蒸馏、三相蒸馏、反应蒸馏 |
| MultiFrac | 严格法多塔精馏 | 对一些复杂的多塔执行严格核算和设计计算 | 热整合塔、空气分离塔、吸收/汽提塔组合、乙烯装置初馏塔和急冷塔组合、石油炼制应用 |
| PetroFrac | 石油炼制分馏 | 对石油炼制应用中的复杂塔执行严格核算和设计计算 | 预闪蒸塔、常压原油单元、减压单元、催化裂化主分馏器、延迟焦化主分馏器、减压润滑油分馏器、乙烯装置初馏塔和急冷塔组合 |
| RateFrac | 基于流率的蒸馏 | 对各塔和多塔执行严格核算与设计。基于非平衡级计算，不需要效率和 HETPs | 蒸馏塔、吸收塔、汽提塔、反应系统、热整合单元、石油应用例如原油和减压单元、吸收/汽提塔组合 |
| Extract | 严格液-液萃取 | 使用一个溶剂模拟一个液体物流的逆流抽提 | 液-液抽提塔 |

鉴于 RadFrac 是严格法精馏模拟中最常用的模型，本章仅叙述 RadFrac 的功能和使用。

RadFrac 是一个严格模型用于模拟所有类型的多级气-液精馏操作。这些操作包括：一般精馏、吸收、再沸吸收、汽提、再沸汽提、萃取蒸馏和共沸蒸馏。

RadFrac 适用的体系很广，包括两相蒸馏体系、三相蒸馏体系、窄沸程和宽沸程体系、液相具有非理想性强的体系。在塔的任何地方，RadFrac 可以检测和处理游离水相或其他第二液相。RadFrac 可在每级上处理固体。

RadFrac 可以处理离开任何级并返回到同一级或一个不同的级的中段回流。

RadFrac 可以模拟发生化学反应的塔，反应有固定转化率、平衡反应、流率控制反应和电解质反应。RadFrac 也可以模拟带有两个液相和化学反应同时发生的塔，对两个液相使用不同的反应动力学。另外，RadFrac 也可以模拟盐析出。

尽管 RadFrac 假定为平衡级，但是也可以规定 Murphree 效率或蒸发效率。可以利用 Murphree 效率满足装置性能。

可以使用 RadFrac 去设计和核算有塔板和（或）填料组成的塔。RadFrac 可以模拟乱堆填料和规整填料。

（1）RadFrac 流程的连接

RadFrac 流程的连接如图 4-27 所示。

RadFrac 可以有任意数量的级数、级间加热器/冷凝器、倾析器和中段回流。在每个级上可以有任意数量的进料物流、至多三个出料物流（一个气相或两个液相）。出口物流可以从级流率中部分或全部采出。

倾析器出口物流可以立即返回到下一级级上，或它们可被分离为任何数量的物流，每个物流返回到一个不同的用户规定级。中段回流可在任意两个级之间或在同一个级上。

虚拟物流可以代表塔的内部物流、中段回流物流和热虹吸式再沸器物流。一个虚拟产品物流不影响塔的结果。

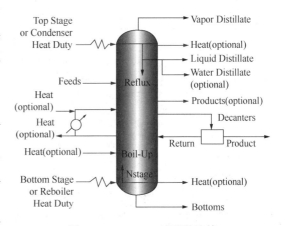

图 4-27　RadFrac 流程的连接

（2）规定 RadFrac

RadFrac 塔结构的规定包括级数、进料物流约定、没有冷凝器或再沸器的塔、再沸器处理、加热器和冷却器规定、倾析器、中段回流。

使用表 4-12 输入规定并浏览 RadFrac 的结果。

**表 4-12**

| 使用这个表格 | 去　做 |
| --- | --- |
| Setup | 规定基本塔结构和操作条件 |
| DesignSpecs | 规定设计规定和浏览收敛结果 |
| Vary | 规定调节变量用来满足设计规定和浏览最终的计算结果 |
| HeaterCoolers | 规定级加热或冷却 |
| Pumparounds | 规定中段回流并浏览中段回流结果 |
| PumparoundsHcurves | 规定中段回流加热或冷却曲线表并浏览表格的结果 |
| Decanters | 规定倾析器并浏览倾析器的结果 |

续表

| 使用这个表格 | 去　做 |
| --- | --- |
| Efficiencies | 规定级组分和塔段的效率 |
| Reactions | 规定平衡动力学和反应转化参数 |
| CondenseHcurves | 规定冷凝器加热或冷却曲线表并浏览表格结果 |
| ReboilerHcurves | 规定再沸器加热或冷却曲线表并浏览表格结果 |
| TraySizing | 为塔段的级规定设计参数并浏览结果 |
| TrayRating | 为塔段的级规定核算参数并浏览结果 |
| PackSizing | 为塔段的填料规定设计参数并浏览结果 |
| PackRating | 为塔段的填料规定核算参数并浏览结果 |
| Properties | 为塔段规定物性参数 |
| Estimates | 规定各级的温度气相和液相流率和组成的初始估值 |
| Convergence | 规定塔收敛参数进料闪蒸计算和模块特定诊断信息级别 |
| Report | 规定模块特定报告选项和虚拟物流 |
| BlockOptions | 替换这个模块的物性模拟选项诊断信息级别和报告选项的全局值 |
| UserSubroutines | 规定反应动力学、KLL 计算、塔板设计与核算、填料设计与核算的用户子程序 |
| ResultSummary | 浏览所有 RadFrac 塔中关键塔的结果 |
| Profiles | 浏览并规定塔的分布 |
| Dynamic | 规定动态模拟参数 |

① 级数

RadFrac 是由冷凝器开始从顶向下进行编号。对于具有 $N$ 块平衡级理论板的 RadFrac 模型，冷凝器的编号为 1，再沸器的编号为 $N$。（如果没有冷凝器是从顶部级开始）。

② 进料物流约定

使用 Setup Streams 页规定进料和产品级位置。RadFrac 为处理进料物流提供三个约定：在级上方进料（Above Stage）、在级上进料（On Stage）、倾析器（仅适用于三相计算）。参见图 4-28（a）RadFrac Feed Convention Above-Stage 和图 4-28（b）RadFrac Feed Convention On-Stage。

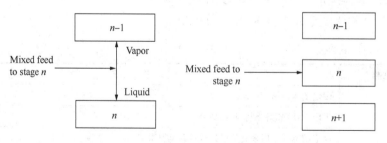

(a)RadFrac Feed Convention Above-Stage　　(b)RadFrac Feed Convention On-Stage

图 4-28　进料物流

当进料约定是 Above-Stage 时，RadFrac 在相邻的级间引入一股物流。液体部分流动到规定的级（$n$）。气体部分流动到上一级的级（$n-1$）。通过规定级 = 1，可以引入一个液相进料到顶部级(或冷凝器)。通过规定级=平衡级数+1，可以引入一个气相进料到底部级(或再沸器)。

当进料约定是 On-Stage 时，进料的液相和气相部分都流动到规定的级上。

进料约定倾析器仅用于包括倾析器的三相计算(在 Setup Configuration 页中 Valid Phases=Vapor-Liquid-Liquid)。通过这个约定可以将一个进料直接引入到与一个级相邻的倾析器中。

③ 没有冷凝器或再沸器的塔

对于没有冷凝器或再沸器的塔，可以在 Setup Configuration 页中的 Condenser(冷凝器)项选择 None for Condenser(没有冷凝器)；在 Reboiler(再沸器)项中选择 None for Reboiler(没有再沸器)。

④ 再沸器处理

RadFrac 可以模拟两种再沸器的类型：釜式再沸器和热虹吸式再沸器。

在 Setup Configuration 页中釜式再沸器作为该塔的最后一个级被模拟。选择釜式再沸器，在缺省情况下，RadFrac 使用釜式再沸器。在 Setup Configuration 页中输入 Reboiler Duty 作为一个操作规定来规定再沸器的负荷或作为计算值保留它。

热虹吸式再沸器被模拟为一个带加热器的进出底部级的中段回流。在 Setup Configuration 页中上选择 Thermosyphon for Reboiler。在 Setup Reboiler 页中输入其他所有热虹吸式再沸器的规定。

图 4-29 显示了热虹吸式再沸器的结构。在缺省情况下，RadFrac 使用 On-Stage 进料约定使再沸器的出口返回到最后一块级上。可以在 Reboiler 页中使用 Reboiler Return Feed Convention 规定 Above-Stage。这指出了再沸器出口的气相部分到达的级数=平衡级数-1。

热虹吸式再沸器模型有五个相关的变量：压力、流率、温度、温度变化、气相分率。

必须由下列规定选择项中选择一项：温度、温度变化、气相分率、流率、流率和温度流率、流率和温度变化、流率和气相分率。

如果要改变由两个变量组成的一个选项，必须在

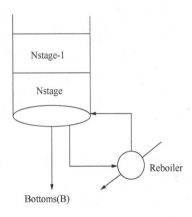

图 4-29　热虹吸式再沸器的结构

Setup Configuration 页中规定再沸器热负荷。RadFrac 将输入再沸器热负荷的值作为初始估值进行处理。

再沸器压力是可选择的。如果不输入一个值，RadFrac 将使用底部级的压力。

⑤ 加热器和冷却器规定

可以通过下面两个途径之一来规定段间加热器和冷却器：一是在 HeatersCoolers SideDuties 页中直接规定负荷；二是在 HeatersCoolers UtilityExchangers 页中必需计算 UA。

如果直接在 HeatersCoolers SideDuties 中规定负荷，为加热输入一个正负荷，为冷却输入一个负的负荷。

如果在 HeatersCoolers UtilityExchangers 页中必需计算 UA，RadFrac 同时计算塔的负荷和加热/冷却流体的出口温度。UA 计算：a. 假设级温度是恒定的；b. 使用一个算术平均温差；c. 假设加热或冷却流体没有任何相变化。要计算 UA 必须规定：a. UA；b. 加热或冷却流体组成；c. 流体的流率和入口温度。

可以在 HeatersCoolers UtilityExchangers 页中直接规定流体的热容量或者 RadFrac 通过一个物性方法来计算它。如果 RadFrac 计算热容量必须输入加热和冷却流体的压力和相态。在缺省情况下，RadFrac 使用模块物性方法计算热容量，但也可以使用不同的物性方法。也可以在 HeatersCoolers HeatLoss 页中规定塔段的热损失

⑥ 倾析器

对于三相计算（在 Setup Configuration 页中 Vaild Phase＝Vapor-Liquid-Liquid）可以规定任意数量的倾析器。在 Decanters 窗口中输入倾析器的规定。

对于在顶部级上的倾析器，必须至少输入两个液相中一个的返回分率（在 Decanters Specifications 页中 Fraction of 1st Liquid Returned Fraction of 2nd Liquid Returned）。对于其他任何级上的倾析器，必须规定 Fraction of 1st Liquid Returned（第一液相的返回分率）和 Fraction of 2nd Liquid Returned（第二液相的返回分率）。

可以在 Decanters Options 页中输入 Temperature（温度）和 Degrees Subcooling（过冷度）来模拟过冷倾析器。如果不规定 Temperature（温度）和 Degrees Subcooling（过冷度），倾析器将在它所附属的级温度下进行操作。如果侧线产品是倾析器的产品，不能规定它们的流率。RadFrac 将从 Fraction of 1st Liquid Returned 第一液相的返回分率）和 Fraction of 2nd Liquid Returned（第二液相的返回分率）来计算它们的流率。

缺省情况下，RadFrac 立即将倾析器物流返回到下一级级上。可以通过在 Decanters Specifications（倾析器规定）页中输入一个不同 Return Stage（返回级）的数使倾析器物流返回到任何其他级上。通过给定一个分离分率，可以将返回物流分离为若干个物流（Split Fraction of Total Return for the 1st Liquid and 2nd Liquid）。每个结果物流可以到达不同的返回级。

当返回物流没到达下一级级上，一个进料或中段回流必须到达下一级。这是为了防止干板。

⑦ 中段回流

RadFrac 可以处理从任意级到同一级或其他任意级的中段回流。使用 Pumparounds 窗口输入所有中段回流规定。

必须为中段回流输入源级和目标级的位置。一个中段回流可以部分或全部抽出：级上的液相；第一液相；第二液相；气相。

可以用中段回流与加热器或冷却器连到一起。如果中段回流是级流率的部分抽出，必须输入下面规定中的两个：流率；温度；温度变化；汽化率；热负荷。

如果中段回流是全部抽出，必须输入下面规定中的一个：温度；温度变化；汽化率；热负荷。

汽化率仅在 Valid Phases（有效相态）＝ Vapor-Liquid（气-液）或 Vapor-Liquid-Liquid（气-液-液）时使用。

使用 Pumparounds Specifications 页输入这些操作规定。

压力规定是可选择的。缺省情况下的中段回流压力与源级压力相同。RadFrac 假设在加热器/冷却器出口处的中段回流与入口处的中段回流具有相同的相态条件。在 Pumparound Specifications 页上可以使用 Valid phases 区域来替换相态条件。

RadFrac 可使中段回流返回到一个级上，使用下述之一：On-stage 选项；Above-stage 选项使中段回流返回到两个级间。

在三相塔中，RadFrac 可让中段回流返回到与级相连的倾析器中。可以使用 Return 选项区域来选择 above-stage(在级上方)。

RadFrac 假设在加热器/冷却器出口的中段回流与入口具有相同的相态条件。

可以在 Pumparounds Specifications 页中使用 Return-Phase 为加热器/冷却器出口指定不同的相态。或者可以规定 Valid Phases = Vapor-Liquid 或 Vapor-Liquid-Liquid，并让 RadFrac 从加热器/冷却器规定中确定返回的相态条件。

(3) 游离水和严格三相计算

RadFrac 能执行游离水和严格三相，这些计算可以通过在 Setup Configuration 页上规定的选项来控制。可以选择三个类型的计算：①仅在冷凝器中的游离水(当 Valid Phases = Vapor-Liquid-FreeWater Condenser 时)；②在任何级或所有级上的游离水(当 Valid Phases = Vapor-Liquid-FreeWater AnyStage 时)；③严格三相计算(当 Valid Phases = Vapor-Liquid-Liquid Setup Configuration 时)。

当选择冷凝器中的游离水计算时，仅有游离水从冷凝器中倾析出来。对 Overall Loop(整个回路)收敛方法不能使用非理想的方法。

对 RadFrac 进行计算，在 Setup 3-Phase 页中，必须规定在哪个级检测两个液相。

对所选的所有级选择完全的严格三相计算时，RadFrac 对两个液相不做任何假定。可将倾析器与任何级连在一起，对于 Overall Loop 收敛方法不能使用 Sum-Rates。

(4) 效率

可以规定两种类型效率中的一个：蒸发效率；Murphree 效率。

蒸发效率被定义为：
$$Eff_i^V = \frac{y_{i,j}}{K_{i,j}x_{i,j}}$$

Murphree 效率被定义为：
$$Eff_{i,j}^M = \frac{y_{i,j} - y_{i,j-1}}{K_{i,j}x_{i,j} - y_{i,j+1}}$$

式中  $K$——平衡 $K$ 值；

　　　$x$——液相摩尔分率；

　　　$y$——气相摩尔分率；

$Eff^V$——蒸发效率；

$Eff^M$——Murphree 效率；

　　　$i$——组分号；

　　　$j$——级号。

规定蒸发或 Murphree 效率，在 Setup Configuration 页中输入实际级数。然后使用 Efficiencies 窗口输入效率。

对于三相计算，缺省情况下输入的蒸发和 Murphree 效率适用于下面两种平衡：气-液 1(VL1E)；气-液 2(VL2E)。

可以使用 Efficiencies 窗口分别输入 VL1E 和 VL2E 的效率。当规定平衡反应或使用 Murphree 效率时，不能分别输入 VL1E 和 VL2E 的效率。

可以使用这些效率来考虑平衡偏离的程度。但不能从一种效率转化为另一种效率。效率的大小可以不同。当不知道效率时，或者可得到实际塔操作数据时，可以使用 Murphree 效率与操作数据拟合。

当使用 Murphree 率时在 DesignSpecs and Vary 窗口中使用设计规定。

（5）算法

可以在 Convergence Basic 页中选择一个算法和/或初始化选项对塔进行模拟。缺省的标准算法和标准的初始化选项对大多数应用都是适用的。可以使用本节中描述的方法，改进下列应用的收敛情况：石油和石油化工应用、高度非理想体系、共沸蒸馏、吸收和汽提、深冷应用。

在 Convergence Basic 页中改变算法和初始化选项，必须首先在 Setup Configuration 页的 Convergence 区域中选择 Custom 作为选项。

① 石油和石油化工应用

石油和石油化工应用包括极宽沸程的混合物和/或许多组分和设计规定。可以在 Convergence Basic 页的 Algorithm 区域通过选择 Sum Rates 来改进收敛效率和可靠性。

② 高度非理想体系

当液相的非理想程度非常强时，在 Convergence Basic 页的 Algorithm 区域中选择 Nonideal 用来改进收敛情况。只有当外部循环迭代的次数超过 25 次时（使用标准算法），才使用这个算法。

可以对高度非理想体系使用 Newton 算法。Newton 算法对高灵敏度规定的塔是比较好的。但它通常较慢，特别是对于级多和组分多的塔。

③ 共沸蒸馏

对共沸蒸馏的应用可以使用一种夹带试剂来分离一个共沸混合物，在 Convergence Basic 页中做以下规定：（1）Algorithm，Newton；（2）Initialization 方法，Azeotropic。

一个典型的共沸蒸馏的事例是用苯作试剂将乙醇脱水。

④ 吸收和汽提

模拟吸收和汽提，在 Setup Configuration 页中规定 Condenser＝None 和 Reboiler＝None。在绝热操作中，热负荷是 0。对于极宽沸程混合物，规定下列之一：a. 在 Convergence Basic 页选择 Algorithm＝Sum-Rates。b. 在 Setup Configuration 页选择 Convergence＝Standard 和在 Convergence Basic 页选择 Absorber＝Yes。

⑤ 深冷应用

对深冷应用例如空气分离，建议使用标准算法。为深冷系统调用一个特殊初始化程序设计，在 Convergence Basic 页中规定 Cryogenic for Initialization。

（6）核算模式

RadFrac 允许塔在核算模式和设计模式进行操作。核算模式对塔的两相和三相计算要求不同的塔规定。对于两相计算必须在 Setup Form 中输入以下各项：

● 为处理冷凝器中游离水输入 Valid Phases＝Vapor-Liquid 或 Vapor-Liquid-FreeWater-Condenser。

● Total（全凝），Subcooled（过冷）或 Partial-Vapor（部分冷凝冷凝器）。

● 两个附加的塔操作变量。

如果冷凝器或回流是过冷的，也可规定过冷度或过冷温度。

对于三相计算，必须在 Setup Configuration 页中规定 Valid Phases＝Vapor-Liquid-Liquid 或 Vapor-Liquid-FreeWaterAnyStage（对游离水计算）。所必需的规定依赖于为顶级倾析器中

两个液相的返回分率所做的规定(Fraction of 1st Liquid Returned 和 Fraction of 2nd Liquid Returned)。

表4-13列出了三个规定选项。

表 4-13 规定选项

| 如果在 Decanters Specification 规定 | 在 Setup Configuration 中输入 |
|---|---|
| Fraction of 1st Liquid Returned 或 Fraction of 2nd Liquid Returned 或没有顶部倾析器 | Total Subcooled 或 Partial-Vapor 冷凝器和两个操作规定 |
| Fraction of 1st Liquid Returned 和 Fraction of 2nd Liquid Returned | Total Subcooled 或 Partial-Vapor 冷凝器和一个操作规定 |
| Fraction of 1st Liquid Returned 和 Fraction of 2nd Liquid Returned Compostion | 两个操作规定在 Estimateas Vapor 页中为馏出气体的量做一个估计 RadFrac 假设是带有气相和液相馏出物的分凝冷凝器 |

(7) 设计模式

RadFrac 允许塔在核算模式和设计模式进行操作。在设计模式中使用 DesignSpecs 窗口规定塔的操作参数(例如纯度或回收率)。必须指出使用哪个变量能完成这些规定。可以使用核算模型中的任何变量,除下述以外:①级数;②压力分布;③蒸发效率;④过冷回流温度;⑤过冷度;⑥倾析器温度和压力;⑦进料产品加热器中段回流和倾析器位置;⑧热虹吸式再沸器和中段回流的压力;⑨加热器的 UA 规定。

入口物流的流率和入口热流的负荷也是可操作变量。

表4-14中是一些设计规定。

表 4-14 部分设计规定

| 对下述 | 可以规定 |
|---|---|
| 包括内部物流的物流* | 纯度 |
| 产品物流集包括侧线物流** | 任何组分组的回收率 |
| 内部物流或产品物流集 | 任何组分组的流率 |
| 级 | 温度 |
| 内部或产品物流*** | 任何 Prop-Set 性质的值 |
| 各或成对内部或产品物流 | 任何一对 Prop-Set 性质的差值或比值 |
| 内部物流到任何其他内部物流或进料或产品物流的任何集 | 任何组分组与任何另一组分组的流率比 |

* 任何物流的纯度,以任何一组组分的摩尔、质量、标准液体体积分率之和相对于任何一组其他组分比值表示。

** 任何组分组的回收率,以任何一组进料集中相同组分的分率表示。

*** 参见 ASPEN PLUS 用户指南。

(8) 反应蒸馏

RadFrac 可以处理化学反应。这些反应通常发生在液相和/或气相中。关于反应的具体信息可输入到一个 RadFrac 之外的一般的反应窗口。RadFrac 允许两种不同的反应模型类型:REAC-DIST 或 USER RadFrac。可以模拟下列反应类型:平衡控制、流率控制、转换、电解质。

RadFrac 也可以模拟盐析出,特别是在电解质系统的情况中。可以要求对全塔进行反应计算，或仅限制在一个特定的塔段中的反应。(例如，模拟有催化剂存在的情况)。对于三相计算，可以对两个液相中的一个限制其反应或对两个液相分别使用反应动力学模型。

要想包括 RadFrac 中的反应，必须在 Reactions Specifications 页中输入下列信息：

- 反应类型和 Reactions/Chemistry ID；
- 在哪个塔段发生反应。

必须在一个在 RadFrac 之外的一般反应窗口中依据反应类型输入平衡常数、动力学、转化参数。对于电解质反应，也可以在 RadFrac 之外的 Reactions Chemistry 窗口中输入反应数据。考虑到盐析出，可在 RadFrac 之外的 Reactions Salt 页或 Reactions Chemistry 表格中输入盐析出参数。

将反应和盐析出与塔段联系到一起，必需在 Reactions Specifications 页中输入相应的 ReactionsID(或 Chemistry ID)。

对于流率控制反应，必须在发生反应的相态中输入或停留时间数据。使用 Reactions Holdups 或 Residence Times 页。对于转化反应使用 Reactions Conversion 页去替换 Reactions Conversion 窗口中规定的转化参数。RadFrac 页支持 User Reaction Subroutine(用户反应子程序)。反应子程序的名称和其他细节要在 UserSubroutines 窗口中输入。

(9) 求解策略

RadFrac 对塔收敛通常使用两种计算法：Inside-out 或 Napthali-Sandholm。

标准流率加和和非理想算法是 inside-out 方法的各种形式。MultiFrac、PetroFrac 和 Extract 模型也使用这个方法。Newton 算法使用了常用的 Napthali-Sandholm 方法。使用 Convergence 窗口选择算法并规定相关的参数。

① Inside-Out 算法

Inside-out 算法是由两层嵌套的循环回路组成。仅在外层循环中评估所规定的 $K$ 值和焓的模型以决定简化局部模型的参数。当使用非理想算法时，RadFrac 将一种组成的关联引入到局部模型中。局部模型参数是外层循环的迭代变量。当外层循环迭代变量前后两次迭代中的变化充分小时，外层循环就会收敛。对所选择的变量使用了有界的 Wegstein 法和 Broyden quasi-Newton 法相结合的方法。

在内层循环中用，局部的物性模型来表达基本描述方程(组分的质量平衡、总质量平衡、焓平衡和相平衡)。RadFrac 求解这些方程从而得到新的温度和组成分布。收敛使用下列方法之一：Bounded Wegstein；Broyden quasi-Newton；Schubert quasi-Newton；Newton。

RadFrac 用每个外层循环迭代来调整内层循环收敛容差。当外层循环收敛时，容差变得紧些。

② Newton 算法

Newton 算法使用牛顿方法同时求解计算塔的方程。使用 Powell 的折线策略使收敛变得稳定。设计规定或者与计算塔的方程同时求解或者在一个外部循环中求解。

③ 设计模式收敛

RadFrac 提供两种方法来处理设计规定的收敛：嵌套收敛和同时收敛。

④ 设计规定嵌套循环收敛(适用于除 SUM-RATES 外的所有算法)

此法力图通过使用使加权平方和函数达到最小值的方法求取操作变量的值(在操作变量的规定界限内)以满足设计规定：

$$\phi = \sum_{m} W_m \left( \frac{\hat{G}_m - G_m}{G_m^*} \right)^2$$

式中　$m$——设计规定序号；

$\hat{G}$——设计值。

$G$——期望值；

$G^*$——比例因子；

$w$——权重因子。

这种算法使操作变量 $f$ 最小并不是使一些特定变量与对应的设计规定相匹配的方法。而是应当仔细选择操作变量和设计规定，来保证每个操作变量至少对一个设计规定有显著影响。

设计规定的数目等于或大于操作变量的数目。如果设计规定的数目比操作变量多，应该采用权重因子来反映这些规定的相对重要性。一个设计规定的权重因子越大，它就越易接近规定值。比例因子是用来圆整误差，以便不同类型的设计规定可以在一致的基础上相比较。

当一个操作变量的值达到一个界限，那么这个界限是活动的。如果某一个问题没有活动的界限，而且操作变量与设计规定的数目相同，那么所有的设计规定都被满足时 $f$ 将趋近于零（在某一容差内）。

如果有活动的界限或设计规定比操作变量多，那么 RadFrac 将使 $f$ 为最小，然后权重因子决定满足设计规定的相对程度。

⑤ 设计规定同时收敛（Algorithm = SUM-RATES，NEWTON）

Simultaneous Middle Loop 收敛方法的算法使描述塔的方程式同时求解设计规定函数：

$$F_m = \left( \frac{\hat{G}_m - G_m}{G_m^*} \right) = 0$$

因为 Simultaneous Middle Loop 收敛方法算法使用了方程求解方法，这里设计规定的数目和操作变量数目必须相等。在嵌套方法中，设计规定和操作变量之间未假定任何关联，但是每一个设计规定必须至少对一个操作变量有显著影响。该法不使用界限和权重因子。如果所有设计均是可行的，通常 Simultaneous 方法能较好地收敛。

（10）物理性质

使用 Properties PropertySections 页，替换全局的物性方法。可以对塔的不同部分规定不同的物性。

对于三相计算，可以分别为 Vapor-Liquid1 Equilibrium（VL1E）和 Liquid1-Liquid2 Equilibrium（LLE）规定分离计算方法。使用下列方法之一：

● 使用 Phase Equilibrium 列表框，分别将物性方法与 VL1E 和 LLE 联系到一起。

● 使用一个物性方法计算 VL1E。使用液-液分配系数（KLL）规定 LLE。

可以在 Properties PropertySections 页使用内置的温度多项式输入 KLL 系数并将系数与一个或多个塔段联系。或可以在 Properties KLLCorrelations 页中将一个用户的 KLL 子程序与一个或多个塔段联系到一起。

（11）固体处理

RadFrac 有两种方法处理惰性固体：总体平衡和逐级平衡。

在 Convergence Basic 页中使用固体处理选项来选择总体平衡或逐级平衡。两种方法在处理固体的质量和能量平衡上有所不同。两种方法都不考虑惰性固体在相平衡中的计算。然而，对于盐析出反应中盐的形成却考虑了相平衡计算。

总体平衡方法：①从入口物流中暂时除去所有固体；②在没有固体时完成塔计算；③在绝热情况下将底部级出来的液体产品与入口物流中除去的固体相混合。

总体平衡方法保持全塔的质量和能量平衡，但它不能满足各级的平衡，这是缺省的方法。

逐级方法对固体在所有级之间做质量和能量平衡严格的处理。从这个级抽出的产品物流中仍保持在此级中液体比。规定的产品流率是物流的全流率，包括固体在内。如果在塔进料中存在一个非常规的固体子物流，必须给出以质量为基准的全塔流率和流率比规定。

当规定一个倾析器时，RadFrac 能够倾析出部分或全部的固体。缺省情况下，RadFrac 是随着第二液相倾析部分固体。RadFrac 使用对第二液相规定的返回分率来倾析固体（Decanters Specifications 页的 Fraction of 2nd Liquid Returned）。如果在倾析器中没有第二液相，RadFrac 将随着第一液相倾析部分固体。在这种情况下，RadFrac 使用对第一液相规定的返回分率（Decanters Specifications 页的 Fraction of 2nd Liquid Returned）。在 Decanters Options 页中通过选择 Decant Solids Totally 可以全部倾析固体。

### 4.3.3　ASPEN PLUS 的严格法精馏塔计算示例

【例4-4】根据上节例4-3所述的问题，采用 DSTWU 简介设计模型确定的脱乙烷精馏塔理论板数、进料位置和回流比等参数，对该精馏塔采用 RADFRAC 严格模型进行核算。

解：第一步，打开原模拟文件，将其另存为一个新的模拟文件（最好在另存时选择 Aspen Plus Backup Files（.bkp）文件格式类型）。删除 DSTWU 单元模块，在 COLUMN 模型库选择 RADFRAC 单元模型，添加到模拟流程图中，并将物料流股与单元模型正确连接如图4-30所示。

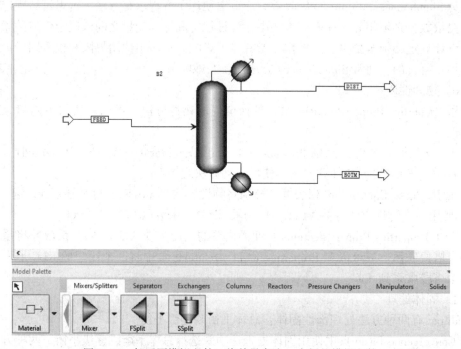

图4-30　打开原模拟文件，将其另存为一个新的模拟文件

第二步，双击模拟流程图中的 RADFRAC，进入精馏塔模型参数设置界面，首先是"Configuration"界面，这里的设定是理论塔板数为 34 块（含塔顶冷凝器和塔底再沸器），冷凝器类型选择全凝器（Total Condensor），再沸器选择"Kettle"型。回流比与 DSTWU 一样设为 3，塔顶馏出物流率（Distillate rate）为 72.85kmol/h，该数值是根据 DSTWU 模型的物料衡算结果设定的如图 4-31 所示。

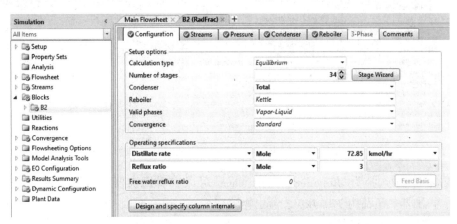

图 4-31　双击模拟流程图中的 RADFRAC，进入精馏塔模型参数设置界面

然后，在"Stream"页可以设置进料位置和侧线出料位置。本例根据 DSTWU 模型设计结果进料位置取第 20 块塔板如图 4-32 所示。因为没有侧线出料，故产品流股取默认设置，只有塔顶和塔底两股产品流股。

图 4-32　设计结果进料位置

最后，在"Pressure"页设置精馏塔操作压力，根据题目要求塔顶冷凝器的操作压力为 17.8atm，所以第一块塔板（也就是冷凝器）的压力为 17.8atm。假设它内压力变化呈现性分布，则全塔压降为再沸器压力与冷凝器压力之差，也就是 18.2 - 17.8 = 0.4atm。故在"Column pressure drop"中填入 0.4atm，如图 4-33 所示。

第五步，点击"下一步"按钮执行计算，将数据浏览窗口（Data Browser）切换到"Results"模式查看结果。RADFRAC 的计算结果准要存放在"Results Summary"、"Profiles"和"Stream Results"三个窗口中。

在"Results Summary"窗口中，可以查看塔顶冷凝器和塔底再沸器的计算结果，如图所示。本例计算结果为：塔顶冷凝器温度为-33℃，冷凝器热负荷为 769.4kW，流出物流率为

72. 85kmol/h，回流流率为 218. 55kmol/h，回流比为 3。

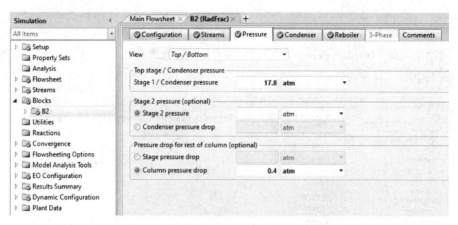

图 4-33　在"Pressure"页设置精馏塔操作压力

在"View"栏中选择为"Reboiler/Bottom stage"可以查看再沸器的结算结果，塔底温度为
-14.9℃，再沸器热负荷为 770.4kW，流出物流率为 27.15kmol/h，再沸流率为 275.33kmol/h，
再沸比为 10.1，如图 4-34 所示。

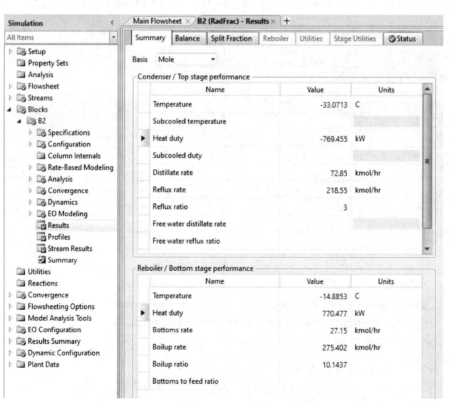

图 4-34　将数据浏览窗口( Data Browser) 切换到"Results"模式查看结果

在"Profiles"窗口中，可以查看塔内的分布状况。在"TPFQ"页可以查看温度、压力、气
相流率和液相流率分布。如图 4-35 所示。

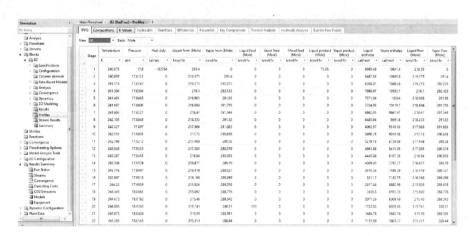

图4-35　查看塔内的分布状况，温度、压力、气相流率和液相流率分布

在"Compositions"页中可以查看气相和液相的组成分布状况。如图4-36所示。

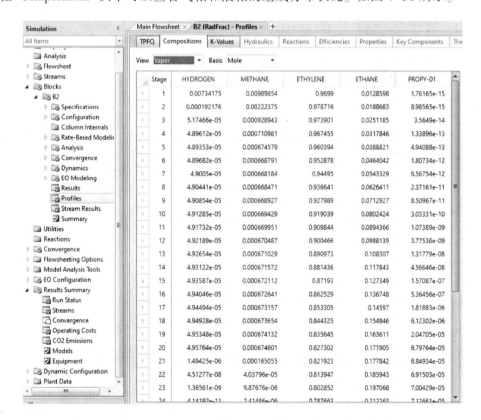

图4-36　在"Compositions"页中可以查看气相和液相的组成分布状况

另外也可以采用图示方式表述精馏塔内的分布状况以及其他更详细的内容。这里采用ASPEN PLUS的绘图向导来完成，在"Plot"菜单中选择"Plot Wizard…"命令，在第二步中给出了多种类型的图形选择，这里以察看液相组成分布图为例，选择"Comp"图，单击"Next"按钮进入下一步，如图4-37所示。

图 4-37  采用 ASPEN PLUS 的绘图向导

在步骤 3 中，在"Selected"中选择要显示的组分，在"Select phase"中选择相态为液相（Liquid），在"Select basis"中选择基准为"Mole"表示摩尔分率。单击"Next"按钮进入下一步，如图 4-38 所示。

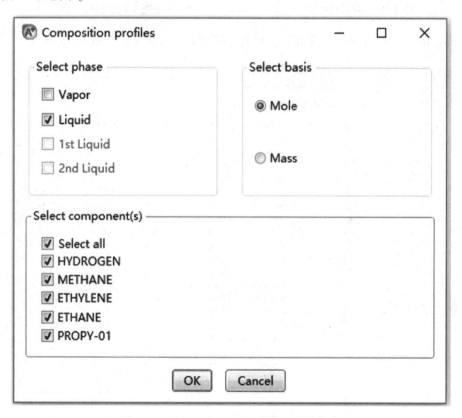

图 4-38  在"Selected"中选择要显示的组分

在步骤 4 中可以对图的显示信息进行进一步的详细设置。设置好之后可以单击"Finish"按钮完成绘图向导，如图 4-39 所示。

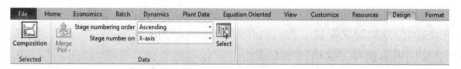

图 4-39  单击"Finish"按钮完成绘图向导

图 4-40 就是通过向导绘制的精馏塔组分分布图。

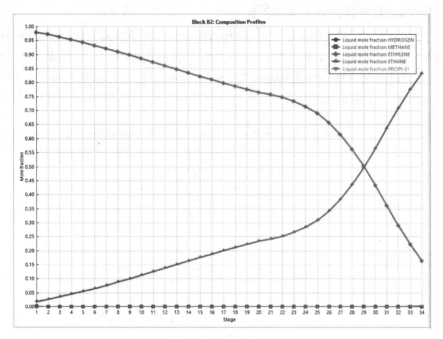

图 4-40　通过向导绘制的精馏塔组分分布图

在"Stream Results"窗口中，可以查看与精馏塔相关联的每一股物料的详细信息，如图 4-41 所示。从结果中可以看到塔顶馏出物中乙烯纯度为 0.9787(摩尔分数)，比简捷法计算得到的 0.9877 还要低，这也说明在简捷法计算的基础上用严格模型对精馏塔进行校核，并用严格计算模型进行优化是必要的，如图 4-41 所示。

图 4-41　查看结果

【例4-5】根据例4-4，在其他条件不变的情况下，采用 RADFRAC 模型计算满足塔顶馏出物中乙烯摩尔分数达到 0.99 所需要的回流比。

解：第一步，打开例1原模拟文件，将其另存为一个新的模拟文件。双击模拟流程图中的 RADFRAC，进入"Design specs"窗口，单击"New"按钮创建一个新的设计对象。在"Specifications"页的设计类型中选择"Mole purity"，在"Target"中输入目标值 0.99，流股类型选择产品流股，如图 4-42 所示。

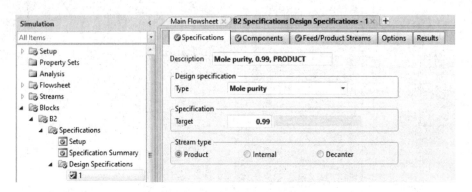

图 4-42　打开例 1 原模拟文件，将其另存为一个新的模拟文件

在"Components"页中选择乙烯组分作为设计组分，如图 4-43 所示。

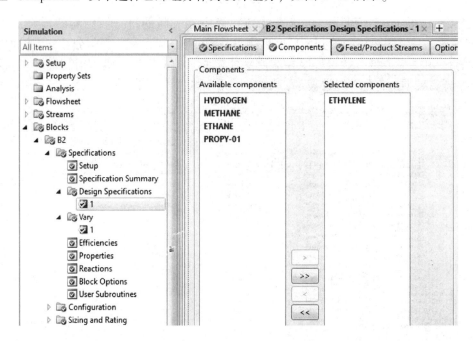

图 4-43　在"Components"页中选择乙烯组分作为设计组分

在"Feed/Product Streams"中选择设计流股，在这里指塔顶馏出物，为编号是"DIST"的流股，如图 4-44 所示。

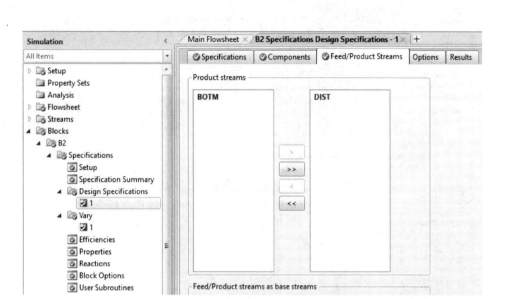

图 4-44　在"Feed/Product Streams"中选择设计流股

第二步，单击"Next"按钮，进入"Vary"窗口设置可调变量。单击"New"按钮设置一个新的可调变量。在可调变量类型中选择回流比这个变量"Reflux ratio"，可调边界范围最低设 2，最高设 10，最大步长设置为 1，如图 4-45 所示。

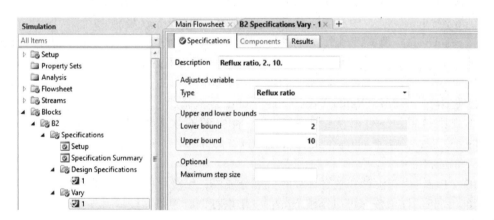

图 4-45　进入"Vary"窗口设置可调变量

第三步，点击"下一步"按钮执行计算，在"Vary"窗口的"Results"页可以看到满足塔顶馏出物乙烯纯度为 0.99(摩尔分数)所需的回流比为 3.9。在此回流比下，塔顶馏出物乙烯摩尔分数为 0.99，如图 4-46 所示。

【练习题 4-3】设计一个甲醇精馏塔，进料中包含 50kmol/h 的甲醇和 50kmol/h 的水。采用回流比为 1.5 时，要求塔顶和塔底产物的纯度都达到 99.5%。试确定精馏塔的理论板数、进料位置，以及精馏塔内的温度、汽液相流率和组成分布。

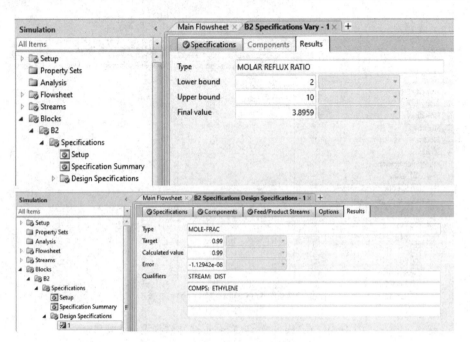

图4-46    点击"下一步"按钮执行计算

### 4.3.4    ASPEN PLUS 精馏塔内件(塔板和填料)的设计与核算

ASPEN PLUS 具有对板式塔和填料塔进行设计、核算以及执行压降计算的扩展功能。利用下列 Tray/Packing(塔板/填料)窗口可输入其规定：TraySizing(塔板设计)、TrayRating(塔板核算)、PackSizing(填料设计)、PackRating(填料核算)。这些功能在下列三个塔单元操作模型中是可用的：RadFrac、MultiFrac、PetroFrac。可以从下列五种通用塔板类型中进行选择：Bubble caps(泡罩)、Sieve(筛板)、Glitsch Ballast(Glitsch 重盘式塔板)、Koch Flexitray(Koch 轻便型浮阀塔板)、Nutter Float Valve(Nutter 浮阀塔板)。ASPEN PLUS 可以模拟各种各样的不规则填料，还可以使用下列任意一种类型的规则填料：Goodloe、Glitsch Grid、Norton Intalox Structured Packing、Sulzer BX，CY，Mellapak 和 Kerapak、Koch Flexipac，Flexeramic，Flexigrid。

ASPEN PLUS 进行设计和核算计算时把塔分成段，每段可以有不同的塔板类型、填料类型和直径。塔板的详细资料可以因段而异，一个塔可以有无限多段。另外，可以用不同的塔板类型和填料类型对同一段进行设计和核算计算。

只要能得到卖方建议的程序，就根据该程序进行计算。当得不到卖方建议的程序时，则使用非常确实的文献方法。

ASPEN PLUS 计算诸如下列尺寸和性能参数：塔直径、液泛接近值或最大能力接近值、降液管滞留、压降。这些参数是根据下列信息来计算的：塔负荷、传输性质、塔板的几何数据、填料特性。可以用算出的压降来更新塔的压力分布数据。

(1) 单通道塔板和多通道塔板

可以用 ASPEN PLUS 中的塔模型核算最多有四个通道的塔板。一个通道、两个通道、三个通道和四个通道塔板的示意图如图4-47所示。ASPEN PLUS 对所有塔盘都执行核算计算并给出核算计算的报告。

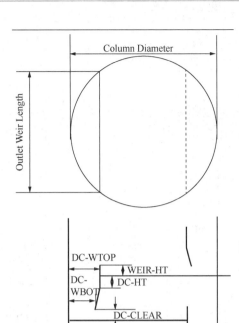

图注:

| | |
|---|---|
| Column Diameter | 塔直径 |
| Outlet Weir Length | 出口堰长度 |
| DC-WTOP | 降液管顶部宽度 |
| DC-WBOT | 降液管底部宽度 |
| WEIR-HT | 堰高度 |
| DC-CLEAR | 降液管间隙 |

(a) A Two-Pass Tray

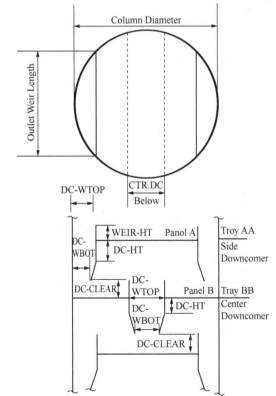

图注:

| | |
|---|---|
| Column Diameter | 塔直径 |
| Outlet Weir Length | 出口堰长度 |
| DC-WTOP | 降液管顶部宽度 |
| DC-WBOT | 降液管底部宽度 |
| WEIR-HT | 堰高度 |
| DC-CLEAR | 降液管间隙 |
| DC-HT | 降液管高度 |
| Center Downcomer(CTR.DC) | 中央降液管 |
| Tray AA(BB) | 塔板AA（BB） |
| Side Downcomer | 侧面降液管 |
| Panel A(B) | 塔盘A（B） |

(b)A Two-Pass Tray

图 4-47　几种塔板类型

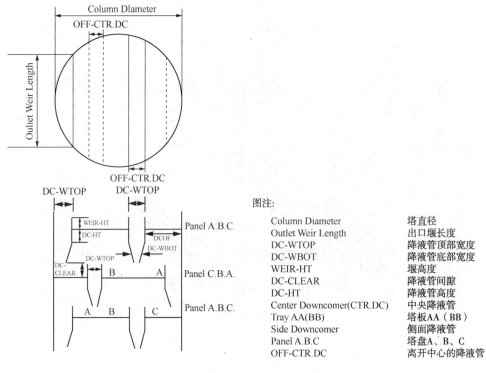

| | |
|---|---|
| Column Diameter | 塔直径 |
| Outlet Weir Length | 出口堰长度 |
| DC-WTOP | 降液管顶部宽度 |
| DC-WBOT | 降液管底部宽度 |
| WEIR-HT | 堰高度 |
| DC-CLEAR | 降液管间隙 |
| DC-HT | 降液管高度 |
| Center Downcomer(CTR.DC) | 中央降液管 |
| Tray AA(BB) | 塔板AA（BB） |
| Side Downcomer | 侧面降液管 |
| Panel A.B.C | 塔盘A、B、C |
| OFF-CTR.DC | 离开中心的降液管 |

( c)A Three-Pass Tray

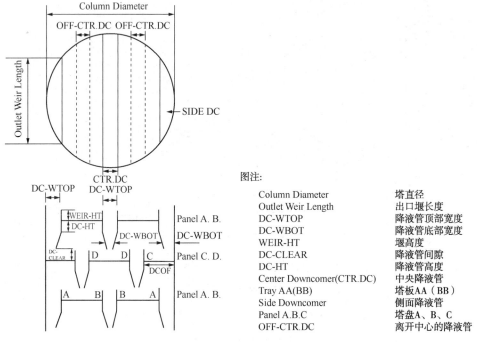

| | |
|---|---|
| Column Diameter | 塔直径 |
| Outlet Weir Length | 出口堰长度 |
| DC-WTOP | 降液管顶部宽度 |
| DC-WBOT | 降液管底部宽度 |
| WEIR-HT | 堰高度 |
| DC-CLEAR | 降液管间隙 |
| DC-HT | 降液管高度 |
| Center Downcomer(CTR.DC) | 中央降液管 |
| Tray AA(BB) | 塔板AA（BB） |
| Side Downcomer | 侧面降液管 |
| Panel A.B.C | 塔盘A、B、C |
| OFF-CTR.DC | 离开中心的降液管 |

(d)A Four-Pass Tray

图 4-47　几种塔板类型(续)

在规定 Weir(堰)高度、泡罩位置以及阀个数时可参见表 4-15。

表 4-15　相关规定

| 对于 | 规　　定 |
|---|---|
| 一个通道的塔板 | 一个单一值 |
| 两个通道的塔板 | 最多两值，塔盘(A 和 B)各有一个值 |
| 三个通道的塔板 | 最多三个值，每个塔盘(A、B 和 C)各有一个值 |
| 四个通道的塔板 | 最多四个值，每个塔盘(A、B、C 和 D)各有一个值 |

泡罩个数和阀个数的值对于每个塔盘都适用。例如，两个通道的塔板对于塔板 AA 有两个 A 塔盘，塔板 BB 有两个 B 塔盘。因此，每个塔盘的泡罩数即为每个塔板的泡罩数除以2。对于三个通道和四个通道的塔板，也必须依此类推。

如果只为多通道塔板规定了一个值，那么对所有塔盘都使用这个值。

在规定降液管间隙和宽度时，可参见表 4-16。

表 4-16　相关规定

| 对于 | 规　　定 |
|---|---|
| 一个通道的塔板 | 一个单一的侧面降液管值 |
| 两个通道的塔板 | 最多两个值，一个是侧面降液管的值，一个是中央降液管的值 |
| 三个通道的塔板 | 最多两个值，一个是侧面降液管的值，一个是离开中心的降液管的值 |
| 四个通道的塔板 | 最多三个值，一个是侧面降液管的值，一个是中央降液管的值，还有一个是离开中心的降液管的值 |

（2）塔板的操作方式

ASPEN PLUS 提供了下列两种塔板操作的方式：Sizing(设计)、Rating(核算)。无论使用这两种方式中的哪一种，都可以把塔分成任意段。每段可以有不同的塔直径、塔板类型和塔板几何数据。可以用不同的塔板类型和(或)填料类型来重新核算或者重新设计同一段。

ASPEN PLUS 一次只对一段执行计算。使用设计模式时，塔模型确定塔板直径来满足为每个级所规定的液泛近似值，选择其中的最大直径。

使用核算模式时，要规定塔段的直径和其他塔板详细资料。对于每一级，塔模型都计算塔板性能和水力学信息，如液泛接近值、降液管滞留量以及压降。

（3）塔板的液泛计算

对于泡罩板和筛式板，ASPEN PLUS 提供了两种计算液泛接近值的程序。第一种程序是基于 Fair 方法的；第二种程序使用了用于重盘式塔板的 Glitsch 程序。这一程序将所算得的液泛接近值降低 15% 得出泡罩塔板的液泛接近值，将所算得的液泛接近值降低 5% 得出筛式塔板的液泛接近值。所有其他动力学计算都是基于 Fair 和 Bolles 方法的。对于设计计算，还可以给出自己的程序，方法见表 4-17。

表 4-17　相关程序

| 规　　定 | 所在窗口 |
|---|---|
| Flooding calculation method(液泛计算法)＝USER | TraySizing 或 PackSizing |
| 子程序名 s | UserSubroutine(用户子程序) |

对于浮阀式塔板（Glitsch Ballast、Koch Flexitray 和 Nutter Float Valve 塔板），ASPEN PLUS 使用从卖方的设计报告中得到的程序。

（4）塔板的压降计算

通常情况下 RadFrac、MultiFrac 和 PetroFrac 模型把输入的级数视为平衡级。要完成下列工作，必须输入总效率：①把算出的每块塔板的压降转换为每个平衡级的压降；②算出塔的压降。

如果没有输入总效率，这些模型假定效率为100%。如果规定了 Murphree 效率或汽化效率，就不要再输入总效率了。RadFrac、MultiFrac 和 PetroFrac 模型将把级数作为实际塔板处理。

（5）塔板的泡沫计算

Ballast（重盘式）塔板的建议值见表4-18。.

表4-18　Ballast 塔板建议值

| 应　　用 | 系统的泡沫因子 |
| --- | --- |
| 非泡沫系统 | 1.00 |
| 氟系统 | 0.90 |
| 中等发泡剂，如吸油剂、胺和乙二醇再生剂 | 0.85 |
| 重发泡剂，如胺和乙二醇吸收剂 | 0.73 |
| 剧烈发泡剂，如 MEK 单元 | 0.60 |
| 泡沫稳定系统，如苛性钠的再生剂 | 0.30 |

Flexitrays（轻便型浮阀）塔板的建议值见表4-19。

表4-19　Flexitrays 塔板建议值

| 应用 | 系统的泡沫因子 | 应用 | 系统的泡沫因子 |
| --- | --- | --- | --- |
| 脱丙烷塔 | 0.85~0.95 | 胺接触器 | 0.70-0.80 |
| 吸收剂 | 0.85 | 高压脱乙烷塔 | 0.75-0.80 |
| 真空塔 | 0.85 | 乙二醇接触器 | 0.70-0.75 |
| 胺再生剂 | 0.85 | | |

Float（浮阀）塔板的建议值见表4-20。

表4-20　Float 塔板建议值

| 应用 | 系统的泡沫因子 | 应用 | 系统的泡沫因子 |
| --- | --- | --- | --- |
| 无泡沫 | 1.00 | 中等泡沫 | 0.75 |
| 低泡沫 | 0.90 | 高泡沫 | 0.60 |

（6）填料塔

填料计算是根据理论板的当量高度（HETP）来进行的。HETP = 填料高度/级数。HETP 是必需提供的，可以用下列方法之一来提供这个值：①直接在 PackSizing 或 PackRating 窗口上输入它；②在同一个窗口上输入填料高度。

（7）填料类型和填料因子

ASPEN PLUS 可以处理的填料类型非常广泛，包括来自不同卖方的不同尺寸和材质的填料。

对于乱堆填料，其计算需要给出填料因子。ASPEN PLUS 把各类尺寸、材料和卖方所允许的填料因子保存在一个数据库中。如果提供了下列信息，ASPEN PLUS 就会自动为计算检索出这些填料因子：填料类型、尺寸、材质。

可以在 PackSizing 或 PackRating 窗口上规定卖方。也可以直接输入填料因子来替换其内置值。ASPEN PLUS 用填料类型来选择适当的计算程序。

（8）填料的操作方式

塔模型有两种填料操作方式：设计和核算。无论使用这两种方式中的哪一种，都可以把塔分成任意段，每段可以有不同的填料。可以用不同的填料类型和(/或)塔板类型来重新核算或者重新设计同一塔段的尺寸。ASPEN PLUS 一次只对一段执行计算。

使用设计模式时 ASPEN PLUS 根据下列数据来确定塔段的直径：最大能力的接近程度、规定的设计能力因子。

可以强加一个每单位高度(填料的或每段的)的最大压降作为辅助约束条件。ASPEN PLUS 一旦确定了塔段的直径，就会用算出的直径重新核算该段中的级。

使用核算模式时，要规定塔的直径。ASPEN PLUS 计算最大能力的接近值和压降。

（9）填料的最大能力计算

ASPEN PLUS 提供了几种计算最大能力的方法。对于乱堆填料，可以使用表 4-21 中列出的方法。

表 4-21　相关方法

| 方法 | 所适用的填料类型 | 方法 | 所适用的填料类型 |
| --- | --- | --- | --- |
| Mass Transfer, Ltd. (MTL) | MTL | Koch | Koch |
| Norton | IMTP | Eckert | 所有其他乱堆填料 |

对于规则填料，ASPEN PLUS 提供了每种类型的卖方程序。如果规定了最大能力因子，ASPEN PLUS 跳过最大能力的计算。

最大能力接近值的定义因填料类型的不同而不同。对于 Norton IMTP 和 Intalox 型规则填料，最大能力接近值指的是用分数表示的最大有效能力的接近值。有效能力是指由于液体雾沫而使填料效率降低的操作点，有效能力大约在液泛点之下 10%～20%。

对于 Sulzer 型规整填料(BX、CY、Kerapak 和 Mellapak)，最大能力接近值指的是用分数表示的最大能力的接近值。最大能力是指可获得 12mbar/m 填料压降的操作点。在这种条件下，有可能达到稳定操作，但是气体负荷比达到最大分离效率时的高。

与最大能力相对应的气体负荷为低于液泛点 5%～10%。Sulzer 建议通常的设计范围应为接近液泛点的 0.5～0.8。

对于所有其他填料，最大能力的接近值指的是用分数表示的液泛点的接近值。

由于对最大能力接近值的定义有所不同，因此对从不同卖方处购得的填料进行设计的结果所依据的基准各不相同，即使用的是最大能力接近值的同一个值。建议不要直接对来自不同卖方的填料进行比较。

能力因子是：

$$CS = VS \sqrt{\frac{\rho_V}{\rho_L - \rho_V}}$$

式中　$CS$——能力因子；

　　　$VS$——到填料的表面蒸汽速度；

　　　$\rho_V$——到填料的蒸汽密度；

　　　$\rho_L$——离开填料的液体密度。

（10）填料的压降计算

对于乱堆填料，ASPEN PLUS 提供了几种内置的计算压降的方法。如果规定了卖方，ASPEN PLUS 就使用卖方的程序。如果没规定卖方，可以从四种不同的压降计算法（Eckert GPDC、Norton GPDC、Prahl GPDC、Tsai GPDC）中选择一个。如果没规定方法，ASPEN PLUS 使用 Eckert 通用压降关系式（GPDC）。

对于规整填料，所有填料的卖方压降关系式都可得到。

（11）填料的液体滞留量计算

ASPEN PLUS 对乱堆填料和规则填料都执行液体滞留量计算。该计算使用 Stichlmair 关系式，Stichlmair 关系式需要下列参数：①填料的空隙分率和表面积；②三个 Stichlmair 相关常数。

ASPEN PLUS 在内置的填料数据库中为多种填料提供了这些参数，如果缺少某一特殊填料的这些参数，ASPEN PLUS 就不执行这种填料的液体滞留计算。此外，还可以输入这些参数以给出缺少的值，或者代替数据库中的值。

（12）压力分布数据的更新

可以用下列两种方法更新压力分布数据：①塔板和填料的核算模式算出的压降；②填料的设计模式。

如果选择了要更新压力分布数据，塔模型会在求解塔描述方程的同时求解塔板或填料的计算程序。要在计算期间更新压力分布数据，则在下列窗口上选上 Update Section Pressure Profile（更新段压力分布数据）：TrayRating、PackSizing、PackRating。

此外，还可以把压力确定为塔顶或塔底压力，并且可在上述窗口上规定这个选项，级压力变为附加变量。ASPEN PLUS 用在 Pres-Profile（压力分布数据）窗口上给出的压力规定来进行下列操作：①初始化塔的压力分布数据；②确定压力分布数据未被更新的级的压降。

（13）物性数据的需求

有几个通常不用于热平衡和质量平衡计算的物性在进行塔的设计和核算时却是必需的。这些性质是：液相密度和气相密度、液体的表面张力、液相黏度和气相黏度。

为单元操作模型所规定的物性方法必须能够提供必需的性质数据。另外，对于塔中的所有组分，计算必需性质所需要的物性参数必须都能得到。关于规定物性方法和确定性质参数需求的详细信息，可以参见《ASPEN PLUS 用户指南》第一卷中的性质描述部分。

### 4.3.5　塔板和填料的设计与核算示例

【例 4-6】根据例 4-5 计算得到的精馏塔，增加填料信息。填料类型：Sulzer CY Standard；HETP：0.2m；液泛因子：0.8。试计算采用该种填料的填料塔信息。

解：第一步，打开例 4-5 原模拟文件，将其另存为一个新的模拟文件。在 "Column Internals" 窗口中建立一个新对象 "INT-1"。点击 "Add New" 按钮，如图 4-48 所示。

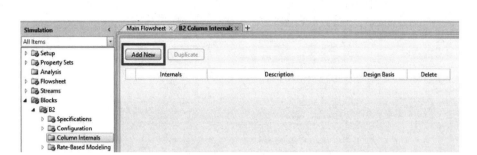

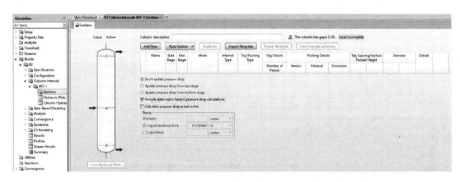

图 4-48　在"Column Internals"窗口中建立一个新对象"INT-1"

在"Sections"中点击"Add New"按钮建立一个新对象"CS-1"，输入塔板数和选择内部类型"Packed"，如图 4-49 所示。

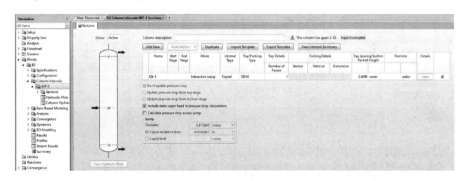

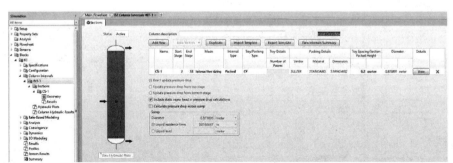

图 4-49　在"Sections"中输入塔板数和选择内部类型"Packed"

在"Geometry"中输入填料段和填料基本信息，选择 Paking Type 为"CY"，如图 4-50 所示。

图 4-50　在"Geometry"中输入填料段和填料基本信息

在"Design Parameters"中输入最大液泛因子：80，如图 4-51 所示。

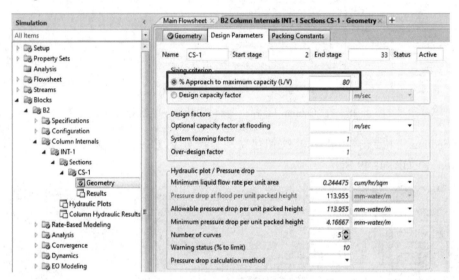

图 4-51　在"Design"中输入最大液泛因子

输入完成后单击"下一步"进行计算，得到的计算结果在"INT-1"的对象"CS-1"中显示。"Results"中显示计算结果概要。从结果中可以看出，计算得到的塔径为：0.87m，如图 4-52 所示。

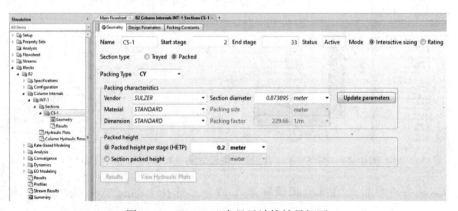

图 4-52　"Results"中显示计算结果概要

在"By Stage"中显示了每一级上的计算结果，如图4-53所示。

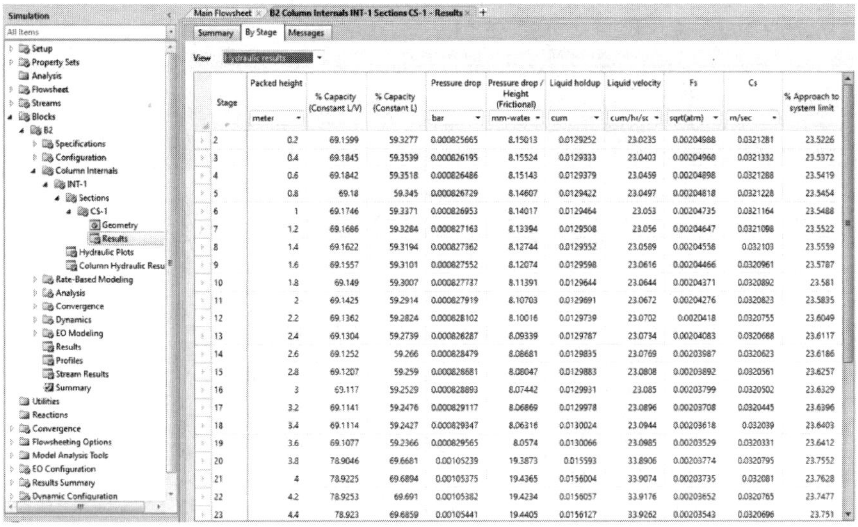

图4-53　在"By Tray"中显示每一级上的计算结果

【例4-7】根据例4-5计算得到的精馏塔，对浮阀塔进行核算，浮阀信息如下：

Tray type：Nutter float Valve BDH

Number of passes：2

Column diameter：1m

Actual number of trays：34

Tray spacing：0.5m

Tray efficiency：0.5

Weir height：0.05m

Valve density：129/m²

Downcomer clearance：0.15m

Side downcomer width：0.22m

Center downcomer width：0.18m

解：第一步，打开例4-5原模拟文件，将其另存为一个新的模拟文件。在"Column Internals"窗口中建立一个新对象"CS-1"。在"Sections"中输入塔板数和选择塔板类型，如图4-54所示。

图4-54　在"Sections"中输入塔板数和选择塔板类型

在"Geometry"中输入浮阀段及塔板几何信息，浮阀布置信息和降液管几何布置信息，如图 4-55 所示。

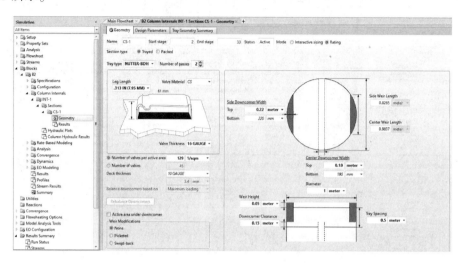

图 4-55　在"Geometry"中输入相关几何布置信息

输入完成后单击"下一步"进行计算，得到的计算结果在"Column Internals"的对象"CS-1"中显示。"Results"中显示塔板核算和降液管核算结果。从结果中可以看出，最大液泛因子为 0.42，如图 4-56 所示。

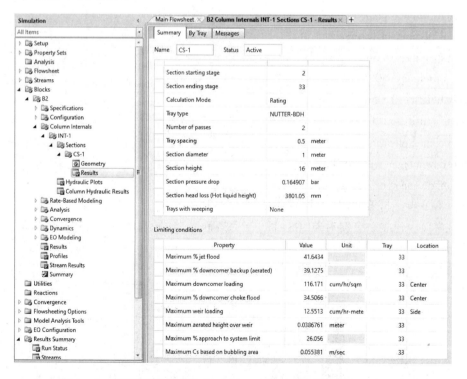

图 4-56　得到的计算结果在"Column Internals"的对象"CS-1"中显示

在"By Tray"中显示了每一级上的计算结果，如图4-57所示。

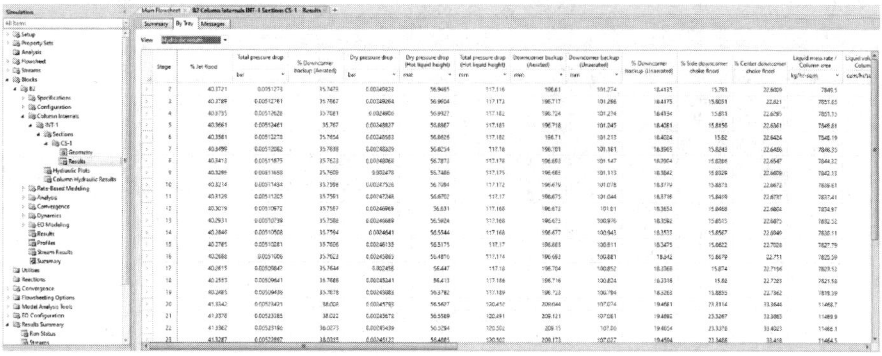

图4-57 在"By Tray"中显示每一级上的计算结果

"Profiles"列表4-22中各项的意义。

表4-22 相关说明

| 项 目 | 说 明 |
| --- | --- |
| Stage | 板编号 |
| Flooding factor | 液泛因子 |
| Downcomer velocity | 降液管速度 |
| Velocity/design velocity | 降液管接近液泛时降液管速度与设降液管速度的比值 |
| Downcomer backup | 降液管液柱高度 |
| Backup/tray space | 降液管液柱高度与塔板间距的比值 |
| Pressure drop | 压降 |

ASPEN PLUS 的单元操作模型如表4-23所示。

表4-23 单元操作模型

| 类型 | 模型 | 说 明 |
| --- | --- | --- |
| 混合器/分流器 | Mixer | 物流混合 |
| | Fsplit | 物流分流 |
| | Ssplit | 子物流分流 |
| 分离器 | Flash2 | 双出口闪蒸 |
| | Flash3 | 三出口闪蒸 |
| | Decanter | 液-液倾析器 |
| | Sep | 多出口组分分离器 |
| | Sep2 | 双出口组分分离器 |
| 换热器 | Heater | 加热器/冷却器 |
| | HeatX | 双物流换热器 |
| | MHeatX | 多物流换热器 |
| | Hetran | 与 BJAC 管壳式换热器的接口程序 |
| | Aerotran | 与 BJAC 空气冷却换热器的接口程序 |

续表

| 类型 | 模型 | 说　　明 |
|---|---|---|
| 塔 | DSTWU | 简捷蒸馏设计 |
| | Distl | 简捷蒸馏核算 |
| | RadFrac | 严格蒸馏 |
| | Extract | 严格液-液萃取器 |
| | MultiFrac | 复杂塔的严格蒸馏 |
| | SCFrac | 石油的简捷蒸馏 |
| | PetroFrac | 石油的严格蒸馏 |
| | Rate-Frac | 非平衡级连续蒸馏 |
| | BatchFrac | 严格的间歇蒸馏 |
| 反应器 | REquil | 平衡反应器 |
| | RStoic | 化学计量反应器 |
| | RYield | 收率反应器 |
| | Rgibbs | 平衡反应器 |
| | RCSTR | 连续搅拌罐式反应器 |
| | RPlug | 活塞流反应器 |
| | RBatch | 间歇反应器 |
| 压力变送器 | Pump | 泵/液压透平 |
| | Compr | 压缩机/透平 |
| | Mcompr | 多级压缩机/透平 |
| | Pipeline | 多段管线压降 |
| | Pipe | 单段管线压降 |
| | Valve | 严格阀压降 |
| 手动操作器 | Mult | 物流倍增器 |
| | Dupl | 物流复制器 |
| | ClChong | 物流类变送器 |
| 固体 | Crystallizer | 除去混合产品的结晶器 |
| | Crusher | 固体粉碎器 |
| | Screen | 固体分离器 |
| | FabFl | 滤布过滤器 |
| | Cyclone | 旋风分离器 |
| | Vscrub | 文丘里洗涤器 |
| | ESP | 电解质沉降器 |
| | HyCyc | 水力旋风分离器 |
| | CFuge | 离心式过滤器 |
| | Filter | 旋转真空过滤器 |
| | SWash | 单级固体洗涤器 |
| | CCD | 逆流倾析器 |
| 用户模型 | User | 用户提供的单元操作模型 |
| | User2 | 用户提供的单元操作模型 |

# 5 换热器设计与模拟

ASPEN PLUS 所描述的换热器(加热器或冷却器)的单元操作模型，以及提供 B-JAC 换热器程序界面的单元操作模型如表5-1所示。

表 5-1

| 模型 | 说明 | 用途 | 适用范围 |
|------|------|------|----------|
| Heater | 加热器或冷却器 | 确定出口物流的热和相态条件 | 加热器、冷却器、冷凝器等 |
| HeatX | 两股物流的换热器 | 在两个物流之间换热 | 两股物流的换热器。当知道几何尺寸时，核算管壳式换热器 |
| MHeatX | 多股物流的换热器 | 在多股物流之间换热 | 多股热流和冷流换热器，两股物流的换热器，LNG 换热器 |
| Hetran | 管壳式换热器 | 提供 B-JAC Hetran 管壳式换热器程序界面 | 管壳式换热器，包括釜式再沸器 |
| Aerotran | 空冷换热器 | 提供 B-JAC Aerotran 空冷换热器程序界面 | 错流式换热器包括空气冷却器 |

**Heater**

Heater 可以进行以下类型的单相或多相计算：

- 泡点或露点计算；
- 加入或移走任何数量的用户规定热负荷；
- 过热或过冷的匹配温度；
- 需要达到某一气相分率所必需的冷热负荷。

加热器生成一个出口物流和一个可选的倾析水物流。热负荷规定可以由来自另一模块的一个热流来提供。

可以用 Heater 来模拟：

- 加热器或冷却器(换热器的一侧)；
- 已知压降的阀。
- 当不需要与功有关的结果时的阀和压缩机。

也可以 Heater 来设置或改变一个物流的热力学状态。

**HeatX**

HeatX 模块可以对大多类型的双物流换热器进行简捷的或严格的计算。这两种计算方法的主要区别是总的传热系数的计算程序。

简捷法总是采用用户规定的(或缺省的)总的传热系数值。对于简捷方法，可以规定换热器每侧的压降。HeatX 模型根据能量平衡和物料平衡来确定出口物流状态，并用传热系数的一个常数值来估计所需的表面积。也可以提供特定的相传热系数。

HeatX 也可以通过严格地模拟各种类型的管壳式换热器来进行严格的核算，其中包括：

- 逆流和并流换热器；
- 段间折流板 TEMA，E，F，G，H，J 和 X 型壳程；
- 杆状折流板 TEMA，E 和 F 型壳程。

光管和低翅片管严格方法采用膜系数的严格热传递方程，并能合并由于壳侧和管侧膜所带来的管壁阻力，来计算总的传热系数。用这种方法时，需要知道几何尺寸。

HeatX 能够对单相和双相物流进行具有热传递和压降估值的完整的区域分析。要进行严格的热传递和压降计算，必须输入换热器的几何尺寸。

HeatX 有可以估算显热、核沸腾，和凝液膜系数的关联式。

HeatX 不能：

- 进行设计计算(用 Hetran 或 Aerotran)；
- 进行机械振动分析；
- 估算污垢系数。

采用 HeatX 设计换热器时，可以规定换热器的热侧或冷侧入口物流，以及下列性能规定之一：

- 出口温度热物流或冷物流的温度改变；
- 热物流或冷物流的气相摩尔分率；
- 过热(过冷)或冷(热)物流的温度；
- 换热器负荷；
- 传热表面积；
- 在热物流或冷物流出口的平衡接近温度。

## 5.1 Heater——加热器/冷却器

Heater 模型表示加热器、冷却器、阀、泵(不需要有关功的结果)、压缩机(不需要有关功的结果)。也可以用 Heater 模型设定物流的热力学条件。当规定了出口条件时，Heater 可确定一股或多股入口物流混合物的热和相状况。

### 5.1.1 Heater 流程连接(图 5-1)

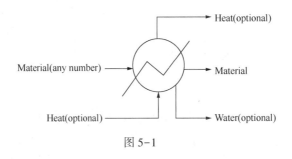

图 5-1

物料流列于表 5-2。

表 5-2

| 入口 | 至少一股物料流 | 出口 | 一股物料流<br>一股水倾析物流(可选的) |
|---|---|---|---|

热流列于表 5-3。

表 5-3

| 入口 | 任意股热流(可选的) | 出口 | 一股热流(可选的) |
|---|---|---|---|

如果在 Specification 页上只给出一个规定(温度或压力),Heater 模型用入口热流总和作为负荷规定。否则,Heater 模型用入口热流只计算净热负荷。净热负荷是入口热流的总和减去实际的(计算的)热负荷。可以使用一个可选的出口热流的净热负荷。

### 5.1.2 规定 Heater

对所有必需的规定和有效相态,使用 Heater 模型的 Input Specification 页。

露点计算是气相分率为 1 的两相闪蒸或三相闪蒸。

泡点计算是气相分率为 0 的两相闪蒸或三相闪蒸。

用 Heater 模型的 Input FlashOptions 页规定估算的温度和压力以及闪蒸收敛参数。

用 Hcurves 窗口规定可选的加热或冷却曲线。

此模型无动力学特性,压降固定在稳态值,出口流率由质量平衡来确定。

使用下面的表格 5-4 对 Heater 输入规定和浏览结果。

表 5-4

| 使用这个窗口 | 去 做 |
|---|---|
| Input | 输入操作条件和闪蒸收敛参数 |
| Hcurves | 规定加热或冷却曲线表和浏览图表结果 |
| Block Options | 替换这个模块的物性模拟选项诊断消息水平和报告选项的全局值 |
| Results | 浏览 Heater 的模拟结果 |

固体:当物流包含有固体子物流或当你需要电解质化学性质计算时,Heater 可以模拟带有固体的流体相态。

所有相态都处于热力学平衡状态,固体和流体相态一样保留相同的温度。

固体子物流:固体子物流中的物料流不参与相平衡计算。

电解质化学性质计算:在 Properties Specifications Global(全局的性质规定)页或 Heater BlockOptions Properties(加热器模块选项性质)页上,可能需要电解质化学性质计算,固体盐参与液-固相平衡和热力学平衡计算,盐存在于 MIXED 子物流中。

## 5.2 HeatX——两股物流的换热器

HeatX 模型用来模拟各种各样的管壳式换热器类型,包括:逆流和同向流;弓形折流挡板 TEMA 型 E、F、G、H、J 和 X 型壳体;圆盘形折流挡板 TEMA 型 E 和 F 型壳体;裸管和低翅片管。

HeatX 模型可完成具有单相和两相物流的传热系数和压降估算的全部区域分析。对严格的传热系数和压降计算，必须提供换热器的几何尺寸。

如果换热器的几何尺寸不知道或不重要，HeatX 模型可完成简单的核算，例如，仅完成能量和物料平衡计算。

HeatX 模型有估算显热、核沸腾和冷凝液膜系数的关联式。

HeatX 模型不能：完成设计计算；完成机械振动分析；估算污垢系数。

### 5.2.1 HeatX 流程连接(图 5-2)

物料流列于表 5-5。

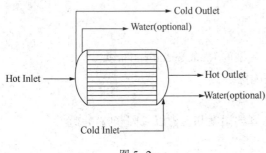

图 5-2

表 5-5

| 入口 | 一个热侧入口物流 |
| --- | --- |
| | 一个冷侧入口物流 |
| 出口 | 一个热侧出口物流 |
| | 一个冷侧出口物流 |
| | 在热侧一个水倾析物流可选的 |
| | 在冷侧一个水倾析物流可选的 |

### 5.2.2 规定 HeatX

当规定 HeatX 模型时考虑下面这些问题：

- 使用简单的简捷法核算还是严格核算；
- 模块应该有什么规定；
- 应该怎样计算对数平均温差校正因子；
- 应该怎样计算传热系数；
- 应该怎样计算压降；
- 可以得到什么设备规定和几何尺寸信息。

上述这些问题的回答确定了完成模块输入所需的信息量你必须提供下述规定之一：

- 换热器面积或几何尺寸；
- 换热器热负荷；
- 热流或冷流的出口温度；
- 在换热器两端之一处的接近温度；
- 热流或冷流的过热度/过冷度；
- 热流或冷流的气相分率；
- 热流或冷流的温度变化。

使用表 5-6 对 HeatX 输入规定和浏览结果。

**表 5-6**

| 使用这个窗口 | 去 做 |
|---|---|
| Setup | 规定简捷或详细的计算、流动方向、换热器压降、传热系数计算方法和膜系数 |
| Options | 规定热侧和冷侧不同的闪蒸收敛参数和有效相态，HeatX 收敛参数和模块规定报告选项 |
| Geometry | 规定壳程和管程的结构，并指明任何翅片管、折流挡板或管嘴 |
| User Subroutines | 规定用户定义的 Fortran 子程序的参数来计算整个的传热系数、LMTD 校正因子、管壁液体滞留量或管壁压降 |
| Hot-Hcurves | 规定热流的加热或冷却曲线表和浏览结果表 |
| Cold-Hcurves | 规定冷流的加热或冷却曲线表和浏览结果表 |
| Block Options | 替换这个模块的物性、模拟选项、诊断消息水平和报告选项的全局值 |
| Results | 浏览结果、质量和能量平衡、压降、速度和区域分析汇总 |
| Detailed Results | 浏览详细的壳程和管程的结果以及关于翅片管、折流挡板和管嘴的信息 |
| Dynamic | 规定动力学模拟的参数 |

## 5.2.3 简捷法核算与严格法核算比较

HeatX 有两种核算模型：简捷法和严格法。用 Setup Specifications 页上的 Calculation Type（核算类型）字段来规定简捷法或严格法核算。

在简捷法核算模型中，可以使用最少的输入量来模拟一个换热器。简捷法核算不需要换热器结构或几何尺寸数据。

对于严格法核算模型，可以用换热器几何尺寸去估算：

- 膜系数；
- 压降；
- 对数平均温差校正因子。

严格法核算模型对 HeatX 提供了较多的规定选项，但也需要较多的输入。

严格法核算模型提供了很多缺省的选项，可以改变缺省的项来控制整个计算，下面这个表列出了具有有效值的这些选项，这些有效值将在表 5-7 中加以说明。

**表 5-7**

| 变量 | 计算方法 | 在简捷法模型中可采用 | 在严格法模型中可采用 |
|---|---|---|---|
| LMTD Correction Factor（LMTD 校正因子） | 常数 | Default | Yes |
| | 几何尺寸 | No | Default |
| | 用户子程序 | No | Yes |
| Heat Transfer Coefficient(传热系数) | 常数值 | Yes | Yes |
| | 特定相态的值 | Default | Yes |
| | 幂率表达式 | Yes | Yes |
| | 膜系数 | No | Yes |
| | 换热器几何尺寸 | No | Default |
| | 用户子程序 | No | Yes |

| 变量 | 计算方法 | 在简捷法模型中可采用 | 在严格法模型中可采用 |
|---|---|---|---|
| Film Coefficient(膜系数) | 常数值 | No | Yes |
| | 特定相态的值 | No | Yes |
| | 幂率表达式 | No | Yes |
| | 由几何尺寸计算 | No | Default |
| Pressure Drop(压降) | 出口压力 | Default | Yes |
| | 由几何尺寸计算 | No | Default |

### 5.2.4 对数平均温差校正因子计算

换热器的标准方程是：

$$Q = U \cdot A \cdot LMTD$$

这里 LMTD 是对数平均温差，此方程用于纯逆流流动的换热器。

通用方程是：

$$Q = U \cdot A \cdot F \cdot LMTD$$

这里 LMTD 是校正因子，$F$ 考虑了偏离逆流流动的程度。

在 Setup Specifications 页上用 LMTD Correction Factor 区域输入 $LMTD$ 校正因子。

在简捷法核算模型中，$LMTD$ 校正因子是恒定的，在严格法核算模型中，使用 Setup Specifications 页上的 $LMTD$ Correction Method 区域规定 HeatX 怎样计算 $LMTD$ 校正因子。可以从下面的计算选项表5-8中选择。

表 5-8

| 如果 $LMTD$ 校正方法是 | 那　　么 |
|---|---|
| Constant | 输入的 $LMTD$ 校正因子是常数 |
| Geometry HeatX | 用换热器规定和物流性质计算 $LMTD$ 校正因子 |
| User Subroutine | 提供一个用户子程序来计算 $LMTD$ 校正因子 |

### 5.2.5 传热系数计算

在 Setup U Methods(设定传热系数方法) 页确定怎样计算传热系数，设定计算方法。可以在简捷法或严格法核算模型中使用表5-9这些选项。

表 5-9

| 如果计算方法是 | HeatX 使用 | 并且规定 |
|---|---|---|
| Constant value | 传热系数常数值 | 常数值 |
| Phase-specific values | 换热器每个传热区域传热系数不同指明热流和冷流的相态 | 每个区域一个常数值 |
| Power law expression | 传热系数的幂率表达式看成物流流率的函数 | 幂率表达式的系数 |

在严格法核算模型中，允许有表5-10三个附加值。

表 5-10

| 如果计算方法是 | 那 么 |
|---|---|
| Exchanger geometry | HeatX 用换热器几何尺寸和物流性质估算膜系数来计算传热系数 |
| Film coefficients | HeatX 用膜系数计算传热系数，可以用 Setup Film Coefficients 页上的任何选项来计算膜系数 |
| User subroutine | 提供一个用户子程序来计算传热系数 |

### 5.2.6　膜系数计算

在简捷法核算模型中，HeatX 模型不计算膜系数，在严格法核算模型中，如果在传热系数计算方法中使用膜系数或换热器几何尺寸，HeatX 计算传热系数，使用：

$$\frac{1}{U} = \frac{1}{h_c} + \frac{1}{h_h}$$

式中　$h_c$——冷流膜系数；

　　　$h_h$——热流膜系数。

要选择一个选项计算膜系数，可在 Setup Film Coefficients 页上，设定 Calculation Method（计算方法），表 5-11 是可用的方法。

表 5-11

| 如果计算方法是 | HeatX 使用 | 并且规定 |
|---|---|---|
| Constant value | 膜系数常数值 | 用于整个换热器的常数值 |
| Phase-specific values | 换热器每个传热区域相态的不同膜系数指明物流的相态 | 每个相态的常数值 |
| Power law expression | 膜系数的幂率表达式看成物流流率的函数 | 幂率表达式的系数 |
| Calculate from geometry | 换热器几何尺寸和物流性质来计算膜系数 | |

热流和冷流膜系数计算方法是互相独立的，可以使用适合换热器的任何计算方法组合。

### 5.2.7　压降计算

要想输入换热器热侧和冷侧的压力或压降，使用 Setup Pressure Drop（设定压降）页的 Outlet Pressure（出口压力）区域。在简捷法核算模型中压降是恒定的。

在严格法核算模型中，可以通过在 Setup PressureDrop 页设定压力选项来选择怎样计算压降。表 5-12 的压降选项是可用的。

表 5-12

| 如果压力选项是 | 那 么 |
|---|---|
| Outlet Pressure（出口压力） | 必须输入物流的出口压力或压降 |
| Calculate from geometry（由几何尺寸计算） | HeatX 用换热器几何尺寸和物流性质计算压降 |

HeatX 用 Pipeline（管线模型）来计算管侧压降。可以设定压降关联式和在 Setup Pressure-Drop 页上 Pipeline 模型使用的液体滞留量。

### 5.2.8　换热器结构

换热器结构指换热器内整个流动的形式。如果对于传热系数、膜系数或压降计算方法选择 Calculate From Geometry 选项，可能需要在 Geometry Shell 页中输入一些有关换热器结构的信息。这页包括的区域是：

- TEMA 型换热器壳体类型；
- 管程数；
- 换热器方向；
- 折流板上管数排布；
- 密封圈数；
- 垂直的换热器管程流动。

Geometry Shell 页也包含了两个重要的壳体尺寸：

- 壳体内径；
- 壳体到管束的最大直径的环形面积。

图 5-3 显示出了壳体的尺寸。

图 5-4 为 TEMA 壳体类型。

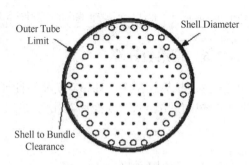

图 5-3　Shell Dimensions

注：Outer Tube Limit 为管束外层的最大直径；

Shell Diameter 为壳体直径；

Shell to Bundle Clearance 为壳层到管束的环形面积。

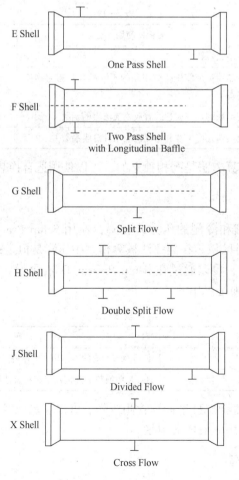

图 5-4　TEMA 壳体类型

### 5.2.9 折流挡板的几何尺寸

壳侧膜系数和压降计算需要壳体内挡板的几何尺寸，在 Geometry Baffles(挡板的几何尺寸)页上输入挡板的几何尺寸。

HeatX 模型可以计算弓形折流挡板壳体和圆盘形折流挡板壳体的壳侧值。需要的其他信息根据折流挡板的类型来确定。对于弓形折流挡板，需要的信息包括：

- 折流挡板切口高度；
- 折流挡板间距；
- 折流挡板面积。

对于圆盘形折流挡板需要的信息包括：

- 环形直径；
- 支承盘的几何尺寸。

图 5-5 显示了折流挡板的直径，在 Dimensions for Segmental Baffles(弓形折流挡板的直径)图中 Baffle Cut(折流挡板的切口高度)是壳体直径的分率，所有的中心距都是沿直径方向的。

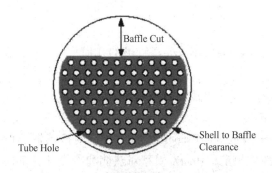

(a)折流挡板尺寸

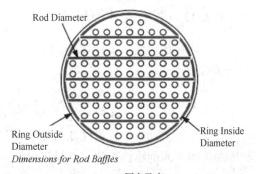

(b)圆盘尺寸

注: Baffle Cut 折流挡板的切口高度
Tube Hole 管孔
Shell to Baffle Clearance 壳层到折流挡板的环形面积

注: Rod Diameter 圆盘直径
Ring Outside Diameter 环外径
Ring Inside Diameter 环内径

图 5-5 折流挡板与圆盘尺寸

### 5.2.10 管子的几何尺寸

计算管侧膜系数和压降需要管束的几何尺寸，HeatX 模型也用这个信息从膜系数来计算传热系数，在 Geometry Tubes(管子的几何尺寸)页上输入管子的几何尺寸。

可以选择一个裸管换热器或低翅片管换热器，这一页包括的区域为：

- 管子总数；
- 管子长度；
- 管子直径；
- 管子的排列；

- 管子的材质。

图5-6显示了管子的排列型式和翅片的尺寸。

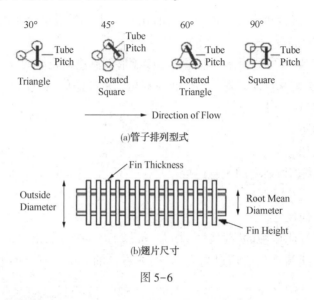

(a)管子排列型式

(b)翅片尺寸

图5-6

### 5.2.11　管嘴的几何尺寸

压降计算包括换热器管嘴处的压降计算。在 Geometry Nozzles（管嘴的几何尺寸）页上输入管嘴的几何尺寸。

### 5.2.12　物性

要想替换全局或流程段性质规定，使用 Block Options Properties 页。可以对换热器热侧和冷侧使用不同的物性选项。如果仅提供一套性质规定，HeatX 模型对热侧和冷侧计算都使用这一套性质规定。

## 5.3　换热器设计计算示例

### 5.3.1　ASPEN PLUS 设计无相变换热器

本节阐述如何使用 ASPEN PLUS 创建和设计换热器单元的必要步骤，并且包括设计过程的一些技巧和建议。

【例5-1】流量为10560kg/h的氟利昂（Freon-12）需要从240K加热到300K。可用的乙二醇（Ethylene glycol）的温度为350K。使用典型的管壳式换热器。工厂主管建议最小温度应至少10K，并建议采用20 BWG 碳钢管，壳层和管程的压降均不超过10psig（0.67tm）。示意图如图5-7所示。试确定乙二醇的流量以及换热器的结构与尺寸。

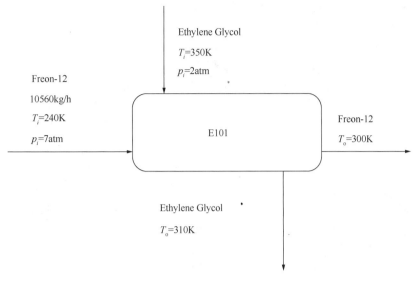

Freon-12

10560kg/h

$T_i$=240K

$p_i$=7atm

Ethylene Glycol

$T_i$=350K

$p_i$=2atm

E101

Freon-12

$T_o$=300K

Ethylene Glycol

$T_o$=310K

图 5-7　例 5-1 图

步骤：

登录到 ASPEN PLUS 系统并开始一个空白模拟文件，就会出现流程图区域，如图 5-8 所示。

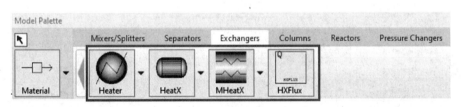

图 5-8　流程图区域

图 5-8 显示的是换热器子目录下的五种换热器类型，表现为换热器的五种不同计算方法，而不是五种不同物理意义的换热器。

**Heater**：基本换热器，可执行简单的能量守恒计算，仅需要一个过程流股。

**HeatX**：基本的换热器算法，在严格计算时使用，可以计算能量守恒、压降、换热器面积、速率等。需要两个过程流股(热流股和冷流股)。在本次设计中将使用此模块。

**MheatX**：类似于前面的模块，但是需要更多的过程流股。

**Hetran**：使用 B-JAC Hetran 换热器程序的换热器算法，如果不提供 B-JAC 程序，就不能使用此模块。

**Aerotran**：使用 B-JAC 程序的另外一个模块。

设计的第一步是使用"Heater"模块创建流程示意图。如果单击模块右边的向下箭头弹出一系列图标，它们仅仅是换热器模块的不同示意图，执行的都是相同的计算，仅仅起示意目的。还要注意"Heater"模块计算时只需要一个过程流股。选择 Freon-12 流股，因为这是问题描述中的目标，如图 5-9 所示。

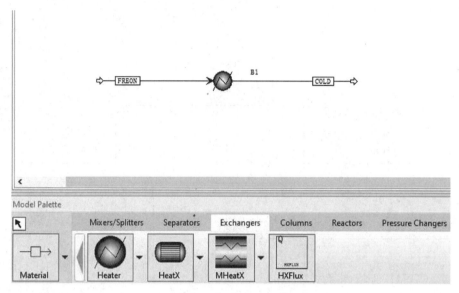

图 5-9　使用"Heater"模块创建流程示意图

图 5-10 显示的是 Freon-12 流股的输入页面。输入问题描述中给定的温度、压力、流量以及组成。注意这里的流率是摩尔流率，而不是质量流率。

单击"Next"按钮。

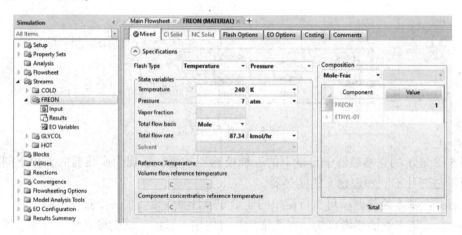

图 5-10　Freon-12 流股的输入页面

一旦完成流程图（见图 5-10），单击"Next"按钮出现模拟文件标题输入窗口，给定标题，并且在同一窗口中将单位制由"English"改为"Metric"。再次单击"Next"按钮出现组分输入窗口。输入本例使用的两种组分（Freon-12 分子式为 $CCl_2F_2$，乙二醇分子式（$C_2H_6O_2$）。再次单击"Next"按钮进入物性方法选择窗口，本例中使用 NRTL-RK 方法。（以上步骤若需要帮助请参考"Aspen Plus Setup for a Flow Simulation"手册）。单击"Next"按钮进入 Freon 流股的输入窗口。

接着出现的是"Heater"模块的输入窗口。如图 5-11 所示，这个模块只需要三个设定中的两个：出口温度、出口气相分率或出口压力。首先根据问题描述输入出口温度值。对于压力有两种方式：可以输入出口压力或者输入压降。左边显示的是压降这仅仅是初始估计值。

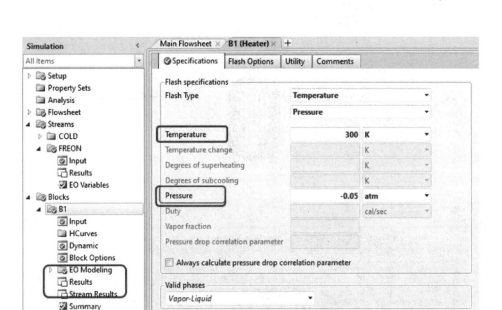

图 5-11 "Heater"模块的输入窗口

注意这个值是负值，Aspen 直到负值代表压降。另一方面，正值表示实际的出口压力。保持"Valid Phases"为"Vapor-Liquid"。

一旦所有的信息都输入完毕，运行模拟器。在"Block/Heater"子目录中查看结果(椭圆标示)。下面显示的是"Heater"模块的结果页。如前所述，"Heater"模块做的事简单能量守恒计算，热负荷计算结果为 169015Watt。可以手工计算来校验此结果，另外校验流股的出口压力，如图 5-12 所示。

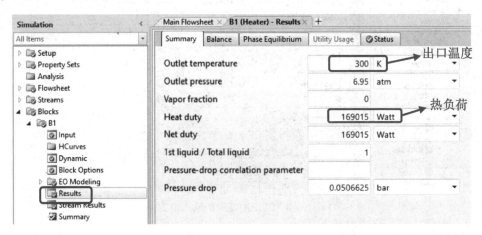

图 5-12 在"Block/B1/Results"子目录中查看结果

现在删除"Heater"模块，并在原模块位置处添加"HeatX"模块的图标，如图 5-13 所示。

对"HeatX"模块，必须添加乙二醇流股，并且确定流股连接到模块的正确的接口上。Freon-12 流股为冷流股，乙二醇流股为换热器的热流股。单击"Next"。

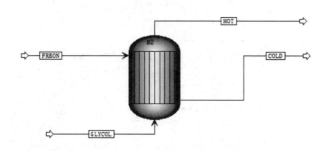

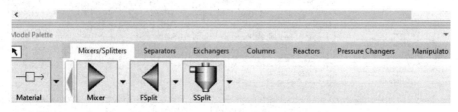

图5-13　在原模块位置处添加"HeatX"模块的图标

在GLYCOL/Mixed页面中，输入温度，压力，流量及摩尔分数(Mole-Frac=1)后单击"Next"按钮，如图5-14所示。

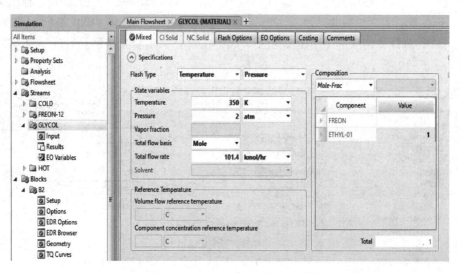

图5-14　乙二醇流股的输入窗口

因为增加了新流股，必须输入新流股的数据。有问题描述可以确定乙二醇流股的温度和压力，然而流量未知。这个可以通过热负荷和热容求得。ASPEN PLUS可以提供这两个值(参见"Estimating Properties on Aspen")。流量也可以使用"Design-spec"求得。

图5-15所示为换热器的第一个数据输入窗口，计算所需的所有信息均在椭圆中的这些页面输入。这些页面的意义如下：

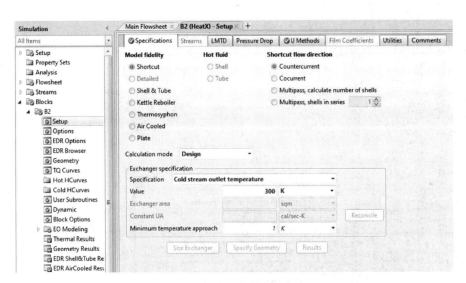

图 5-15　在"Specifications"输入信息后单击"Next"按钮

**Setup**：如图 5-15 所示，这一页定义计算类型，简捷法（Shortcut）或详细法（Detailed）不管换热器是逆流还是并流，均需要定义 Aspen 计算传热系数的方法。

**Options**：定义每一流股的有效相态（如 Vapor-Liquid），并且定义计算的收敛性。

**Geometry**：定义管子的布局、直径、挡板等。仅在详细计算时使用这些参数。

**User Subroutine**：提供了创建和执行用户自定义的换热器设计算法的接口（包括 FORTRAN 程序）。

**Hot H-curves**：ASPEN PLUS 根据此窗口定义的参数生成热流股的焓分布，这对于加热/冷凝过程非常重要，可以提供研究传热的深入信息。

**Cold H-curves**：意义同 Hot H-curves，但是生成的冷流股的焓分布。

**Block Options**：定义物性方法和模块的模拟选项。

**Dynamic**：在动态模型中使用，不用于稳态模拟。

对第一次计算，使用简捷法计算方式，如图 5-16 所示。

返回"Setup"页，单击"Shortcut"方法。下一步定义"Exchanger specification"，单击向下箭头从列表中选择（椭圆所示）。每一种设定为 ASPEN PLUS 的执行给定不同的方法。它们是：

**Hot/Cold stream outlet temperature**：设定流股的出口温度，用于没有任何相变的模拟计算。

**Hot/Cold stream temperature change**：设定流股的温度升高或下降值。

**Hot outlet temperature approach**：设定热流股的出口温度和冷流股的进口温度之间的温差，逆流时使用。

**Hot/Cold stream degrees superheat/subcool**：设定一些低于露点或高于泡点温度的流股的温度。在沸腾或冷凝时使用。

**Hot/Cold stream vapor fraction**：设定流股出口的气相分率（1.0-饱和气体，0.0-饱和液体），用于沸腾和冷凝设计。

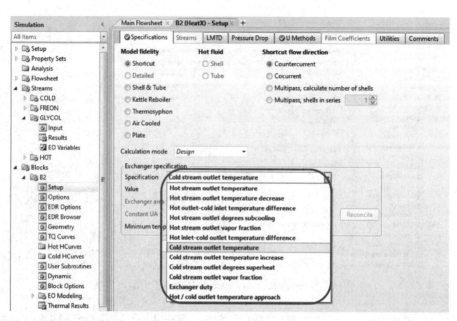

图 5-16　使用简捷法计算方式

**Cold outlet temperature approach**：设定冷流股出口温度和热流股进口温度的温差，逆流时使用。

**Heat Transfer Area**：设定换热器的换热面积。用于固定换热器大小的场合很好。

**Heat Duty**：设定从一个流股转移到另一个流股的总能量。

**Geometry**：基于换热器布局的计算，用于校核计算很好(注意需选用详细计算方法)。

对这个例子，希望 Freon-12 流股的温度达到 300K，最好的设定条件是"Cold stream outlet temperature"。选择此项然后给定数值 300K(如图 5-16 所示)。还必须设定换热器是逆流还是并流。本例使用逆流。这就是简捷法计算所需要的全部信息。现在可以执行模拟计算并查看结果，如图 5-17 所示。

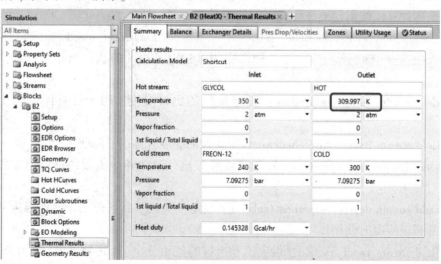

图 5-17　执行模拟计算并查看结果

上面的窗口显示的是换热器计算的全部结果。每次执行模拟计算后，打开此页查看两股温度交叉的物料的进口和出口温度，同时查看气相分率。从图示结果可以看出，乙二醇流股的温度下将低于 310K（椭圆所示）。这个流固的流量需要增加来保证出口温差为 10K。"Design-spec"功能可以用来寻找正确的流量。乙二醇流股的流量的结果是 101.4kmol/h，一旦流量和热负荷明确，就可以开始详细计算，返回换热器输入窗口的"Setup"页。

"**Setup** "如图 5-18 所示，首先将计算模式由简捷法（Shortcut）改为详细法（Detailed）。ASPEN PLUS 立刻要求确认流体走管程还是壳程，对这个例子，输入如上所示，热流体走壳程，冷流体走管程。

另外，Aspen 对换热器做 LMTD 校正，默认的校正方法基于几何布局（Geometry）。

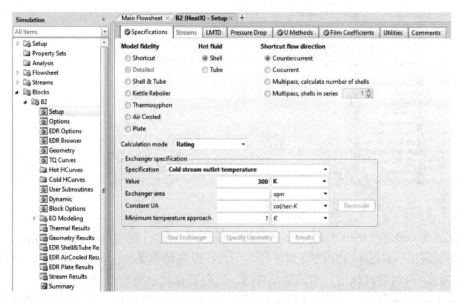

图 5-18　将计算模式由简捷法（Shortcut）改为详细法（Detailed）

现在单击输入页面顶部"**Pressure drop** "页出现一个新的窗口，在这里需要 ASPEN PLUS 计算换热器压降的方法。这里的压降是根据换热器的几何布局计算的，如图 5-19 所示，并且这个选项是首选的。注意：热流股和冷流股都必须设定压降计算方法。

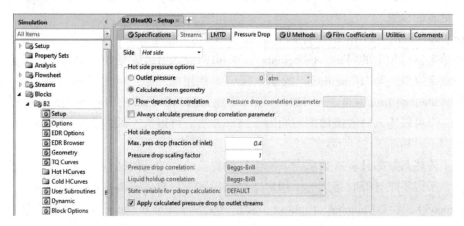

图 5-19　单击输入页面顶部"**Pressure drop** "页

现在单击输入页面顶部的"U methods"页，出现所有的传热系数，如图5-20所示。必须告诉 ASPEN PLUS 如何计算换热器的 $U$ 值。下面对这几种选项作解释。本例中，$U$ 值由"Film coefficients"计算所得。

这个选项还需要更多的输入。

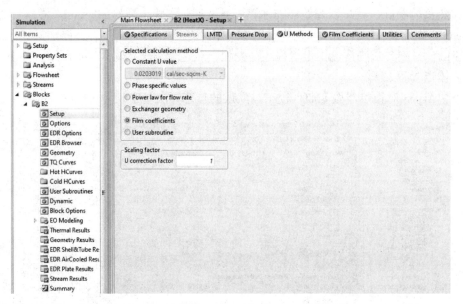

图5-20　单击输入页面顶部的"U methods"页

**Constant U-value**：ASPEN PLUS 在计算时使用一个常数，这个常数由用户提供。

**Phase specific values**：ASPEN PLUS 使用用户在设定传热条件(沸腾液体、从壳程到管程的液体、冷凝等)时的默认值。当改变条件时，这些默认值也可以由用户更改。

**Power law expression**：ASPEN PLUS 使用 H. T. 系数和已知流量的比例因子，这两个值必须由用户提供。

**Exchanger geometry**：ASPEN PLUS 使用换热器算法由换热器几何布局计算一个平均的 $U$ 值。

**Film coefficients**：$U$ 值由各个传热系数($h_o$，$h_i$)计算而得。注意：这个选项需要在其他窗口输入更多的参数。

**User Subroutine**：由用户提供计算 $U$ 值的 FORTRAN 程序。

现在单击窗口顶部的"**Film coefficients**"。左边的输入窗口就是 ASPEN PLUS 计算各个传热系数的设定窗口。与"**U methods**"的输入窗口非常相似，幸运的是计算选项也是相同的。本例使用"Calculate from geometry"选项。然而要注意的是换热器的冷热两侧都需要设置，这里提供了一个可以输入每股流体的污垢因子的好方法。可以从文献中查得这些值，本例中不使用污垢因子，如图5-21所示。

设定了传热系数的计算参数后，下一步是设置换热器的几何结构。因为计算机不能做每一项计算，所以手工计算时必须的。用户还必须提供管程数(number of tube passes)、壳直径(shell diameter)、管数(number of tubes)、管长(the length of the tubes)、管子的内径和外径(inside and outside diameters of the tubes)、管中心距(pitch)、管材料(material of the tubes)、

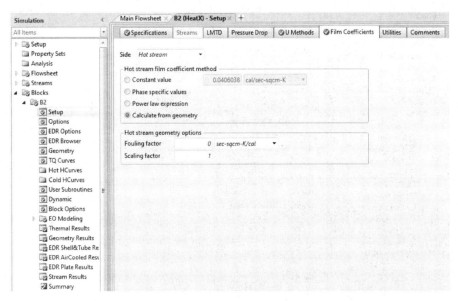

图 5-21   设定传热系数的计算参数

挡板数(number of baffles)和挡板间距(baffle spacing)。在这些参数中, 有一些是可以任意给定的, 实际上不需要计算。然而, 为了计算管数, 传热面积是需要估计的, 至少对第一模拟运行是需要的。面积计算可以采用简单的方程 $A = Q/UT_{LM}$, 热负荷 $Q$ 可以通过 ASPEN PLUS 计算, 对数平均温度(log mean temperature)也可以容易计算而得。为了计算面积, 必须计算总传热系数。$U$ 值的估计可以参考文献, 在本例情况中, 典型的 $U$ 值大约为 150W/$(m^2 \cdot K)$。由此可以计算传热面积大约为 20$m^2$。下一步是计算管数和壳直径。单根管子的尺寸可以通过管子的直径和长度确定。通常, 如果流体是液体, 可以从 1 inch 管开始, 如果流体是蒸汽, 可以从 1.5inch 管开始。因为本例中的 Freon-12 为液态, 故使用1inch 管, 管长不是很重要, 符合实际范围即可(例如管长不能取 5km, 典型的范围是 8~20ft, 2~8m)。一旦单根管子的尺寸确定, 用总面积除以单根管子面积就可以得到管数。由管数就可以计算壳直径, Coulson and Richardson 给出了一个关联式: $D($ tube bundle $) = O.D. \times (Nt/k)^{1/n}$, 这里 $O.D.$ 是管子的外径; $Nt$ 是管数, $k$ 和 $n$ 是与管程数有关的常数。由于本例采用两管程, 故 $k = 0.249$, $n = 2.207$, 这个计算式只给出了管束(tube bundle)的大小, 而不是壳直径。壳的直径可以由管束直径和管束与壳的间隙之和计算而得, 可得间隙距离与换热器的类型有关, 典型的范围在 10mm 到 90mm 之间, 如图 5-22 所示。

现在单击左边窗口的"Geometry"子文件夹开始设计, 图 5-22 即为壳尺寸的输入窗口, 输入合适的信息。

**TEMA shell type**: 选择壳的类型, 单程、双程、分流等, 每一种类型的例子可以参考 Perry 化学工程手册第七版 11~34 页。

**No. of tube passes**: 选择管程数, 通常使用两个。

**Exchanger orientation**: 选择垂直方位或水平方位的换热器。(注意: 如果选择垂直方位, 用户必须设定流体流动方向。

**No. of sealing strippairs**: 计算时不需要。

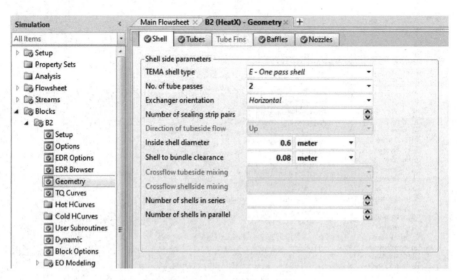

图 5-22　设置换热器的几何结构

**Inside shell diameter**：输入合适单位的壳直径。

**Shell to bundle clearance**：输入内壳直径与管束的间隙距离，可以参考文献选择合适的间距。

图 5-23 为管子的参数输入窗口，输入值已经在前面估算过的。

**Select tube type**：光滑管或翅片管，通常用光滑管。

**Total number**：设定总的管数。

**Length**：设定总管长，包括所有的程。

**Pattern**：设定管的布局，三角形或正方形。通常为三角形。

**Pitch**：输入管束中管中心的间隙距离。通常间距为单管外径的 1.5 倍。

**Material**：选择管的材料，用户可以从 ASPEN PLUS 提供的多种材料中选择，也可以自定义。

**Conductivity**：输入所选材料的热传导率(注意：如果此处为空，ASPEN PLUS 将会从其数据库中选择一个默认值)。

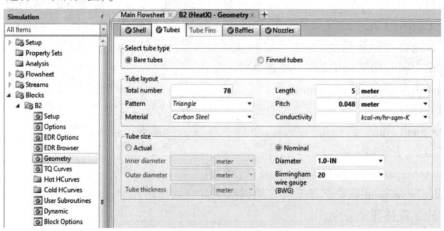

图 5-23　管子的参数输入窗口

**Tube size**：设定单根管子的内径和外径。注意使用的是管子的标称尺寸（nominal size of pipe）用户仅仅需要提供管子大小和表示管壁厚度系列（耐压力）的号码（schedule number），如图 5-23 所示。注意：ASPEN PLUS 有一个管子标称直径的小型数据库，所以可能要使用部分文献值。推荐使用文献值，参考 Perry 化学工程手册。

在输入了管子信息之后，下一步就需要设定挡板信息了。下图显示的是挡板输入信息窗口，如图 5-24 所示。如果可能，手工计算的结果都要输入。否则，ASPEN PLUS 采用简单的近似计算法则（rules of thumb）进行设计。每一项的意义如下：

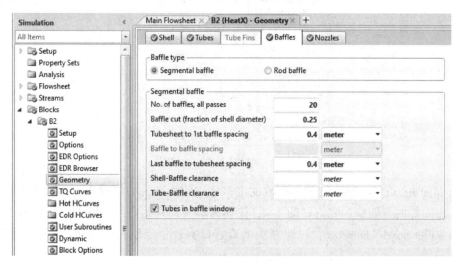

图 5-24　设定挡板信息窗口

**Baffle type**：选择段挡板（segmental baffle）或者杆挡板（rod baffle），段挡板是典型的壁式挡板，而杆挡板是简单的杆在壳中形成湍流，每一种挡板形式分别有输入页面。上图即为段挡板的输入页面，可以参考 Perry《化学工程手册（第七版）》p11-42。

**No. of baffles，all passes**：设定换热器中挡板数，如果不知道确定的设计值，一个好的初始值取管长（单位为米）的两倍。例如管长为 5m，那么挡板数为 10。挡板数增加，传热系数也增加，但是一定要确保压降在可接受的限制范围内。

**Baffle cut**：设定壳程流体的截面积（cross section area）的分率。例如上图中的值 0.25 意味着一个挡板覆盖了 75% 的壳截面积，剩下的 25% 可以通过流体。这个值的范围为 0~0.5。

**Tubesheet to 1st baffle spacing**：输入管板距离第一块挡板的长度。

**Baffle to Baffle spacing**：设定挡板间距。

**Last Baffle to tubesheet spacing**：输入最后一块挡板与管板的长度。（另外，通常前面提到的三种间距在开始模拟的时候需要设置两个。如果在开始模拟时不知道挡板间距，最好选择挡板距离第一块和最后一块挡板的间距这两个参数，ASPEN PLUS 可以自动计算挡板间距。）

**Shell-Baffle clearance**：设定可与挡板外侧的直径距离。这个信息对于模拟不是必须的，可以不给定值。

**Tube-Baffle clearance**：设定管子和挡板的管孔，这个信息对模拟计算不是必须的，可以不给定值。

下一页是"Nozzles"（管口）设置，每一项意义在下面说明。如果可能，使用手工计算的值，如图 5-25 所示。

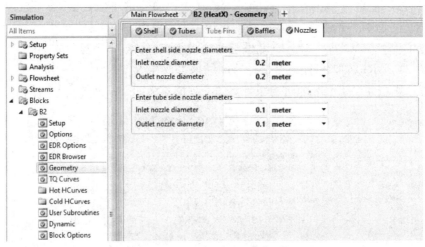

图 5-25　"Nozzles"（管口）设置

**Shell inlet nozzle diameter**：设定壳程的进口管口的直径。如果没有可用的文献值，流体为液体，比较好的开始值为壳直径的 1/4，流体为蒸气，开始值可以取壳直径的 1/2。

**Shell outlet nozzle diameter**：设置壳程出口管口直径，当没有相变化时，这个值和进口管口直径一样。

**Tube inlet nozzle diameter**：设置管程进口管口的直径。如果没有可用的文献值，流体为液体，比较好的开始值为壳直径的 1/5，流体为蒸气，开始值可以取壳直径的 1/4。

**Tube outlet nozzle diameter**：设置管程出口管口直径，当没有相变化时，这个值和进口管口直径一样。

如果每一项均输入完成，单击"Next"执行模拟计算。"**Thermal Results /Summary**"页显示换热器计算结果，如图 5-26 所示。应该经常打开此页，检查进口温度、出口温度以及进出口气相分率是否满足需要，在本例中没有相变化，所以进出口的气相分率应该一样。

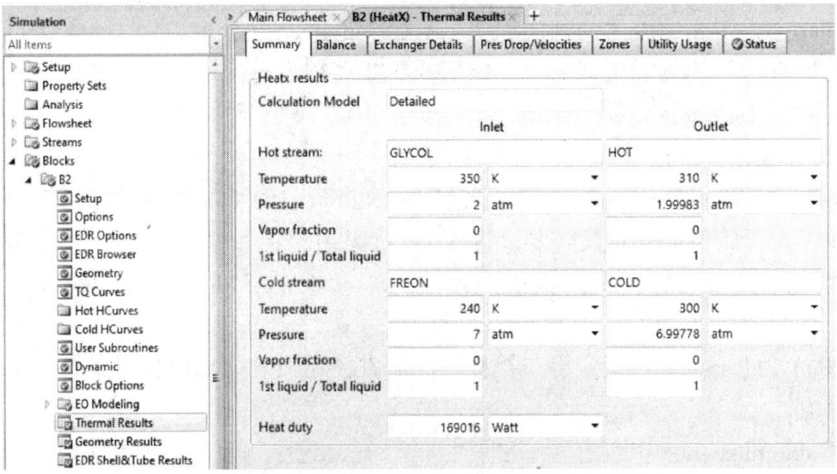

图 5-26　"**Summary**"页显示换热器计算结果

现在查看"**Exchanger Details**"页（见图 5-27），检查需要的换热面积和实际的换热面积。正如所看到的，实际的换热面积远低于所需要的换热面积。也可以关注计算的传热系数，ASPEN PLUS 的计算值为 128.322W/($m^2 \cdot K$)，低于估计值 150W/($m^2 \cdot K$)。结果显示需要更大的换热面积来传热，传热系数也需要提高。然而在改变换热器几何尺寸之前，需要查看其他的计算结果，首先从压降开始。

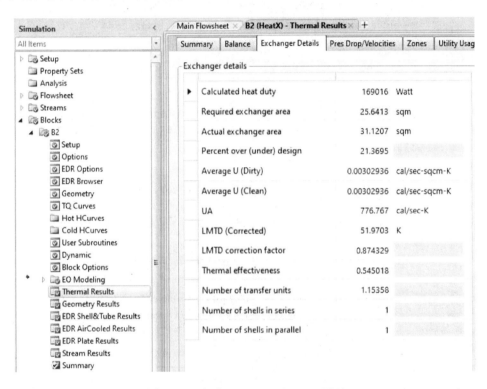

图 5-27　查看"**Exchanger Details**"页面

"**Pressure Drop/Velocities**"的结果页面见图 5-28，经常通过此页面查看压降是否在允许范围内。另外，查看壳程和管程的速度。可以从参考文献中找到换热器中流体的推荐速度。

现在，需要返回前面的设置页修改换热器的布局来增加传热面积，使用 ASPEN PLUS 计算出的需要的换热面积重新计算所需的管数。（注意：可能需要采用迭代的方法来计算设计面积。为了比较快的收敛到设计面积，可以使用比需要的换热面积多 10% 的换热面积。）另外一个好的主意是改变挡板布局来增加传热系数。重新设置完了之后，再次执行模拟计算，查看所有的结果，直到实际的换热面积大于所需的换热面积，并且压降在允许范围之内，最重要的是出口温度要满足设计要求。

这里的"**Exchanger Details**"页显示的是最后的设计结果，如图 5-29 所示，实际面积比需要的换热面积多 13%，因此换热器的几何尺寸设计结束。（通常 ASPEN PLUS 要比设计值高 10%~20%）。传热系数看起来也比较好，然而这个值还要用手工计算进行核算。

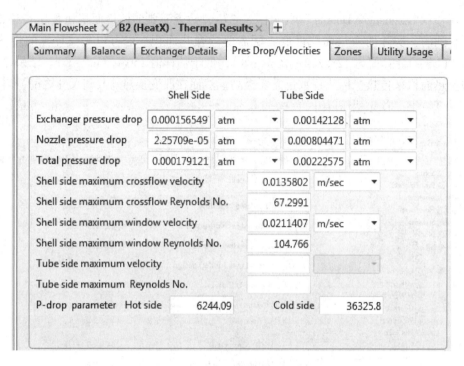

图 5-28 "Pressure Drop/Velocities"的结果页

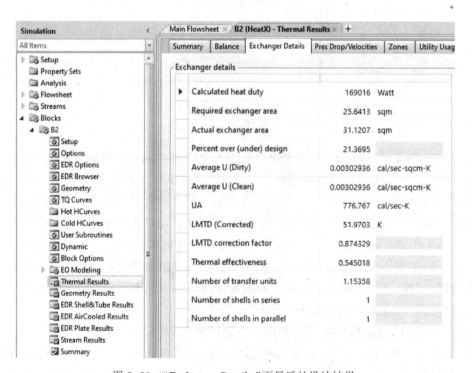

图 5-29 "Exchanger Details"页最后的设计结果

更多的详细计算结果可以查看"Detailed Results"页，下面列出的是挡板计算结果，如图5-30所示。

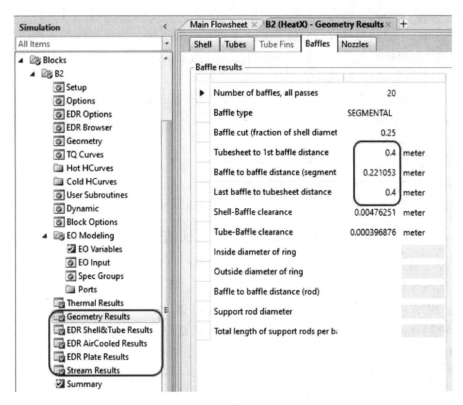

图5-30  查看"Detailed Results"页可得到更多的详细计算结果

正如前面所说，ASPEN PLUS计算出了挡板间距(0.22m)。也可以查看壳程、管程和管口的详细计算结果。

现在查看几何尺寸是否正确，使用计算出的几何尺寸进行模拟，返回换热器的"Setup"页，改变"Exchanger Specification"为"Geometry"，再次执行模拟，如图5-31所示。查看结

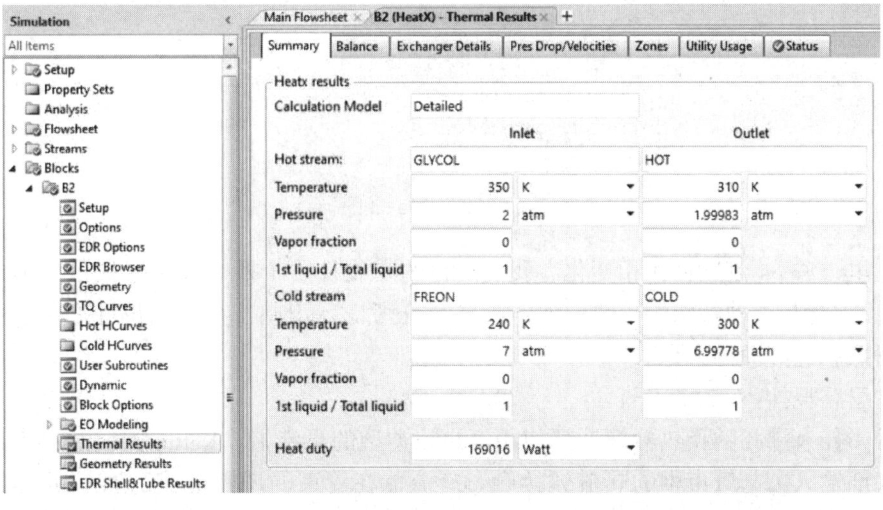

图5-31  查看壳程、管程和管口的详细计算结果

果，如果与前面的不同，那么布局需要作相应的改变。然而，结果不会完全一样，因为面积比设计值高10%，这将会导致两股流体更多的能量交换，因此出口温度和设计温度有轻微不同。本例的计算结果如下，正如所看到的，出口温度稍稍改变，Freon流股开始气化。然而，问题描述中的目标仍然达到了。

一旦换热器布局检查过了，返回"Setup"页，将"Exchanger Specification"改变为"Cold stream outlet temperature"，用户可能也会将"Exchanger Specification"改为其他选项，重新执行模拟。例如，可以选择"Hot stream outlet temperature"，设置乙二醇的出口温度为310 K，重新执行模拟，并查看结果，结果再次一致。这是一种非常好的检查设计的方法。记住，每次执行模拟之后，察看"Summary，Exchanger Details"页，并确保"Pres. Drop/Velocities"在允许范围内。一旦设计完成，打印输入页和换热器设计结果报告。

### 5.3.2 ASPEN PLUS 设计再沸器(有相变化的换热器)

本节继续采用ASPEN PLUS设计换热器，这里将继续深入了解化学工程中的两个重要过程：沸腾和冷凝。沸腾和冷凝都是非常复杂的传热，由于一些原因，ASPEN PLUS处理这两个过程与正常的换热器相同。下面的例子介绍ASPEN PLUS的再沸器的设计。

【例5-2】在例5-1中的Freon-12流股现在的流速为90kmol/h，温度为270K，压力为3atm(1atm=101325Pa)。工厂主管需要这一流股汽化。现在的乙二醇温度为340 K，压力为2 atm。主管建议使用80 BWG管，压降应当尽可能小。试确定乙二醇的流量以及换热器的结构与尺寸。流程示意图如图5-32所示。

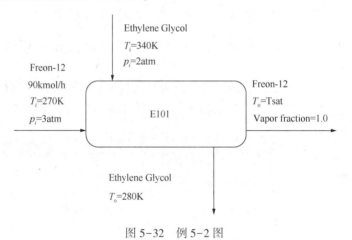

图5-32 例5-2图

在这里，Freon流股存在相变化，我们的目的是设计一个换热器可以提供足够的能量气化Freon。沸腾是一种特殊的传热形式，需要特殊考虑。因此，在开始设计之前，可以参考有关书籍熟悉这方面的知识。

设计思路概括：

通常，伴有沸腾的换热器设计都使用Kettle类型的再沸器。Kettle类型的再沸器中冷流体从近底部输入，与管束中的热流体接触。冷流体在管束的周围形成"池"，并在这里进行传热，使得液体沸腾。为了容纳从液体到气体的较大的体积变化，再沸器具有大的壳面积或气体空间。布局设计与正常的管壳式换热器大体相同。首先计算所需要的总的换热面积，然后设计管束，最后计算壳面积和气体空间。壳直径与管束的直径和气体流速有关。

**沸腾曲线：**

对于任意的流体在一定温度下都有足够的能量开始汽化。沸腾仅仅是发生在固液界面处的过程。固体(表面)的温度高于液体的饱和温度，这个温度差形成传热。此温度差($T_S-T_{SAT}$)决定了沸腾机理。沸腾形态存在四种：自然对流沸腾、泡核对流、过渡沸腾和膜状沸腾，每一种都有各自的特征。将集中在泡核沸腾区域，因为沸腾通常发生在此区域。而且该区域是推荐的有效沸腾区域。当$T_S-T_{SAT}$在5~30℃之间发生泡核沸腾，在此点液体看起来很像炉子上的沸腾壶中的水，当然在此区域可以获得最大的热通量。

因为在这个过程中存在相变化，所以存在一些计算沸腾过程的传热系数的特定关联式，这些关联式与对流传热方程有区别。由于某些原因，ASPEN PLUS很难为气化估计传热系数，事实上那也是不可靠的。因此，结果必须使用手算(记住，在上一个例子中，仅仅需要用手工计算获取初始值)。对于设计，需要四项计算：最大热通量、估计的沸腾传热系数($h_i$)、乙二醇流股的对流传热系数($h_o$)和实际的热通量。在文献中有关于第一和第三个变量的关联式，实际的热通量可以由热负荷除以换热器面积得到，希望实际的通量接近最大热通量，而不是超过它。所有的四个变量都与换热器的尺寸有关，因此需要迭代计算。一旦找到好的估计值，就可以计算总面积并用ASPEN PLUS开始设计。

使用ASPEN PLUS的Heater模块开始建立流程图，如图5-33所示(建立流程图的方法可以参考"ASPEN PLUS Setup for a Flow Simulation")。一旦完成流程图，单击"Next"按钮。ASPEN PLUS将会进入标题窗口，随后是组分输入窗口和物性方法窗口。提供模拟文件的标题，并输入本例中使用的组分(Freon-12是$CCl_2F_2$，乙二醇是$C_2H_6O_2$)。本例的物性方法选择NRTL-RK。继续直到出现Freon流股的输入窗口。

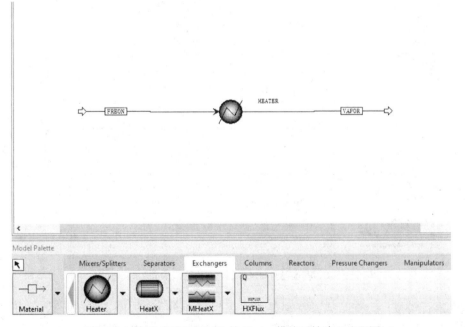

图5-33　使用ASPEN PLUS的Heater模块开始建立流程图

图 5-34 显示的就是 Freon 流股的输入窗口。在此输入问题描述中给出的数据，完成后单击"Next"按钮继续。

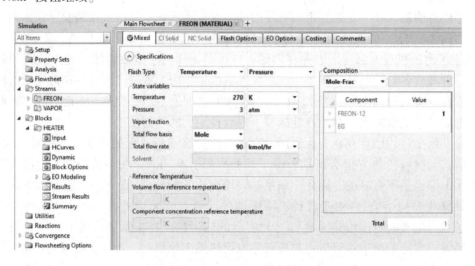

图 5-34　Freon 流股的输入窗口

接下来出现 Heater 模块的输入窗口（如图 5-35 所示），在模拟时此模块需要给定三个设定中的两个（如椭圆所示）。由于本例子的目的是气化 Freon 流股，所以需要设定冷流股的出口气化分率。选择"Vapor fraction"并输入 1.0，Freon 流股将以饱和蒸汽离开 Heater 模块。另外设定估计的总压降。单击"Next"。

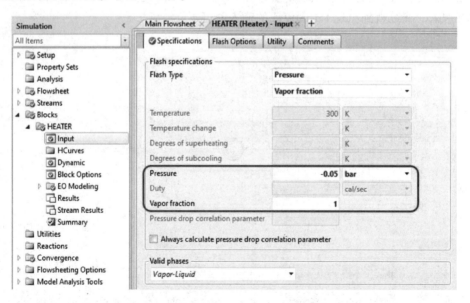

图 5-35　Heater 模块的输入窗口

现在执行模拟，检查结果，特别要关注出口气相分率（如图 5-36 所示）。正如所见，ASPEN PLUS 计算的热负荷为 470279Watt，Freon 流股的饱和出口温度为 272.2K。

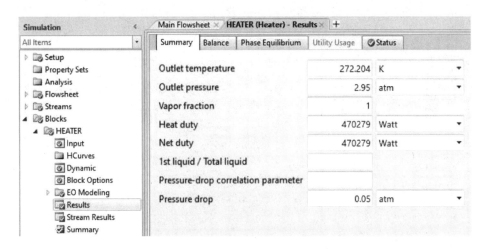

图 5-36　执行模拟，检查结果

　　返回流程图窗口，使用"HeatX"模块，代替"Heater"模块(如图 5-37 所示)。需要增加乙二醇流股，乙二醇流股的输入页面如图 5-38 所示，除了流速之外，其他参数都在问题描述中给出了，流速也可以通过热负荷和热容轻松计算而得(需要使用 Design-spec)。

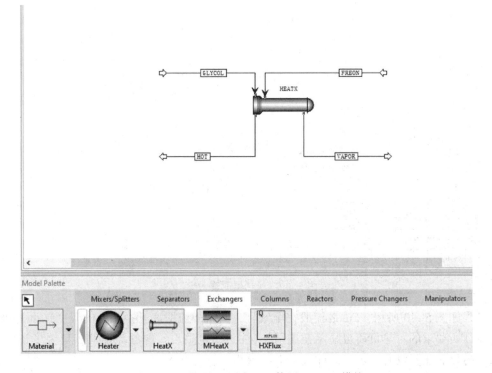

图 5-37　返回流程图窗口，使用"HeatX"模块

图 5-38　乙二醇流股的输入页面

单击"Next"出现换热器的输入窗口(如图 5-39 所示)。换热器的"Specifications"页的说明见上一参考。从运行"Shortcut"计算方法开始，并设置换热器的流向，本例使用逆流，最后选择选择合适的"Exchanger Specification"。本例使用"Cold stream outlet vapor fraction"。单击"Next"并执行模拟。

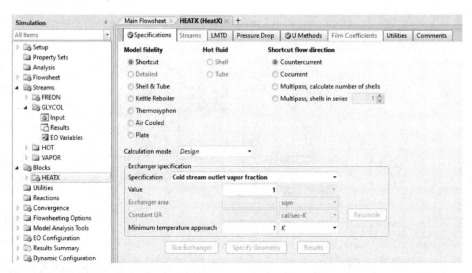

图 5-39　换热器的输入窗口

结果如图 5-40 所示，Freon 流股完全气化，乙二醇流股离开换热器的温度接近为 300K，这是设计所要求的，热负荷也显示在这里。(注意，调整乙二醇的流速使出口温度达到设计要求，另外，压降没有设定，因此进出口压力相同。)

现在返回"Specification"输入页面，改变计算方法为"Detailed"，记住乙二醇热流股走管程，Freon 冷流股走壳程。单击"Pressure drop"页面，如图 5-41 所示，保证压降计算基于几何尺寸(based on the geometry)，注意冷热两侧都需要设定。

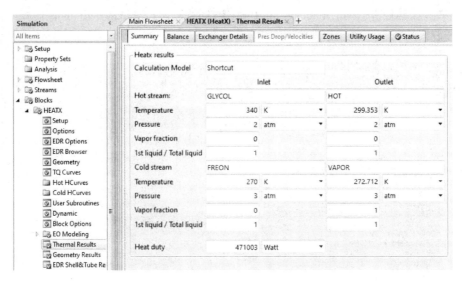

图 5-40 所得结果

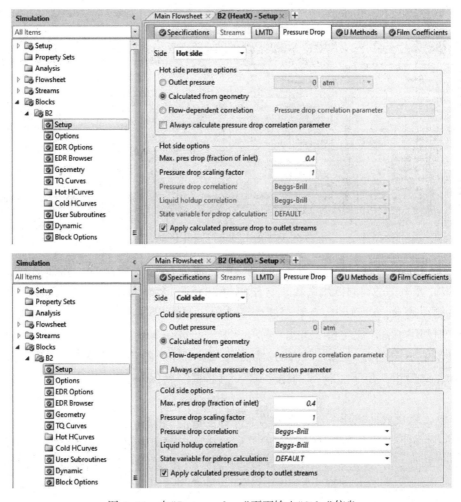

图 5-41 在"Pressure drop"页面输入"Side"信息

现在单击屏幕顶部的"**U-methods**"。在此选择计算基于"Film coefficients"（输入选项的解释参考前例），如图5-42所示。

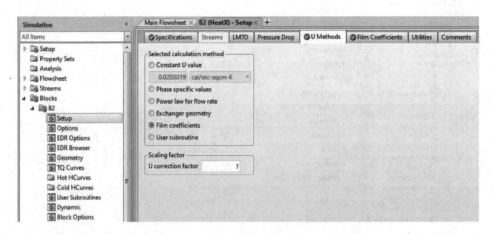

图5-42　单击屏幕顶部的"**U-methods**"

现在单击"**Film Coefficients**"，如图5-43所示。

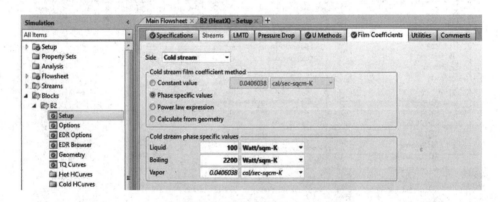

图5-43　单击"**Film Coefficients**"

在"**Film Coefficients**"页（如图5-43所示），需要设定传热系数，如前所述，ASPEN PLUS很难计算沸腾过程的传热系数。对任何相变计算，传热系数都需要手工输入。首先设定冷流股侧，通常，对膜系数有不同的计算选项，对用户输入值可以有两种选项（参考前例），本例使用"**Phase specific values**"选项，单击此选项出现子页（如椭圆所示），在这里输入换热器中不同相态（液相、气相、沸腾相或冷凝相）的传热系数。Freon冷流股有两相：液相和沸腾相，将手工计算的结果输入到这里。确保单位的正确，否则计算就是错误的。

现在设定换热器的热端，在此输入手工计算的值。（注意：因为乙二醇流股只有一个相态，所以计算可以基于几何尺寸，然而对任何相变过程，即使服务性流股，也推荐采用手工计算结果。并且，Freon流股在换热器中事实上有三个相态，然而我们假设气相不包括在任何传热中，因此不需要设定）。

计算的另外一个选项是使用 FORTRAN 子程序，代替"U－methods"中的"Film coefficients"选项，选择"User subroutine"选项(参考前例)，当然，子程序要自己写，但是计算会更精确。

现在设置选热器的几何尺寸，图5-44所示为管程的输入页面，采用手工计算的结果可以获得一个好的需要面积估计值，设置管的长度和尺寸，计算所需要的管数。并输入此页面，参考前例。

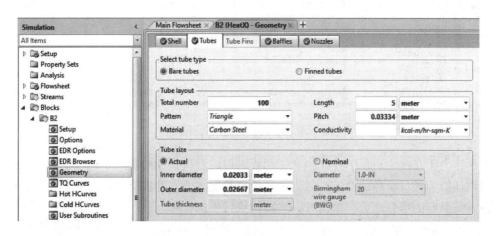

图5-44　设置选热器的几何尺寸

对壳程，选择壳的类型和管程数，如图5-45所示。(ASPEN PLUS 中没有再沸器类型的壳程)也需要设置壳的直径和间隙。从文献选择中合适的值。

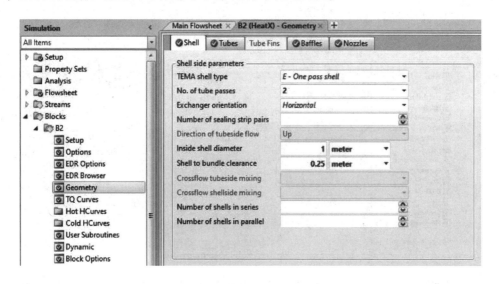

图5-45　选择壳的类型和管程数

通常在 Kettle 类型再沸器中不使用挡板，因为壳程流体并没有真正"流过"管束。然而 ASPEN PLUS 不知道这一点，所以挡板必须设定。输入挡板数和挡板间隙，两个值都是任意的，但是要确保挡板间隙大于管板与第一块挡板的距离，一个好的估计值可以取 1m 的间隙，如图 5-46 所示。

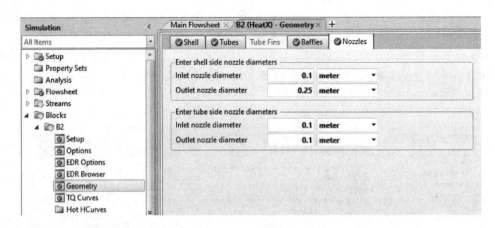

图 5-46　输入挡板数和挡板间隙

然而，由于在这个过程中存在相变，壳程出口的管口直径必须大于进口的管口直径，一个好的估计值为进口直径的两倍。因为管程没有相变，所以管程进出口的管口直径相同。

输入完所有的信息之后，单击"Next"按钮执行模拟计算。

图 5-47 为模拟结果的"Summary"页，通常每次计算后都要查看此页。Freon 流股已经气化，Glycol 流股离开换热器的温度为 282.3K。

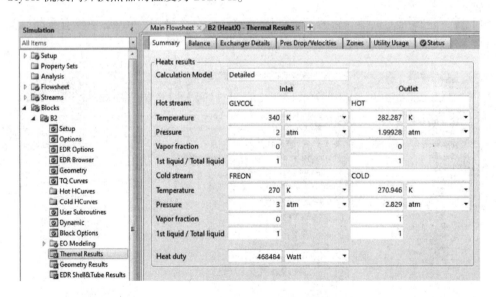

图 5-47　模拟结果的"Summary"页

现在查看"Exchanger Details "页（图 5-48 所示），此页显示需要的和实际的面积，以及总传热系数。实际面积大于所需要的面积（记住在 ASPEN PLUS 中要超过设计 10%~20%），需要注意的是总传热系数是"计算"出来的，事实上，ASPEN PLUS 仅仅是从所输入的值中计算出一个平均系数。

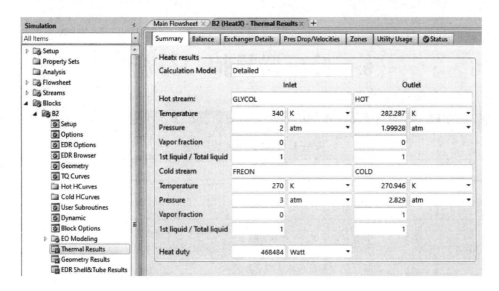

图 5-48　查看"Exchanger Details"页

同样也可以查看"Pressure drop"页的结果。

在查看结果之后，一个好的主意是返回基于几何尺寸的换热器设定，用前面的结果再次进行模拟，可以检查前面的结果的正确性。一旦设计完成，打印模拟的输入页和结果页。

通过使用 ASPEN PLUS 设计换热器，可以清楚地看到，虽然 ASPEN PLUS 是一个大软件，但是仍然仅仅给出一个设计的估计值，设计者对于 ASPEN PLUS 计算得到的结果要谨慎，要经常提出疑问。也可以说明 ASPEN PLUS 并不能做任何计算，手工计算在某些情况下是必须的。

对于冷凝过程，正好与汽化过程相反。因为 ASPEN PLUS 很难计算传热系数，两者的处理方法非常相似。

# 6 反应器模拟与分析

ASPEN PLUS 所描述的反应器的单元操作模型如表 6-1 所示。

表 6-1 反应器单元操作模型

| 模型 | 说明 | 用途 | 适用范围 |
|---|---|---|---|
| RStoic | 化学计量反应器 | 具有规定反应程度和转化率的化学计量反应器模型 | 反应动力学不知道或不重要，但化学计量数和程度是已知的反应器 |
| RYield | 收率反应器 | 具有规定收率的反应期模型 | 化学计量和反应动力学不知道或不重要，但收率分布已知的反应器 |
| REquil | 平衡反应器 | 通过化学计量计算实现化学和相平衡 | 化学平衡和相平衡同时发生的反应器 |
| RGibbs | Gibbs 自由能最小的平衡反应器 | 通过 Gibbs 自由能最小实现化学和相平衡 | 化学平衡和相平衡同时发生的反应器，对固体溶液和气-液-固系统计算相平衡 |
| RCSTR | 连续搅拌釜式反应器 | 模拟连续搅拌釜式反应器 | 带反应速率控制和平衡反应的单相、两相或三相搅拌釜式反应器，在任何基于已知的化学计量和动力学的相态 |
| RPlug | 活塞流反应器 | 模拟活塞流反应器 | 带反应速率控制的单相、两相或三相活塞流反应器，在任何基于已知的化学计量和动力学相态 |
| RBatch | 间歇反应器 | 模拟间歇或半间歇的反应器 | 带反应速率控制的单相、两相或三相间歇和半间歇的反应器，在任何基于已知的化学计量和动力学的相态 |

RCSTR、Rplug 和 RBatch 是动力学反应器模型，使用 Reactions 的 Reactions 窗口为这些模型规定化学计量和数据。

不需要规定反应热，因为 ASPEN PLUS 对分子组分热的规定采用了元素焓的参考状态来规定组分的生成热。因此，在反应物对于产物混合焓的计算中考虑了反应热。

## 6.1 ASPEN PLUS 的反应器模型

### 6.1.1 RStoic——化学计量反应器

使用 RStoic 模拟一个反应器，当：

- 反应动力学不知道或不重要，并且
- 对每个反应化学计量关系和摩尔值或转化率是已知的。

RStoic 能够模拟平行反应和连串反应，另外 RStoic 能够实现产品选择性和反应热的计算。

（1）Rstoic 的流程连接（图 6-1）

物料流见表 6-2。

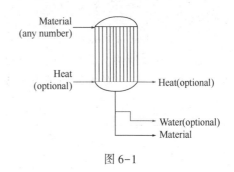

**表 6-2**

| 入口 | 至少一个物料流 |
|------|----------------|
| 出口 | 一个产品物流<br>一个水倾析物流（可选的） |

热流见表 6-3。

图 6-1

**表 6-3**

| 入口 | 任意数的热流（可选的）<br>如果不规定出口热流，RStoic 使用入口热流的总和作为热负荷规定 |
|------|----------------|
| 出口 | 一个热流（可选的）<br>出口热流的值是反应器的净热负荷（入口热流的总和减去计算的热负荷） |

（2）规定 RStoic

使用 Setup Specifications（设置规定）页规定反应器的操作条件，并选择在反应器闪蒸计算中的相态。

使用 Setup Reactions（设置反应）页规定在反应器中发生的反应，对每个反应必须规定化学计量系数，而且规定所有反应的转化摩尔值或转化分率之一。

当反应产生固体或固体改变时，可以在出口物流中分别使用 Setup Component Attr.（设置组分属性）页和 Setup PSD 页规定组分属性和粒子的尺寸分布。

如果希望计算反应热，使用 Setup Heat of Reaction（设置反应热）页对在 Setup Reactions 页中规定的每个反应规定参考组分。如果需要，也可以选择规定反应热，并且 RStoic 调整计算的反应器负荷。

如果希望计算产品的选择性，使用 Setup Selectivity（设置选择性）页规定所选择的产品的组分和参考的反应物组分。

对 Rstoic 使用表 6-4 输入规定并浏览结果。

**表 6-4**

| 使用该表 | 去做这些… |
|----------|-----------|
| Setup（设置） | 对反应热计算、选择性计算的产品和反应物组分、粒子尺寸分布以及组分属性规定操作条件、反应、参考条件 |
| Convergence（收敛） | 对闪蒸规定估值和收敛参数 |
| BlockOptions（模块选项） | 对该模块的物性、模拟选项、诊断信息级别和报告选项替换全局值 |
| Results（结果） | 对出口物流浏览操作结果汇总、质量和能量平衡、反应热、产品选择性、反应程度和相平衡结果 |
| Dynamic（动态） | 对动态模拟规定参数 |

① 反应热

当在 Setup Heat of Reaction 页上选择 Calculate Heat of Reaction 选项时，Rstoic 从数据库中的生成热计算反应热，是基于一个单位参考反应物的摩尔消耗或质量消耗来计算规定的参考条件下反应热。缺省条件下使用表 6-5 所列条件参考。

表 6-5

| 规定 | 缺省 | 规定 | 缺省 |
|------|------|------|------|
| 参考温度 | 25 ℃ | 参考流体相态 | 气相 |
| 参考压力 | 1atm | | |

也可以使用 Setup Heat of Reaction 页规定反应热，规定的反应热可能与 ASPEN PLUS 在参考条件下的生成热计算出来的有所不同，如果这种情况出现，RStoic 调整计算的反应器热负荷来考虑差别。在这个情况下，所计算的反应器的热负荷与输入和输出物流的焓不一致。

② 选择性

所选择的组分 P 对参考组分 A 的选择性规定为：

$$S_{P,A} = \frac{\left[\dfrac{\Delta P}{\Delta A}\right]_{Real}}{\left[\dfrac{\Delta P}{\Delta A}\right]_{Ideal}}$$

式中　　$P$——由于反应组分 $P$ 的摩尔数改变量；

　　　　$A$——由于反应组分 $A$ 的摩尔数改变量。

在分式的分子中，$Real$ 表示反应中实际发生的改变量。ASPEN PLUS 从入口和出口的质量平衡中获得该值。

在分母中，$Ideal$ 表示一个理想化的反应系统的改变量。这个系统假设除了从参考组分产生所选择组分外，没有任何反应存在。因此，分母表示，在一个理想的化学计量系数方程中，消耗每摩尔的 $A$，生成多少摩尔的 $P$。或者：

$$\left[\frac{\Delta P}{\Delta A}\right]_{Ideal} = \frac{v_P}{v_A}$$

式中　　$v_A$ 和 $v_P$ 是化学计量系数。

这个例子给出了 RStoic 如何计算选择性：

a1 A + b1 B 　　　c1 C + d1 D

c2 C + e2 E 　　　p2 P

a3 A + f3 F 　　　q3 Q

P 对 A 的选择性是：

$$S_{P,A} = \left[\frac{\text{Moles of } P \text{ Produced}}{\text{Moles of } A \text{ Consumed}}\right] \Bigg/ \frac{C1 \times P2}{a1 \times C2}$$

在多数情况下，选择性在 0 和 1 之间。然而，如果所选择的组分也从除参考组分的其他组分产生，选择性会大于 1。如果所选择的组分在其他反应中消耗，选择性可能会小于 0。

## 6.1.2 RYield——收率反应器

使用 RYield 模拟一个反应器：当：

- 反应的化学计量系数不知道或不重要；
- 反应的动力学不知道或不重要；
- 收率分布知道。

必须规定产品的收率（每个单位质量的总进料，不包含惰性组分）或在用户提供的 Fortran 子程序中计算产品的收率。RYield 圆整收率去维持质量平衡。RYield 能够模拟单项、两相和三相反应器。

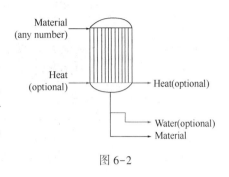

图 6-2

（1）RYield 的流程连接（图 6-2）

物料流见表 6-6。

表 6-6

| 入口 | 至少一个物料流 |
|---|---|
| 出口 | 一个产品物流<br>一个水倾析物流（可选的） |

热流见表 6-7。

表 6-7

| 入口 | 任意数的热流（可选的） |
|---|---|
| 出口 | 一个热流（可选的） |

如果在 Setup Specifications 页上只给了一个规定（温度或压力）。RYield 使用入口热流的总和作为负荷规定。否则，RYield 仅使用入口物流计算净热负荷。净热负荷是入口热流减实际（计算的）热负荷。

对净热负荷你能够使用出口热流。

（2）规定 RYield

使用 Setup Specifications 和 Setup Yield 页去规定反应条件和组分收率。对于每一个反应产品，按照一个组分的每单位质量进料的摩尔或质量规定收率。如果在 Setup Yield 页上规定惰性组分，收率是以单位质量的非惰性进料为基础计算的。

计算的收率被圆整，以维持整体的物料平衡。由于这个原因，收率规定建立了一个收率分布，而不是绝对收率。RYield 不维持原子平衡，因为输入了固定的收率分布状态。

可以要求单相、两相或三相平衡计算。

当反应产生固体或固体改变时，能够在出口物流中使用 Setup Component Attr. 页和 Setup PSD 页分别规定它们的组分属性和（或）粒子尺寸。

对 Ryield 使用表 6-8 输入规定并浏览结果。

表 6-8

| 使用该表 | 去做这些… |
| --- | --- |
| Setup | 对出口物流规定操作条件、组分收率、内部组分、闪蒸收敛参数，以及 PSD 和组分属性 |
| UserSubroution | 对用户提供的收率子程序规定子程序名和参数 |
| BlockOptions | 对该模块的物性、模拟选项、诊断信息级别和报告选项替换全局值 |
| Results | 对输出物流浏览操作结果汇总、质量和能量平衡、反应热、产品选择性、反应程度和相平衡结果 |
| Dynamic | 对动态模拟规定参数 |

### 6.1.3 REquil——平衡反应器

使用 REquil 模拟一个反应器，当：

- 反应计量系数是已知的；
- 某些或全部反应达到平衡。

REquil 同时计算相平衡和化学平衡。REquil 允许有限个化学反应没有达到化学平衡，REquil 能够模拟单相和两相化学反应。

（1）REquil 的流程连接（图 6-3）

物料流见表 6-9。

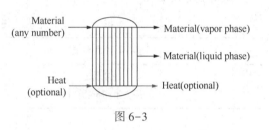

图 6-3

表 6-9

| 入口 | 至少一个物料流 |
| --- | --- |
| 出口 | 一个气相物流<br>一个液相物流 |

热流见表 6-10。

表 6-10

| 入口 | 任意数的热流(可选的) |
| --- | --- |
| 出口 | 一个热流(可选的) |

如果在 REquil Input Specifications 页上只给一个规定（温度或压力），REquil 使用入口热流的总和作为负荷规定，净热负荷是入口热流减实际(计算的)热负荷。

对于净热负荷，能够使用一个出口热流。

（2）规定 REquil

必须规定反应的化学计量系数和反应器的条件，如果没有规定其他的规定，REquil 假设反应将达到平衡。

REquil 由 Gibbs 自由能计算平衡常数，能够通过下列之一限制平衡：

- 任何反应的摩尔程度；
- 化学平衡接近温度（对任何反应）。

如果规定接近温度 $T$，REquil 估计在 $T+T$ 时的化学平衡常数，这里的 T 是反应温度（规定的或计算的）。

REquil 进行单相性质计算或在一个化学平衡回路内的两相闪蒸计算，REquil 不能进行三相计算。

对 Requil 使用表 6-11 输入规定和浏览结果。

表 6-11

| 使用该表 | 去做这些…… |
|---|---|
| Input | 规定反应器的操作条件、有效相态、反应、收敛参数，以及在气体物流中的固体和液体夹带 |
| BlockOptions | 对该模块的物性、模拟选项、诊断信息级别和报告选项替换全局值 |
| Results | 对输出物流浏览操作结果汇总、质量和能量平衡、反应热、产品选择性、反应程度和相平衡结果 |

### 固体

反应器能够包含常规的固体，REquil 把每个特定的固体处理为一个单独的纯固相，不作为在固体溶液中的一个组分。任何参加反应的固体必须有一个生成自由能（DGSFRM）和生成焓（DHSFRM）或者热容参数（CPSXP1）。

不参加反应的固体，包括非常规的组分，被处理为惰性成分。除了影响能量平衡外，这些固体不影响化学平衡。

## 6.1.4 RGibbs——平衡反应器（Gibbs 自由能最小）

RGibbs 使用均相的 Gibbs 自由能最小去计算平衡，RGibbs 不要求规定反应的化学计量系数，使用 RGibbs 模拟如下反应器：

- 单相（气相或液相）化学平衡；
- 不带化学反应的相平衡（一个可选的气相和任意一个液相）；
- 带固体溶液相的相和/或化学平衡；
- 同时具有相平衡和化学平衡。

RGibbs 还能够在任意数量的常规固体组分和流体相之间计算化学平衡。RGibbs 也允许对没有达到完全平衡的系统做限制平衡规定。

（1）RGibbs 的流程连接（图 6-4）

物料流见表 6-12。

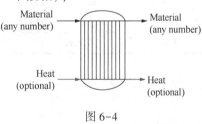

图 6-4

表 6-12

| 入口 | 至少一个物料流 |
|---|---|
| 出口 | 至少一个物料流 |

如果规定的出口物流与 Rgibbs 计算的相的数量一样多，RGibbs 假设每一相为一个出口物流。如果规定的出口物流少于计算相的数量，RGibbs 假设把多出的那相加到最后的出口物流上。

热流见表 6-13。

表 6-13

| 入口 | 任意数量的热流(可选的) |
|---|---|
| 出口 | 一个热流(可选的) |

如果在 Setup Specifications 页上只规定压力,RGibbs 使用入口热流的总和作为热负荷规定。否则,RGibbs 仅使用入口热流计算净热负荷。净热负荷是入口热负荷减去实际(计算的)热负荷。

对净热负荷,能够使用一个出口物流。

(2)规定 RGibbs

本节描述了如何规定:

- 只有相平衡;
- 相平衡和化学平衡;
- 受限制的化学平衡;
- 反应;
- 固体。

对于 RGibbs 使用表 6-14 去输入规定和浏览结果。

表 6-14

| 使用该表 | 去做这些… |
|---|---|
| Setup | 规定反应器的操作条件和在相平衡计算中考虑的相,指明可能的产品、设定出口物流的相态,规定惰性组分并规定平衡限制 |
| Advanced | 规定组分的原子式、估计温度和组分流率、规定收敛参数 |
| BlockOptions | 对该模块的物性、模拟选项、诊断信息级别和报告选项替换全局值 |
| Results | 对输出物流浏览操作结果汇总、质量和能量平衡、流体相和固相的摩尔组成、组分原子式和计算的反应平衡常数 |
| Dynamic | 对动态模拟规定参数 |

① 只有相平衡。见表 6-15。

表 6-15

| 规定 | 使用该选项 | 在…页上 |
|---|---|---|
| 只有相平衡计算 | Phase Equilibrium Only<br>(只有相平衡) | 在 Setup Specifications(设置规定)页上 |
| RGibbs 应该考虑的最大流体相态数目 | Maximum Number of FluidPhases<br>(流相的最大数目) | 在 Setup Specifications 页上 |
| 固体溶液相的最大数目 | Maximum Number of SolidSolution Phases<br>(固体溶液相的最大数目) | 来自 Setup Specifications 页上的 Solid Phases(固相)对话框 |

RGibbs 通过缺省分配所有的种类在所有的溶液相中,能够使用 Setup Products(设置产品)页对每个溶液相分配不同的种类集,也能够对每个相分配不同的热力学性质方法。

如果一个固体溶液相有存在的可能性，使用 Setup Products 页指明在那个相中将存在的物质种类。

② 有相平衡和化学平衡。见表 6-16。

表 6-16

| 规定 | 使用该选项 | 在…页上 |
|---|---|---|
| 化学平衡计算<br>（带或不带相平衡） | Phase Equilibrium and<br>Chemical Equilibrium | 在 Setup Specifications 页上 |
| RGibbs 应该考虑的<br>最大流体相态数目 | Maximum Number of<br>Fluid Phases | 在 Setup Specifications 页上 |
| 固体溶液相的<br>最大数目 | Maximum Number of Solid<br>Solution Phases | 来自 Setup Specifications 页上的 Solid Phases 对话框 |

采用缺省，RGibbs 考虑在 Components Specifications Selection 页上输入的所有组分作为可能的流体相或固体产品。可以在 Setup Products 上规定另一个产品的列表。

RGibbs 采用缺省在所有的溶液相中分配所有溶液种类，能够使用 Setup Products 页对每个溶液相分配不同的种类集，也能够对每个相分配不同的热力学性质方法。

RGibbs 需要存在于进料和产品物流中的每个组分的分子式，RGibbs 从数据库中提取这些信息，对于非库组分，使用 Properties Molec-Struct Formula 页去输入。

- 原子（原子类型）；
- 存在的数量（每个类型的原子的数量）。

另一种方法，可以在 Advanced Atom Matrix 页上输入原子矩阵，原子矩阵规定了在每个组分中的每个原子的数量。如果输入原子矩阵，必须为所有的组分和原子输入原子矩阵，包括数据库组分。

如果一个固体溶液相有存在的可能性，使用 Setup Products 页指明在那个相中将存在的物质种类。

③ 有受限制的化学平衡。要想限制化学平衡如表 6-17 所示。

表 6-17

| 规定 | 在……上 |
|---|---|
| 反应的 molar extent（摩尔程度） | 在 Edit Reactions 对话框上（来自 Setup RestrictedEquilibrium 页） |
| 各个反应的平衡接近温度 | 在 Edit Reactions 对话框上（来自 Setup RestrictedEquilibrium 页） |
| 整个系统的化学平衡接近温度 | 在 Edit Reactions 对话框上（来自 Setup RestrictedEquilibrium 页） |
| 任意组分的出口量作为总摩尔流率或作为那个组分进料的一个分率 | 在 Setup Inerts 页上 * |

*通过设置分率为 1 可以规定惰性组分。

对于接近温度的规定，RGibbs 估计在 $T + T$ 时的化学平衡常数，这里的 T 是反应温度（规定的或计算的），而 $T$ 是预期的接近温度。

对各个反应你能够输入下列限制平衡规定：
- 反应的 molar extent（摩尔程度）；
- 一个单个反应的接近温度。

使用 Setup Restricted Equilibrium 页提供反应的化学计量系数。

如果提供了上述规定之一，对于涉及系统中所有组分的一组线性独立反应，也必须提供化学计量关系。

④ 反应

可以使 RGibbs 只考虑一个特定的反应集，可以通过对反应规定接近温度或摩尔程度来限制反应平衡。对于一个完整的线性独立的化学反应集，必须规定化学计量系数，即使只限制了一个反应。

线性独立反应的数目要求等于产品列表中的产品数量的总和（包括固体）减去系统中存在的原子的数量。反应必须包含所有参加的组分。如果一个组分满足下列标准，则该组分是参加的组分：
- 它在产品清单中。
- 它不是惰性组分。一个组分如果构成它的整个原子在任何其他的产品组分中均不存在，则该组分是惰性组分。
- 它没有被丢掉。一个列在 Setup Products 页上的组分，如果它包含了一个在原料中不存在的原子，它被丢掉。

⑤ 固体

RGibbs 能够在任何数量的常规固体组分和流体相之间计算化学平衡。RGibbs 检测在平衡中是否存在固体，如果存在，计算含量。除非把固体组分规定成一个固体溶液中的组分，否则 RGibbs 把每个固体组分处理为一个纯固体相。RGibbs 认为是产品的固相必须具有两条：
- 分子的生成自由能（DGSFRM 或 CPSXP1）；
- 生成热（DHSFRM or CPSXP1）。

非常规的固体处理为惰性且不影响平衡计算。如果不考虑化学平衡，RGibbs 将所有的固体处理为惰性。RGibbs 不能进行只有固相的计算。

除非在 Setup Assign Streams 页上规定，否则 RGibbs 放置纯固体在最后出口物流中。RGibbs 能够处理单个的 CISOLID 子物流，该子物流包含了所有规定为纯固相的常规固体产品。RGibbs 把固体溶液相放置在出口物流的 MIXED 子物流中。

RGibbs 不能直接处理固体和流体相之间的相平衡（如冰–水平衡）。为了在这个附近能运行，可以在 Components Specifications Selection 页上，列出相同的组分两次，给不同的组分标识。如果希望 RGibbs 在这些组分之间计算化学平衡：
- 在 Setup Products 页上规定二者的标识；
- 指定一个标识作为固相组分，另一个作为流体相组分。

## 6.1.5　RCSTR——连续搅拌釜式反应器

RCSTR 严格模拟连续搅拌釜式反应器，RCSTR 能够模拟单相、两相或三相反应器。RCSTR 假设在反应器中完全混合，即反应物和出口物流相同的性质和组成。

RCSTR 处理动力学、平衡以及包含固体的反应，可以通过内置的反应器模型或用户规定的 Fortran 子程序提供反应动力学。

（1）RCSTR 的流程连接（图 6-5）

物料流见表 6-18。

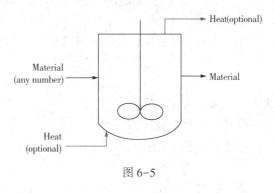

图 6-5

表 6-18

| 入口 | 至少一个物料流 |
|---|---|
| 出口 | 一个物料流 |

热流见表 6-19。

表 6-19

| 入口 | 任意数量的热流(可选的) |
|---|---|
| 出口 | 一个热流(可选的) |

如果在 Setup Specifications 页上只规定压力，RCSTR 使用入口热流的总和作为热负荷规定。否则，RCSTR 使用入口热流仅计算净热负荷。净热负荷是入口热负荷减去实际(计算的)热负荷。

对净热负荷，能够使用一个出口物流。

（2）规定 RCSTR

必须规定反应器的操作条件，这些操作条件是压力和温度，或者压力和热负荷，还必须输入反应器的体积或者停留时间(总的或各相的)。

对 RCSTR 使用表 6-20 输入规定并浏览结果。

表 6-20

| 使用该表 | 去做这些… |
|---|---|
| ˙Setup | 规定反应器的操作条件滞留量，选择所包含的反应集并规定在出口物流中的 PSD 和组分属性 |
| Convergence | 对组分流率、反应温度和体积提供估值，并且规定闪蒸收敛参数、RCSTR 收敛方法和参数以及初始化参数 |
| UserSubroution | 对用户提供的动力学子程序和动力学子程序特定模块报告规定参数 |
| BlockOptions | 对该模块的物性、模拟选项、诊断信息级别和报告选项替换全局值 |
| Results | 浏览模块的操作结果汇总、质量和能量平衡 |
| Dynamic | 对动态模拟规定参数 |

① 反应

必须在 Reactions 的 Reactions 表上规定反应动力学，并在 Setup Reactions 页上选择 Reaction Set ID(反应集标识)。

可以规定单相、两相或三相计算。在每个 Reactions Reactions 表上，可以为每个反应规定相，RCSTR 能够处理动力学和平衡类反应。

② 相体积

在一个多相反应中，采用缺省 ASPEN PLUS 用相平衡结果计算每相的体积，即：

$$V_{Pi} = V_R \frac{V_i f_i}{\sum V_j f_j}$$

式中　$V_{Pi}$——相 $i$ 的体积；

　　　$V_R$——反应器体积；

　　　$V_i$——相 $i$ 的摩尔体积；

　　　$f_i$——相 $i$ 的摩尔分率。

能够通过在 Setup Specifications 页上直接规定相体积（Phase Volume）或作为反应器体积的一个分率（Phase Volume Frac 相体积分率）替换缺省的计算方法。另一种方法是，当规定反应器中的相停留时间时，ASPEN PLUS 迭代计算相体积。

③ 停留时间

在 CSTR 中，ASPEN PLUS 用下式计算反应停留时间（总体和分相）：

$$RT = \frac{V_R}{F \times \sum f_i V_i}$$

$$RT_i = \frac{V_{Pi}}{F \times f_i V_i}$$

式中　$RT$——总停留时间；

　　　$RT_i$——相 $i$ 的停留时间；

　　　$V_R$——反应器体积；

　　　$F$——总摩尔流率（出口）；

　　　$V_i$——相 $i$ 的摩尔体积；

　　　$f_i$——相 $i$ 的摩尔分数；

　　　$V_{Pi}$——相 $i$ 的体积。

当根据相平衡计算结果，使用缺省的相体积计算时，所有相的相停留时间是相等的。如果在 Setup Specifications 页上规定了 Phase Volume 或 Phase Volume Frac 在 Holdup Phase 中的规定的相停留时间是通过规定的相体积来计算，而不是缺省的相体积来计算。

④ 固体

RCSTR 能够处理包含固体的反应，RCSTR 假设固体与流体具有相同的温度，RCSTR 不能进行只有固相的计算。

⑤ 变量的比例

RCSTR 预定了四种变量类型：组分流率、物流焓、组分属性和 PSD（如果存在）。为了尽快收敛，RCSTR 将每个变量除以一个比例因子，圆整这些变量。

在 RCSTR 中，有两种类型的比例是可用的：基于组分比例和基于子物流比例。基于组分比例把每个变量与它原来的或估计的值做比较。基于子物流比例把子物流中的每个变量与它子物流流率做比较。对于基于组分比例，最小的比例值是通过在 Advanced Parameters 对话框(来自 Convergence Parameters 页)中的 Trace Scaling Factor 来设置的。可以降低痕量比例阈,以增加痕量组分的预测精度。

基于组分比例一般比基于子物流比例提供了更高的精度,尤其是对痕量组分。使用基于组分比例,当:

- 反应网络包含了痕量中间物;
- 反应速度对痕量反应物是非常敏感的(例如,催化剂和引发剂在降解反应中参加反应)。

表 6-21 和表 6-22 汇总了每种方法所使用的比例因子。

基于子物流比例方法如表 6-21 所示。

表 6-21

| 变量类型 | 变量 | 最初的比例因子 |
|---|---|---|
| 组分流率 | 在出口物流中的组分摩尔流率 | 估计的出口子物流摩尔流率比率 |
| 物流焓 | 出口物流的净焓流率 | 入口物流的净热焓流率 |
| 组分属性(attr/kg) | 组分的质量流率带属性和在出口中的属性值 | 缺省的属性比例因子 |
| PSD | 子物流产品的质量流率(带 PSD)和在出口物流中 PSD 值 | 缺省的属性比例因子 |

注:如果任何基于子物流比例因子等于零,使用缺省的比例因子(对组分流率比率缺省因子为 1.0,对物流焓缺省因子为 $10^5$)。

基于组分比例方法如表 6-22 所示。

表 6-22

| 变量类型 | 变量 | 最初的比例因子 |
|---|---|---|
| 组分流率 | 出口物流中的组分摩尔流率 | 下述二者中较大者:<br>-出口物流中估计的摩尔流率<br>-痕量产品的阈和估计的出口子物流的摩尔流率 |
| 物流焓 | 出口物流的净焓流率 | 入口物流的净热焓流率 |
| 组分属性<br>(attr/kg) | 带属性的组分质量流率和出口物流中的属性值 | 更大的:<br>-估计的产品属性组分质量流率和在出口物流中估计的属性值<br>-痕量产品的阈和估计的出口子物流的摩尔流率 |
| PSD | 子物流产品的质量流率和在出口物流中 PSD 值 | 更大的:<br>-带 PSD 的估计的产品属性组分质量流率和在出口物流中估计的 PSD 值<br>-痕量产品的阈和缺省的属性比例因子 |

## 6.1.6 RPlug——活塞流反应器

RPlug 是活塞流反应器的严格模型,RPlug 假设在径向完全混合,而在轴向没有混合。RPlug 能够模拟单相、两相和三相反应器,也能够使用 RPlug 模拟带冷剂物流(并流或逆流)的反应器。

RPlug 处理动力学反应，包括含有固体的反应。当使用 Rplug 模拟反应器时，必须知道反应的动力学。可以通过内置的反应模型或用户规定的 Fortran 子程序提供反应的动力学。

（1）RPlug 的流程连接（图 6-6）物料流见表 6-23。

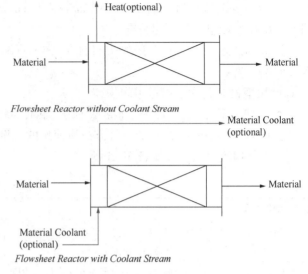

Flowsheet Reactor without Coolant Stream

Flowsheet Reactor with Coolant Stream

图 6-6

表 6-23

| 入口 | 一个进料物流<br>一个冷剂物流（可选的） |
|---|---|
| 出口 | 一个物料产品物流<br>一个冷剂物流（可选的） |

热流见表 6-24。

表 6-24

| 入口 | 没有进口热流 |
|---|---|
| 出口 | 作为反应器热负荷的一个热流（可选的）。只有没有冷剂物流的反应器才使用热出口物流 |

（2）规定 RPlug

使用 Setup Configuration 页去规定反应器管的长度和直径，如果反应器是由多个管子组成的，可以规定管子的个数。可以在 Setup Pressure 页上规定经过反应器的压力降。对 RPlug 输入的其他要求与反应器的类型有关内容如表 6-25 所示。

表 6-25

| 当你使用这种<br>类型的反应器时 | 且固相是 | 且流体和<br>固相的温度是 | 规定 |
|---|---|---|---|
| 规定温度的<br>反应器 | — | — | 反应器的温度或温度分布 |
| 绝热反应器 | 不存在 | — | 不要求规定 |
|  | 存在 | 相同 | 不要求规定 |
|  | 存在 | 不同 | U（流体相-固体相） |
| 带恒定冷剂<br>温度的反应器 | 不存在 | — | 冷却温度和 U（冷却剂-工艺物流） |
|  | 存在 | 相同 | 冷却温度和 U（冷却剂-工艺物流） |
|  | 不存在 | 不同 | 冷却剂温度<br>U（冷却剂-流体相）<br>U（冷却剂-固体相）和<br>U（流体相-固体相） |

| 当你使用这种类型的反应器时 | 且固相是 | 且流体和固相的温度是 | 规定 |
|---|---|---|---|
| 带并流冷却剂的反应器 | 不存在 | — | U(冷却剂-工艺物流) |
| | 存在 | 相同 | U(冷却剂-工艺物流) |
| | 存在 | 不同 | U(冷却剂-流体相)、U(冷却剂-固体相)和U(流体相-固体相) |
| 带逆流冷却剂的反应器 | 不存在 | — | 冷却剂的出口温度或摩尔汽化分率和U(冷却剂-工艺物流) |
| | 存在 | 相同 | 冷却剂的出口温度或摩尔汽化分率和U(冷却剂-工艺物流) |
| | 存在 | 不同 | 冷却剂的出口温度或摩尔汽化分率,U(冷却剂-流体相)、U(冷却剂-固体相)和U(流体相-固体相) |

对于具有外部逆流冷却剂的反应器,RPlug 计算冷却剂的入口温度。计算结果将替换规定的入口冷却剂的温度。能够使用一个设计规定操纵冷却剂的出口温度或汽化率以满足规定的冷却剂入口温度。

对于带外部冷却剂物流的反应器,能够对工艺物流和冷却剂物流使用不同的物性方法和选项(Block Options Properties 页)。

对 RPlug 使用表 6-26 输入规定并浏览结果。

表 6-26

| 使用该表 | 去做这些… |
|---|---|
| Setup | 规定反应器的操作条件和反应器的配置,选择所包含的反应集并规定压力降 |
| Convergence | 规定闪蒸收敛参数、整合的计算选项和参数 |
| Report | 规定模块特定的报告选项 |
| UserSubroution | 为动力学、热传递、压力降和分布报告中所包括的用户变量列表规定用户子程序参数 |
| BlockOptions | 对该模块物性方法、模拟选项、诊断信息级别和报告选项替换全局值 |
| Results | 浏览该模块的操作结果汇总和质量和能量平衡结果 |
| Profiles | 浏览沿反应器长度的工艺物流条件、冷剂物流条件、物性、组分和子物流属性以及用户变量的分布 |
| Dynamic | 对动态模拟规定参数 |

① 反应

在 Setup Reactions 页上,必须通过参考选择的 Reaction ID(反应标识)规定反应动力学。可以规定单相、两相或三相计算。在 Reactions Reactions 表上规定反应的相态。Rplug 只处理动力学类型的反应。

② 固体

反应器可以包含固体，固体可以是：

- 与流体相具有相同的温度；
- 与流体相具有不同的温度（只对除了规定温度反应器类型之外的反应器）。

在后面这种情况下，必须在 Setup Specifications 页上规定传热系数。

## 6.2 ASPEN PLUS 中动力学方程的表达形式

ASPEN PLUS 的动力学模型主要有三种表达形式：指数形式动力学模型（Power Law kinetic model）；Langmuir-Hinshelwood-Hougen-Watson（LHHW）和用户自定义动力学模型。这里介绍指数形式的动力学模型，这种模型又分为两种：一种是平衡级反应模型（Equilibrium reactions）；另一种是使用指数形式的速率控制模型（Rate-controlled reactions using the Power Law）。对于反应物来说，化学计量系数为负，对生成物来说，化学计量系数为正。催化剂组分在动力学表达式中化学计量系数为0。

### 6.2.1 平衡级反应模型

平衡级反应的表达形式为：

$$\ln K = A + B/T + C\ln T + DT$$

输入界面如图 6-7 所示。

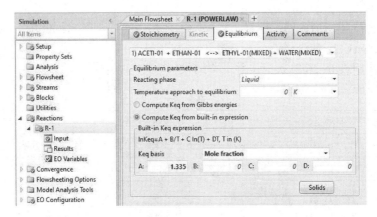

图 6-7　输入界面

据浓度基准不同而不同。其对应关系如表 6-27 所示。

表 6-27

| Keq Basis | Equilibrium Constant Definition | Keq Basis | Equilibrium Constant Definition |
|---|---|---|---|
| Mole Gamma | $K = \pi(x_i\gamma_i)_i^v$ (Liquid only) | Molality | $K = \pi(m_i)_i^v$ (Liquid only) |
| Molal Gamma | $K = \pi(m_i\gamma_i)_i^v$ (electrolytes, liquid only) | Fugacity | $K = \pi(f_i)_i^v$ |
| Mole fraction | $K = \pi(x_i)_i^v$ | Partial pressure | $K = \pi(p_i)_i^v$ (Vapor only) |
| Mass fraction | $K = \pi(x_i^m)_i^v$ | Mass Concentration | $K = \pi(C_i^m)_i^v$ |
| Molarity | $K = \pi(C_i)_i^v$ | | |

式中　$K$——Equilibrium Constant；

　　　$x$——Component mole fraction；

　　　$x^m$——Component mass fraction；

　　　$C$——Molarity（kg mole/m³）；

　　　$m$——Molality（g mole/kg $H_2O$）；

　　　$\gamma$——Activity coefficient；

　　　$f$——Component fugacity（N/m²）；

　　　$p$——Partial pressure（N/m²）；

　　　$C^m$——Mass concentration（kg/m³）；

　　　$v$——Stoichiometric exponent；

　　　$I$——Component Index；

$\Pi$ is the product operator。

## 6.2.2　速率控制模型

速率控制模型的输入页面，如图 6-8 所示。

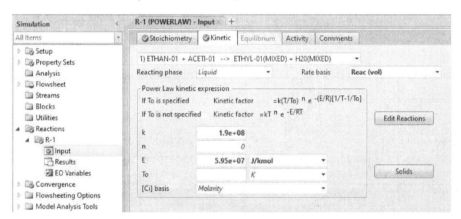

图 6-8　速率控制模型的输入页面

图中的"Reacting phase"表示反应发生的相态，ASPEN PLUS 允许发生反应的相态有：Liquid（Default）、Liquid 1、Liquid 2、Vapor、Liquid-Solid。$K$ 为指前因子（pre-exponential factor）；$n$ 为温度指数（temperature exponent）；$E$ 为活化能（Activation energy）；$[Ci]$ basis 为浓度基准（Concentration basis）。

ASPEN PLUS 允许的浓度基准，如表 6-28 所示。

表 6-28

| $[Ci]$ Basis | Power Law Expression | $[Ci]$ Basis | Power Law Expression |
|---|---|---|---|
| Molarity | $r = kT^n e^{-E/RT}\Pi(C_i)_i^{\alpha}$（Default） | Mass fraction | $r = kT^n e^{-E/RT}\Pi(X_i^m)_i^{\alpha}$ |
| Molality | $r = kT^n e^{-E/RT}\Pi(m_i)_i^{\alpha}$（electrolytes only） | Partial pressure | $r = kT^n e^{-E/RT}\Pi(p_i)_i^{\alpha}$（vapor only） |
| Mole fraction | $r = kT^n e^{-E/RT}\Pi(X_i)_i^{\alpha}$ | Mass concentration | $r = kT^n e^{-E/RT}\Pi(C_i^m)_i^{\alpha}$ |

式中　　$r$——Rate of reaction；

　　　　$k$——Pre-exponential factor；

　　　　$T$——Temperature in degrees Kelvin；

　　　　$n$——Temperature exponent；

　　　　$E$——Activation energy；

　　　　$R$——Universal gas law constant；

　　　　$X$——Component mole fraction；

　　　　$X^m$——Component mass fraction；

　　　　$C$——Molarity（kg mole/m$^3$）；

　　　　$m$——Molality（g mole/kg H$_2$O）；

　　　　$P$——Partial pressure（N/m$^2$）；

　　　　$C^m$——Mass concentration（kg/m$^3$）；

　　　　$\alpha$——Concentration exponent；

　　　　$I$——Component Index。

$\Pi$ is the product operator。

反应速率和指前因子的单位根据反应的指数和浓度基准不同而不同。

其对应关系如表6-29所示。

表 6-29

| When[$Ci$]Basis | Units are | When[$Ci$]Basis | Units are |
|---|---|---|---|
| Molarity | $\dfrac{\dfrac{\text{kg mole-}K^{-n}}{\text{sec-m}^3}}{\left(\dfrac{\text{kg mole}}{\text{m}^3}\right)^{\Sigma\alpha}}$ | Partial pressure | $\dfrac{\dfrac{\text{kg mole-}K^{-n}}{\text{sec-m}^3}}{\left(\dfrac{\text{N}}{\text{m}^2}\right)^{\Sigma\alpha}}$ |
| Molality | $\dfrac{\dfrac{\text{kg mole-}K^{-n}}{\text{sec-m}^3}}{\left(\dfrac{\text{g mole}}{\text{kgH}_2\text{O}}\right)^{\Sigma\alpha}}$ | Mass concentration | $\dfrac{\dfrac{\text{kg mole-}K^{-n}}{\text{sec-m}^3}}{\left(\dfrac{\text{kg}}{\text{m}^3}\right)^{\Sigma\alpha}}$ |
| Mole fraction or Mass fraction | $\dfrac{\text{kg mole-}K^{-n}}{\text{sec-m}^3}$ | | |

### 6.2.3　LHHW 模型

Langmuir-Hinshelwood-Hougen-Watson（LHHW）模型的通用表达形式为：

$$\frac{(\text{Kinetic factor})(\text{driving force expression})}{(\text{adsorption term})}$$

式中

$$\text{Kinetic factor} = k(T/T_o)^n e^{-(E/R)(1/T-1/T_o)}$$

$$\text{Driving force expression} = K_1\left(\prod_{i=1}^{N} C_i^{a_i}\right) - K_2\left(\prod_{j=1}^{N} C_j^{b_i}\right)$$

$$\text{Adsorption expression} = \left\{ \sum_{i=1}^{M} K_i \left( \prod_{j=1}^{N} C_j^{v_j} \right) \right\}^m$$

所有的 $K$ 均可定义为：

$$\ln K = A + \frac{B}{T} + C \ln T + DT$$

式中　　　$r$——Rate of reaction；

　　　　　$k$——Pre-exponential factor；

　　　　　$T$——Temperature in degrees Kelvin；

　　　　　$T_o$——Reference temperature；

　　　　　$n$——Temperature exponent；

　　　　　$E$——Activation energy；

　　　　　$R$——Universal gas law constant；

　　　　　$C$——Component concentration；

　　　　　$m$——Adsorption expression exponent；

$k_1$，$k_2$，$k_i$——Equilibrium constants；

　　　　　$v$——Concentration exponent；

　　　$i$，$j$——Component Index。

$\Pi$ is the product operator and $\sum$ is the summation operator

浓度基准对应的表达式如表 6-30 所示。

表 6-30

| $[C_i]$ basis | Concentration term C |
|---|---|
| Molarity | Component molar concentration（kg mole/m$^3$） |
| Molality | Component molality（g mole/kg H$_2$O） |
| Mole fraction | Component mole fraction |
| Mass fraction | Component mass fraction |
| Partial pressure | Component partial pressure（N/m$^2$） |
| Mass Concentration | Component mass concentration（kg/m$^3$） |

## 6.3　ASPEN PLUS 的简捷法精馏塔设计示例

### 6.3.1　RStoic 计算示例

【例 6-1】丁烯异构化反应模型的建立，混合丁烯包含 1-丁烯、$n$-丁烷、Cis-2-丁烯、Trans-2-丁烯和异丁烯，发生的反应如表 6-31 所示。

表 6-31

| Reaction | Fraction Conversion |
|---|---|
| 1-Butene→ Isobutylene | 0.36 |
| 4（1-Butene）→ Propylene + 2-Methyl-2-Butene + 1-Octene | 0.04 |
| Cis-2-Butene→ Isobutylene | 0.36 |
| 4（Cis-2-Butene）→ Propylene + 2-Methyl-2-Butene + 1-Octene | 0.04 |
| Trans-2-Butene→ Isobutylene | 0.36 |
| 4（Trans-2-Butene）→ Propylene + 2-Methyl-2-Butene + 1-Octene | 0.04 |

进料流股的温度为 16℃，压力为 1.9 atm，进料组成如表 6-32 所示。

表 6-32

| Component | Mass Flow/（kg/h） |
|---|---|
| $n$-丁烷（$n$-Butane） | 35000 |
| 1-丁烯（1-Butene） | 10000 |
| Cis-2-丁烯（Cis-2-Butene） | 4500 |
| Trans-2-丁烯（Trans-2-Butane） | 6800 |
| 异丁烯（Isobutene） | 1450 |

热力学模型选择 RK-Soave。

反应器操作条件：温度为 400℃，压力为 1.9 atm，请采用 RStoic 模型确定反应物料的组成、由 1-丁烯转化为异丁烯的反应选择性以及各个反应的反应热。

解：第一步，在 Setup 窗口中进行模拟的基本设定，单位体系选择"MET"，模拟类型选择默认的"Flowsheet"。

第二步，在模拟流程图窗口绘制模拟流程，有一个 Rstoic 反应器模型（REACTOR），进料流股（FEED）和产品流股（PRODUCT）。流程图如图 6-9 所示。

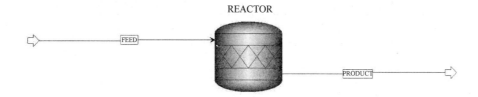

图 6-9　在模拟流程图窗口绘制一个 Rstoic 反应器模型，进料流股和产品流股

第三步，在"Component"窗口中输入模拟的组分，需要注意的是，在反应器的模拟中，不论是反应物还是生成物，均需要在此窗口输入所有的组分。如图 6-10 所示。

第四步，在"Properties"中选择热力学模型"RK-Soave"。

第五步，按照题目给定条件在"Stream"中输入进料流股状态和进料组成。如图 6-11 所示。

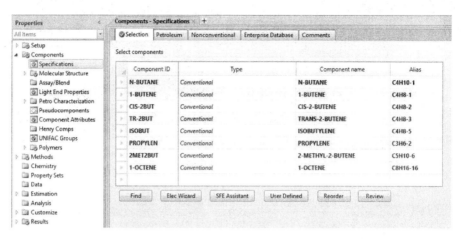

图 6-10 在"Component"窗口中输入模拟的组分

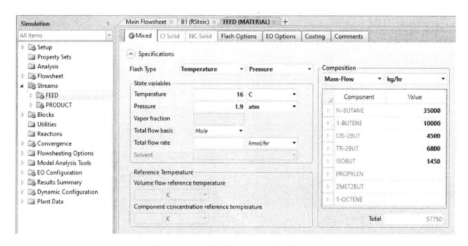

图 6-11 在"Stream"中输入进料流股状态和进料组成

第六步，输入反应器 Rstoic 条件。打开"Blocks"的"REACTOR"下的"Setup"页面。首先在"Specification"输入反应温度 400 ℃和反应压力 1.9 atm。如图 6-12 所示。

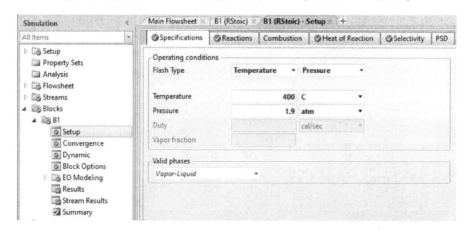

图 6-12 输入反应器 Rstoic 条件

然后，在"Reactions"页面单击"New"按钮新建反应方程式，如图6-13所示。

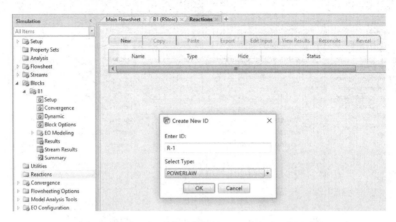

图6-13 在"Reactions"页面单击"New"按钮新建反应方程式

在"Component"中选择化学组分(来自"Component"中的输入)，在"Coefficient"中输入化学计量系数。ASPEN PLUS在"Reactants"中将"Coefficient"设为负数，在"Products"中将"Coefficient"设为正数。产品的生成量有摩尔反应进度(Molar extent)和转化率(Fractional conversion)两种设定方式，这里采用第二种，转化率设为0.36，关键组分选择"1-BUTENE"。

依此可以将另外5个反应方程式均进行设定。如图6-14所示。

图6-14 将另外5个反应方程式均进行设定

题目要求计算每个反应的反应热，所以单击"Heat of Reaction"页面，在"Calculation type"中选中"Calculate heat of reaction"，并且在"Reference condition"中增加需要计算反应的反应，以及计算反应热的参考条件(组分、温度和压力)。在"Rxn No."中输入反应方程式的编号，与前面在"Reaction"页面中输入的"Rxn No."要一致。因为本例中每个反应均只有一个反应物，故参考组分均选择反应物。参考温度和参考压力均设为25℃和1 atm。如图6-15所示。

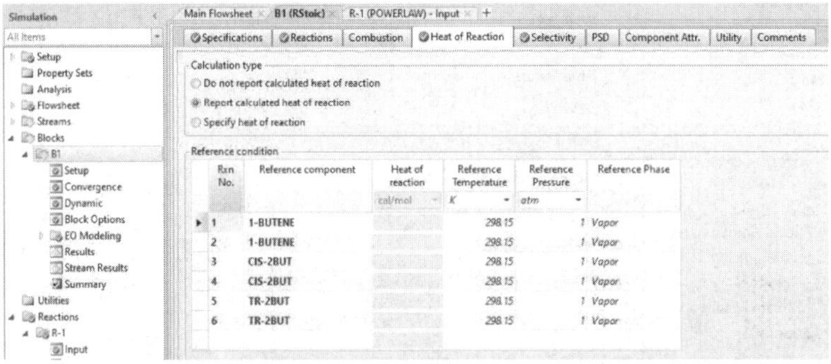

图6-15 在"Reference condition"中增加需要计算反应的反应

题目要求计算由 1-丁烯转化为异丁烯的反应选择性，所以单击"Selectivity"页面，在"Selected/Reference components"中设定"No."为 1（编号），在"Selected components"选择"ISOBUT"，在"Reference components"中选择"1-BUTENE"，如图 6-16 所示。

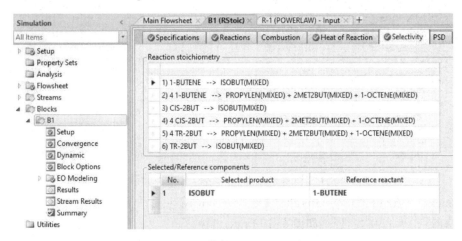

图 6-16 单击"Selectivity"页面

第七步，模拟计算，单击"Next step"按钮（ ），ASPEN PLUS 提示输入完成，单击"OK"按钮执行计算，计算收敛后，单击"Check results"按钮（ Check Status ）显示模拟结果对话框。

在"Streams"中显示产品流股"PRODUCT"中每个组分的量。如图 6-17 所示。

| | Units | FEED | PRODUCT | |
|---|---|---|---|---|
| − Mole Flows | kmol/hr | 1007.64 | 1003.84 | |
| N-BUTANE | kmol/hr | 602.167 | 602.167 | |
| 1-BUTENE | kmol/hr | 178.229 | 106.938 | |
| CIS-2BUT | kmol/hr | 80.2032 | 48.1219 | |
| TR-2BUT | kmol/hr | 121.196 | 72.7175 | |
| ISOBUT | kmol/hr | 25.8432 | 162.509 | |
| PROPYLEN | kmol/hr | 0 | 3.79628 | |
| 2MET2BUT | kmol/hr | 0 | 3.79628 | |
| 1-OCTENE | kmol/hr | 0 | 3.79628 | |
| − Mole Fractions | | | | |
| N-BUTANE | | 0.597602 | 0.599862 | |
| 1-BUTENE | | 0.176878 | 0.106528 | |
| CIS-2BUT | | 0.0795952 | 0.0479377 | |
| TR-2BUT | | 0.120277 | 0.0724392 | |
| ISOBUT | | 0.0256473 | 0.161887 | |
| PROPYLEN | | 0 | 0.00378175 | |
| 2MET2BUT | | 0 | 0.00378175 | |
| 1-OCTENE | | 0 | 0.00378175 | |
| − Mass Flows | kg/hr | 57750 | 57750 | |
| N-BUTANE | kg/hr | 35000 | 35000 | |
| 1-BUTENE | kg/hr | 10000 | 6000 | |
| CIS-2BUT | kg/hr | 4500 | 2700 | |
| TR-2BUT | kg/hr | 6800 | 4080 | |
| ISOBUT | kg/hr | 1450 | 9118 | |
| PROPYLEN | kg/hr | 0 | 159.75 | |

图 6-17 在"Streams"中显示产品流股"PRODUCT"中每个组分的量

在"Bocks→B1→Results"中的"Reactions"页面显示了计算出的每个反应的反应热,如图 6-18 所示。

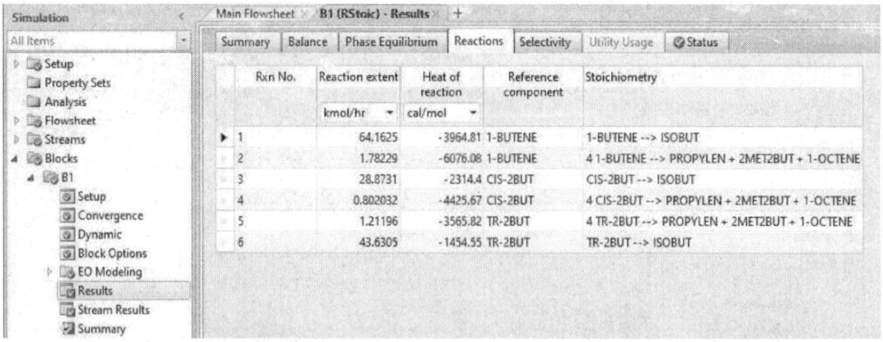

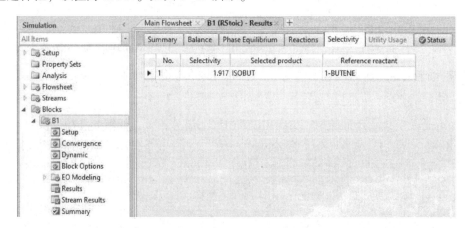

图 6-18　Results"中的"Reactions"页面显示了计算出的每个反应的反应热

在"Bocks → REACTOR → Results"中的"Selectivity"页面中显示由 1-丁烯转化为异丁烯的反应选择性,该值为 1.917。如图 6-19 所示。

图 6-19　Results"中的"Selectivity"页面中显示由 1-丁烯转化为异丁烯的反应选择性

在大多数情况下,反应的选择性在 0~1 之间。但是,在 ASPEN PLUS 中存在多反应体系的情况下,如果反应产物不仅仅是由参考组分反应所得,则选择性可能大于 1;如果选择计算选择性的组分在其他反应中被消耗,则反应选择性可能小于 0。

在本例中,1-丁烯、Cis-2-丁烯和 Trans-2-丁烯均可以异构化生成异丁烯,从物料衡算结果可以看出,异丁烯的总生成量为 136.7 kmol/h,1-丁烯的反应消耗量为 71.3 kmol/h,则根据反应选择性地定义:选择性=生成目的产物所消耗的关键组分量/已转化的关键组分量,因为由 1-丁烯转化为异丁烯的化学计量系数均为 1,所以由 1-丁烯转化为异丁烯的反应选择性为 136.7/71.3=1.917。

## 6.3.2　RCSTR 计算示例

【例 6-2】确定采用连续全混釜反应器(CSTR)合成醋酸乙酯。反应方程式如下:
$$Ethanol + Acetic\text{-}Acid \Leftrightarrow Ethyl\text{-}Acetate + Water$$
反应为可逆反应,反应的平衡常数 $K = 3.8$,也就是 $\ln K = 1.335$。

进料流股组成为：水 736.160kmol/h，乙醇 218.087kmol/h，醋酸 225.118kmol/h，在 1atm 下以饱和液体进料。反应器体积大小为 21000L，反应温度为 60℃，反应压力为 1atm。流程示意图如图 6-20 所示。热力学模型选择 NRTL 模型，试确定反应出料流股的组成。

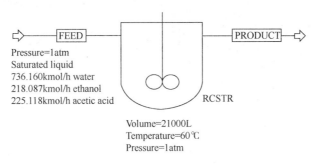

图 6-20　连续全混釜反应器合成醋酸乙酯流程示意图

解：第一步，在 Setup 窗口中进行模拟的基本设定，单位体系选择"MET"，模拟类型选择默认的"Flowsheet"。

第二步，在模拟流程图窗口绘制模拟流程，有一个 RCSTR 反应器模型(REACTOR)，进料流股(FEED)和产品流股(PRODUCT)。流程图如图 6-21 所示。

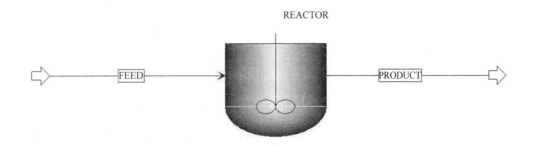

图 6-21　在模拟流程图窗口绘制一个 RCSTR 反应器模型，进料流股和产品流股

第三步，在"Component"窗口中输入反应物还是生成物组分：醋酸、乙醇、水和醋酸乙酯。

第四步，在"Properties"中选择热力学模型"NRTL"。

第五步，按照题目给定条件在"Stream"中输入进料流股状态和进料组成。如图 6-22 所示。在"State variables"中选择"Pressure"为 1 atm，"Vapor fraction"为 0，此两项设置表明进料状态为饱和液体(也就是泡点进料)。若将"Vapor fraction"为 1，则表明进料状态为饱和汽相(也就是露点进料)。

第六步，输入反应器 RCSTR 条件。首先要在"Reactions"中打开"Reactions"设置窗口，单击"New"按钮编辑反应方程式并输入反应平衡方程。如图 6-23 所示。

在"Component"中选择化学组分(来自"Component"中的输入)，在"Coefficient"中输入化学计量系数。ASPEN PLUS 在"Reactants"中将"Coefficient"设为负数，在"Products"中将"Coefficient"设为正数。在"Reaction type"中选择"Equilibrium"。ASPEN PLUS 也提供以动力学形式描述的反应速率方程，这时，在"Reaction type"中选择"Kinetic"。输入完成后单击"OK"按钮，则在"Stoichometry"页面显示刚才定义的反应方程式，如图 6-24 所示。

图 6-22　在"Stream"中输入进料流股状态和进料组成

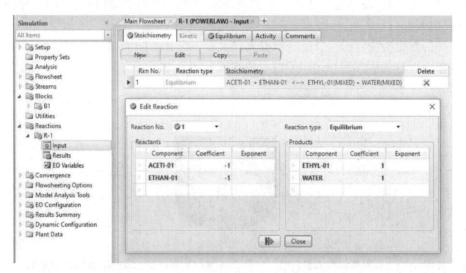

图 6-23　输入反应器 RCSTR 条件

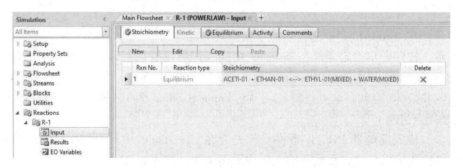

图 6-24　在"Stoichometry"页面显示刚才定义的反应方程式

　　然后，单击"Equilibrium"页面，在"Reacting phase"中选择"Liquid"，因为酯化反应发生在液相。选中"Compute Keq from built-in expression"（内见的 Keq 表达式），根据反应平衡常数，在"A"中输入 1.335。B、C、D 均为 0，如图 6-25 所示。

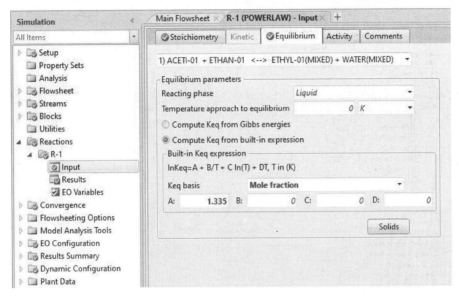

图6-25 单击"Equilibrium"页面，在"Reacting phase"中选择"Liquid"

定义完反应方程式后，打开"Blocks"窗口下"REACTOR"的"Setup"窗口，在"Specification"页面输入反应器的条件，"Pressure"中输入1 atm，"Tempressure"中输入60℃，在"Volume"中输入反应器体积21000L，如图6-26所示。

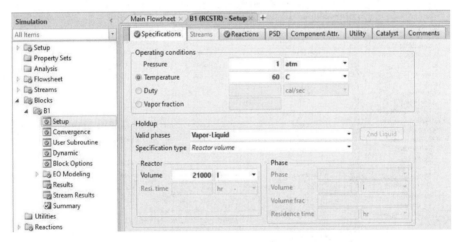

图6-26 在"Specification"页面输入反应器的条件

打开"Reactions"页面，在"Selected reaction sets"中加入前面定义的反应"R-1"，如图6-27所示。至此，按照题目条件，RCSTR反应器模型的输入完成。

第七步，模拟计算，单击"Next step"按钮（ ），ASPEN PLUS提示输入完成，单击"OK"按钮执行计算，计算收敛后，单击"Check results"按钮（ Check Status ）显示模拟结果对话框。

在"Streams"中显示产品流股"PRODUCT"中每个组分的量。如图6-28所示。

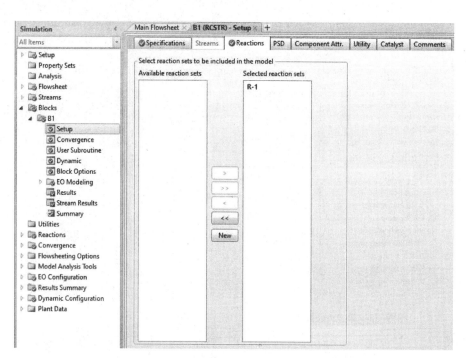

图 6-27　在"Selected reaction sets"中加入前面定义的反应"R-1"

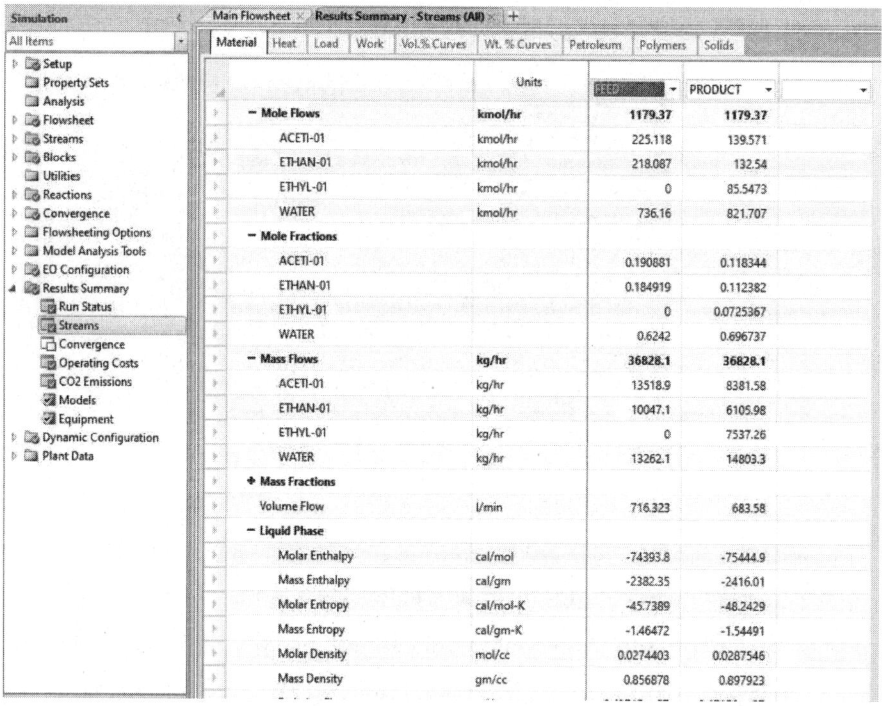

图 6-28　在"Streams"中显示产品流股"PRODUCT"中每个组分的量

从中可以看出，产品流股中乙醇 132.540kmol/h，醋酸 139.571kmol/h，醋酸乙酯 85.547kmol/h，水 821.707kmol/h。

在"Bocks → REACTOR → Results"中的"Summary"页面显示了 CSTR 反应器的详细计算

结果。如图 6-29 所示。

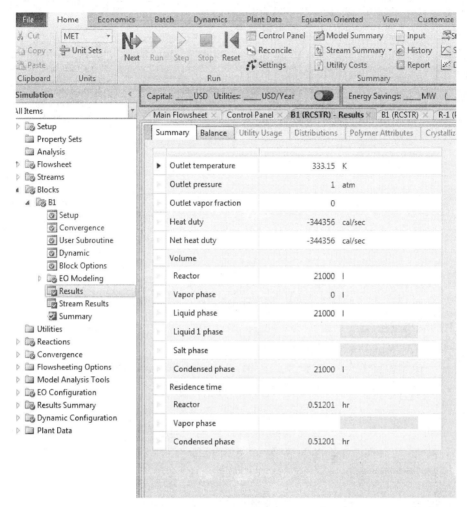

图 6-29　Results"中的"Summary"页面显示了 CSTR 反应器的详细计算结果

从中可以看出，反应放出的热负荷为 343356cal/sec，反应器物料的停留时间为 0.51h。

### 6.3.3　RPlug 计算示例

【例 6-3】确定丙烯和氯气在平推流反应器(Plug)中的催化剂活性。反应方程式以及以指数形式描述的动力学方程如下：

$$Cl_2 + C_3H_6 \rightarrow C_3H_5Cl + HCl$$
$$R(1) = 1.5 \times 10^6 {}^* EXP(-27200/RT) {}^* [Cl_2] {}^* [C_3H_6]$$
$$Cl_2 + C_3H_6 \rightarrow C_3H_6Cl_2$$
$$R(2) = 90.46 {}^* EXP(-6860/RT) {}^* [Cl_2] {}^* [C_3H_6]$$

动力学参数的单位为英制(ENG)。

丙烯和氯气两股进料流股经过混合后进入反应器，流程示意图如图 6-30 所示。氯气流量为 0.077kmol/h，丙烯流量为 0.308kmol/h，温度和压力均为 200℃和 2.027bar。热力学模型选择理想模型(IDEAL)。

解：第一步，在 Setup 窗口中进行模拟的基本设定，单位体系选择"ENG"，因为动力学参数的单位为英制，模拟类型选择默认的"Flowsheet"。

第二步，在模拟流程图窗口绘制模拟流程，有一个 RCSTR 反应器模型（REACTOR），进料流股（FEED）和产品流股（PRODUCT）。流程图如图 6-31 所示。

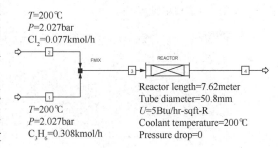

图 6-30　丙烯和氯气反应流程示意图

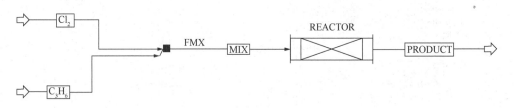

图 6-31　模拟流程

第三步，在"Component"窗口中输入反应物还是生成物组分：丙烯、氯气、一氯丙烯、1，2-二氯丙烷和氯化氢。

第四步，在"Properties"中选择热力学模型"IDEAL"。

第五步，按照题目给定条件在"Stream"中输入氯气和丙烯进料流股状态和进料组成。

第六步，输入反应器 RCSTR 条件。首先要在"Reactions"中打开"Reactions"设置窗口，单击"New"按钮编辑反应方程式并输入反应平衡方程。在"Component"中选择化学组分（来自"Component"中的输入），在"Coefficient"中输入化学计量系数。ASPEN PLUS 在"Reactants"中将"Coefficient"设为负数，在"Products"中将"Coefficient"设为正数。在"Reaction type"中选择"Kinetic"。输入完成后单击"OK"按钮，如图 6-32 所示。

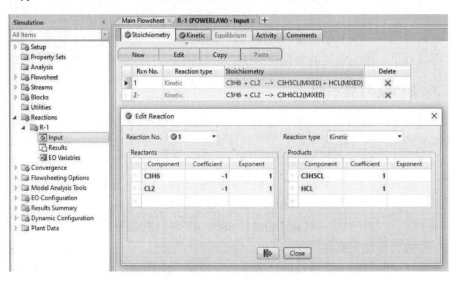

图 6-32　输入反应器 RCSTR 条件

　　按照上述方法输入另外一个反应方程式，按"OK"按钮返回"Stoichometry"页面显示刚才定义的反应方程式，如图6-33所示。这是存在两个反应方程式。

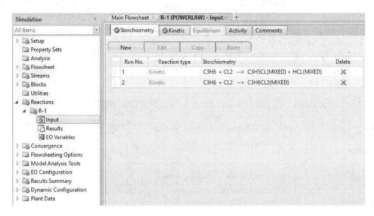

图6-33　输入另外一个反应方程式

　　然后，单击"Kinetic"页面，选择反应方程式后，在"Reacting phase"中选择"Vapor"，发生的是气相反应。在"Power Law kinetic expression"中输入反应动力学方程。因为动力学模型中使用的是摩尔浓度，所以在"［Ci］basis"中选择"Molarity"，如图6-34所示。

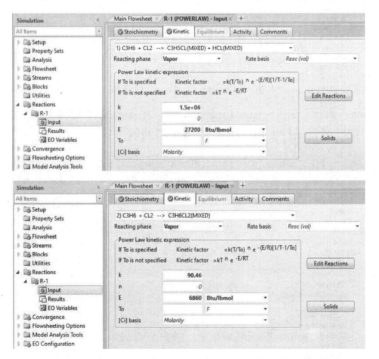

图6-34　在"Power Law kinetic expression"中输入反应动力学方程

　　定义完反应方程式后，打开"Blocks"窗口下"REACTOR"的"Setup"窗口，在"Specification"页面，在"Reactor type"中选择"Reactor with constant temperature"（带恒定冷剂温度的反应器），在"Heat transfer specification"中的"U"输入5 Btu/hr-sqft-R，在"Collant temperature"中输入冷却剂的恒定温度200℃，如图6-35所示。

图 6-35 打开"Blocks"窗口下"REACTOR"的"Setup"窗口

打开"Configuration"页面中的"Reactor dimensions"中输入反应器长度(Length)7.62 m，反应器直径(Diameter)50.8 mm，如图 6-36 所示。

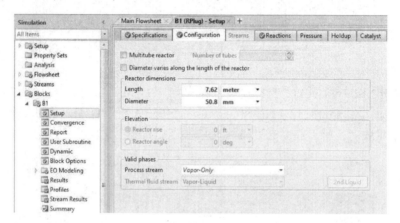

图 6-36 "Reactor dimensions"中输入反应器长度(Length)7.62m，反应器直径(Diameter)50.8mm

打开"Reactions"页面，在"Selected reaction sets"中加入前面定义的反应"R-1"，如图 6-37 所示。至此，按照题目条件，RCSTR 反应器模型的输入完成。

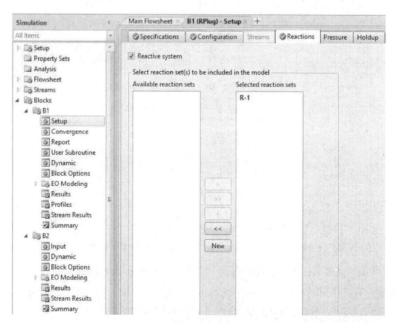

图 6-37 打开"Reactions"页面，在"Selected reaction sets"中加入前面定义的反应"R-1"

混合器 FMIX 的设定采用 ASPEN PLUS 的默认设定，也就是压力无变化。

第七步，模拟计算，单击"Next step"按钮（），ASPEN PLUS 提示输入完成，单击"OK"按钮执行计算，计算收敛后，单击"Check results"按钮（ Check Status ）显示模拟结果对话框。

在"Streams"中显示产品流股"PRODUCT"中每个组分的量。如图 6-38 所示。

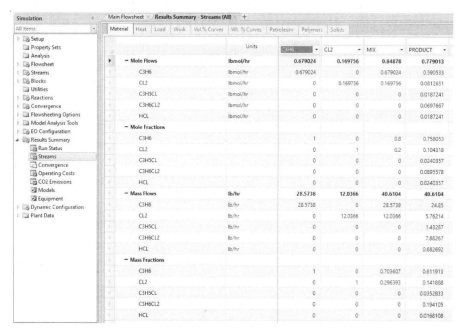

图 6-38 在"Streams"中显示产品流股"PRODUCT"中每个组分的量

在"Bocks → REACTOR → Results"中的"Summary"页面显示了 Plug 反应器的详细计算结果。如图 6-39 所示。

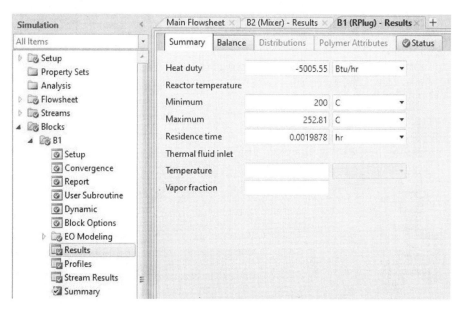

图 6-39 "Summary"页面显示了 Plug 反应器的详细计算结果

从中可以看出反应放出的热量为−5005.55But/h，反映其内的最低温度为200℃，最高温度为252.81℃。停留时间为0.002h。

在"profiles"页面显示了反应器内的温度分布状况。如图6−40所示。

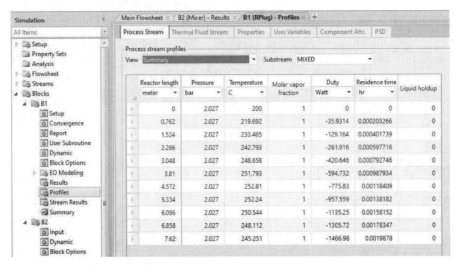

图6−40　在"profiles"页面显示了反应器内的温度分布状况

采用"Custom"菜单命令"X−Axis Variable"选择"Reactor length"，"Y−Axis Variable"选择"Temperature"，如图6−41所示，可以画出温度沿管长的分布图，如图6−42所示。

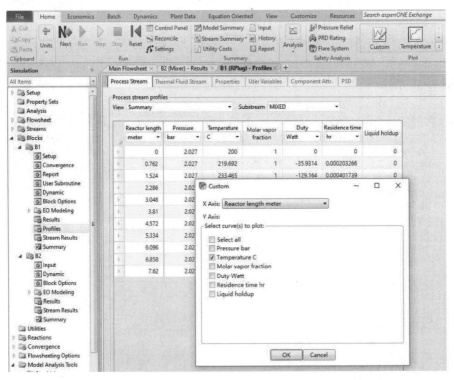

图6−41　"custom"菜单命令"X−Axis Variable"选择"Reactor length"，
"Y−Axis Variable"选择"Temperature"

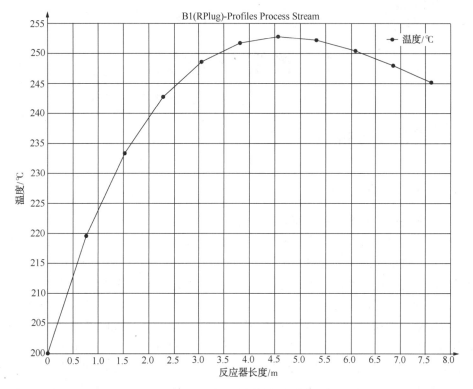

图 6-42　画出温度沿管长的分布图

从图 6-42 中可以明显地看出，在反应器中存在一个温度最高点。这是因为该反应为放热反应，但是冷却剂的温度维持恒定温度，这样反应热不能移走，所以存在最高温度。

【练习题 6-1】在【例 6-3】中增加一个逆流的外部冷却物料进出流股，采用 400 lb/hr 的冷却水，冷却水的压力为 1 atm，那么计算：

（1）如果希望冷却水的出料流股温度为 90℃，那么冷却水的进料温度为多少？（注意，在设置流股状态变量时，冷却水的进料温度可以出示选择 80℃。）

（2）采用试差法(trial and error)确定冷却水的进出温度分别为 80℃ 和 90℃ 时的冷却水流量为多少？

# 7 模型分析功能

## 7.1 灵敏度分析

### 7.1.1 关于灵敏度分析

灵敏度分析是检验一个过程如何对变化的关键操作变量和设计变量反应的一个工具。可以用它改变一个或多个流程变量并研究该变化对其他流程变量的影响,它是做工况研究一个最有用的工具。被变化的流程变量必须是流程的输入参数,在模拟中计算出的变量不能被改变,可以用灵敏度分析来验证一个设计规定的解是否在操作变量的变化范围内,还可以用它做简单的过程优化。可以用灵敏度分析模块生成随进料物流、模块输入参数或其他输入变量变化的模拟结果的表和(或图),灵敏度分析结果在 Sensitivity Results Summary(灵敏度分析结果摘要)页面上按一个表的形式输出。表的前 $n$ 列是被改变的变量的值,其中, $n$ 是在 Sensitivity Input Vary(灵敏度分析输入变化)页面上输入的被改变的流程变量个数。表中其余的列含有在 Tabulate(制表)页面上用来制表的变量的值。制表的结果可以是任意流程变量,或者是随流程变量变化的任意合法 Fortran 表达式,流程变量是输入参数或是计算出的参数。

可以用 Plot(曲线图)菜单上的 Plot Wizard(绘图专家)将结果绘成曲线,以便很容易地观察不同变量间的关系。

灵敏度分析模块提供了基本工况结果的附加信息,但对基本工况模拟没有影响。模拟独立于灵敏度研究而运行。

在灵敏度表中,具有一个以上变化变量的灵敏度模块为每个值的组合形式都生成一行数据。如果对具有一个以上的独立变化的变量感兴趣,请为每个变化变量单独使用一个灵敏度分析模块。

灵敏度分析模块产生回路,对于灵敏度分析表的每一行都必须求解一次这些回路。ASPEN PLUS 动排序灵敏度分析模块,可以用 Convergence Sequence Specification(收敛顺序规定)页面排序一个灵敏度分析模块。被访问的标量型流程变量的单位采用的是为灵敏度分析模块所选的单位集。可以在灵敏度分析中为不同的变量单独修改单位。可以在 Data Browser(数据浏览器)工具栏上改变灵敏度分析模块的单位集,或者,在制表页面上输入一个表达式来转换变量。被访问的矢量型变量总是按 SI 单位。

### 7.1.2 定义敏感性分析

按下列步骤定义一个灵敏度分析块:
- 建立一个灵敏度分析块。
- 标识被采集的流程变量。

- 标识要操纵的输入变量来生成一个表。
- 定义需要 ASPEN PLUS 将什么制表。
- 输入可选的 Fortran 语句。

(1) 建立一个灵敏度分析模块

① 从 Data(数据)菜单上,单击 Model Analysis Tool(模型分析工具),然后再单击 Sensitivity(灵敏度分析)。

② 在 Sensitivity Object Manager(灵敏度分析对象管理器)上,单击 New(新建)。

③ 在 Create New ID(建立新的标识符)对话框中,输入一个标识符或接受缺省值,然后单击 OK。

(2) 标识被采集流程变量

对于每个灵敏度分析模块,必须标识流程变量并赋给它们变量名。可以将这些变量制表或将它们用到 Fortran 达式中来计算制表的结果。变量名标识其他灵敏度分析页面上的流程变量。

用 Define(定义)页面来标识一个流程变量,并赋给它一个变量名。当填充一个 Define(定义)页面时在 Variable Definition(变量定义)对话框中指定变量 Define (定义)页面显示一个所有访问变量的简单一览,但不能在 Define(定义)页面上修改变量。

在 Define 定义页面上:

① 若建立一个新变量,则单击 New(新建)按扭。或者,编辑一个现有变量,选择一个变量并单击 Edit(编辑)按扭。

② 在 Variable Name(变量名)字段中,输入变量名。重命名变量名必须是:

- 对于标变量,为 6 个或 6 个以下字符;
- 对于矢变量,为 5 个或 5 个以下字符;
- 以字母开头(A-Z);
- 后跟字母数字型字符(A-Z, 0-9);
- 不要以 IZ 或 ZZ 开头。

③ 在 Category(类别)框中,用 Option(选项)按扭选择变量类别。

④ 在 Reference(引用)框中,从 Type(类型)字段中的列表选择变量类型。ASPEN PLUS 还显示为完成变量定义所需的其他字段。

⑤ 单击 Close 关闭返回 Define 定义页面。

(3) 标识被操纵的流程变量

用 Vary(改变)页面来标识在生成一个表时变化的流程变量。只能改变模块输入变量、过程进料物流变量及其他输入变量。必须为变化的变量指定值或一个值范围。

可改变整型变量,例如,一个精馏塔的进料位置。最多可以指定 5 个操纵变量。

若标识操纵变量并指定值:

① 在 Sensitivity Input(灵敏度分析输入)表上,单击 Vary(改变)页面。

② 在 Variable Type(变量类型)字段内,选择一个变量类型。ASPEN PLUS 将引导用户到只有标识流程变量所需的其余字段。

③ 为操纵变量指定一个值列表或指定一个值范围。用户可以输入下列内容之一:

- 值列表;

- 下限上限和等距点的个数(#Point);
- 上限下限和点间的增量(Incr)。

用户可以输入一个常数或一个 Fortran 表达式。

④ 用户也可以标注变化的变量以便在报告或 Results Summary(结果一览)页面上显示它们。用 Line1 至 Line4 字段来定义这些标注。

⑤ 若标识附加的变量,从 Variable Number(变量号)字段中的列表内选择 New(新建),重复步骤②~⑤。

ASPEN PLUS 为变化变量值的每个组合都生成一行表内容。组合数有可能很大,以至需要大量计算时间和存储空间。例如,最大 5 个变量,每个变量有 10 个点这将导致做 100000 个灵敏度分析模块的回路计算。每个操纵变量必须已经作为一个输入规定而输入,或者,它必须有一个缺省值。

(4)定义制表变量

用 Tabulate(制表)页面来定义用户要 ASPEN PLUS 制表的结果,并提供列标题。

若定义制表变量:

① 在 Sensitivity Input(灵敏度分析输入)表上,单击 Tabulate(制表)页面。

② 在 Column Number(列号)字段中,输入一个列号。

③ 在 Tabulated Variable or Expression(制表的变量及表达式)字段中,输入一个变量名或一个 Fortran 表达式。

对于操纵变量的每个组合,ASPEN PLUS 都将值或表达式结果制表。为了确保输入了正确的变量名,单击鼠标右键,在弹出菜单中,单击 Variable List(变量列表)。出现 Defined Variable List(已定义的变量列表)窗口。用户可以从 Defined Variable List(已定义的变量列表)中将变量拖放到 Fortran 页面。

④ 若输入可选的标注,单击 Table Format(表格式)按扭。在前四行中,为任意或所有制表结果的列提供列标注。

⑤ 用两个 Unit Labels(单位标注)行来为制表结果输入单位标注。如果在 Specification(规定)页面上将制表结果表达式按一单个变量名来输入。ASPEN PLUS 自动生成单位标注。

⑥ 单击 Close(关闭)来关闭 Table Format(表格式)对话框。

⑦ 重复步骤②~⑥,直到定义完要制表的所有结果。没有任何限制。

(5)重新初始化模块和物流

缺省情况下,ASPEN PLUS 用上一行的结果来开始计算新的一行结果。对于某些行,如果模块或循环回路不能收敛,用户可以指定每行重新初始化计算。

重新初始化模块:

① 在 Sensitivity Input(灵敏度分析输入)表上,选择 Optional(可选项)标签。

② 在 Block To Be Reinitialized(要重新初始化的模块)字段中选择 Include Specified Blocks(包括指定的模块)或 Reinitialize All Blocks(重新初始化所有模块)。

③ 如果用户选择了 Include Specified Blocks(包括指定的模块),则选择要重新初始化的单元操作模块和/或收敛模块。

重新初始化物流:

① 在 Sensitivity Input（灵敏度分析输入）表上，选择 Optional（可选项）标签。

② 在 Stream To Be Reinitialized（要重新初始化的物流）字段中选择 Include Specified Streams（包括指定的物流）或 Reinitialize All Streams（重新初始化所有物流）。

③ 如果选择了 Include Specified Streams（包括指定的物流），则选择要重新初始化的物流。

（6）输入可选的 Fortran 语句

用户可以输入 Fortran 语句来计算制表结果及变化变量的范围。任何有 Fortran 语句计算的变量都可以用在 Tabulate（制表）和 Vary（改变）页面上的表达式中。只有当函数太复杂而不能在这些页面上输入时才需要用。

### 7.1.3 关于敏感性分析的计算示例

【例 7-1】甲基环己烷（Methylcyclohexane）和甲苯（Toluene）的沸点分别为 100.9℃ 和 110.6℃，沸点相差很近，通过简单的两组分精馏很难分离，所以通过在精馏塔中加入苯酚萃取甲苯，以此增大甲基环己烷和甲苯之间的相对挥发度。如图 7-1 所示，在回收塔的塔顶得到高纯度的甲基环己烷。回收的甲基环己烷的与加入精馏塔的苯酚量有关，因此通过 ASPEN PLUS 的敏感性分析找出精馏塔顶甲基环己烷纯度与苯酚加入量的关系，同时确定在苯酚加入量变化之后的塔顶冷凝器和塔底再沸器的热负荷变化情况，以此确定回收塔的操作性能。

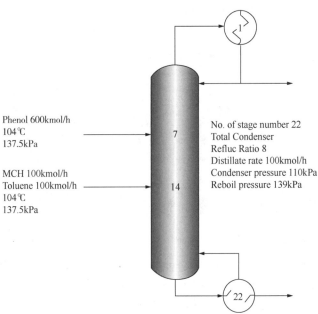

图 7-1　甲基环己烷回收塔

精馏塔的进料状态均为 104℃ 和 137.5kPa，溶剂进料流量为 600kmol/h，进料位置为第 7 块塔板，待分离组分的进料量为甲基环己烷 100kmol/h、甲苯 100kmol/h，进料位置为第 14 块塔板。回收塔的理论塔板数为 22（包括全凝器和再沸器），摩尔回流比为 8，塔顶全凝器压力为 110kPa，塔底再沸器压力为 139kPa，塔顶轻组分馏出物流率为 100kmol/h。如图 7-2 所示。热力学模型选择 UNIFAC 模型。

解：第一步，新建模拟文件，模拟类型选择"Flowsheet"，在"Setup"页进行模拟基本设置。单位集在公制（MET）基础上将温度单位改为摄氏度，压力单位改为 kPa，如图 7-2 所示。

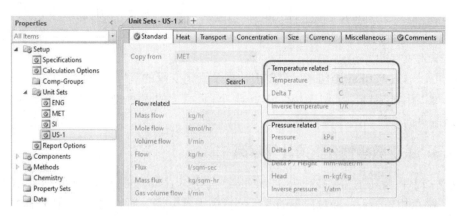

图 7-2　新建模拟文件，模拟类型选择"Flowsheet"

为了在流股信息中能够察看各组分的摩尔流率，在"Setup"项的"Report Options"选项中的"Stream"页里，在"Fraction basis"中选中"mole"，如图 7-3 所示。

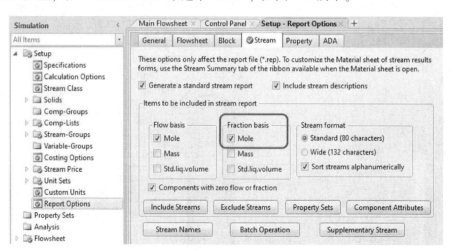

图 7-3　在"Setup"项的"Report Options"选项中的"Stream"页里，在"Fraction basis"中选中"mole"

在"Components"输入物料组分苯酚（Phenol）、甲苯（Toluene）、甲基环己烷（Methylcyclo-hexane，简写为 MCH），然后在"Physical Properties"也选择热力学方法"UNIFAC"。

第二步，建立如图 7-4 所示的萃取精馏塔计算模拟流程图，单元操作模型选择"RADF-RAC"。溶剂流股名称定义为"PHENOL"，待分离组分流股定义为"MIX-MCH"，塔顶馏出物流股定义为"DIST"，塔第馏出物流股定义为"BOTM"。

第三步，输入进料流股信息。进料流率、压力和组成根据所给定条件输入，如图 7-5 所示。详细信息如表 7-1 所示。

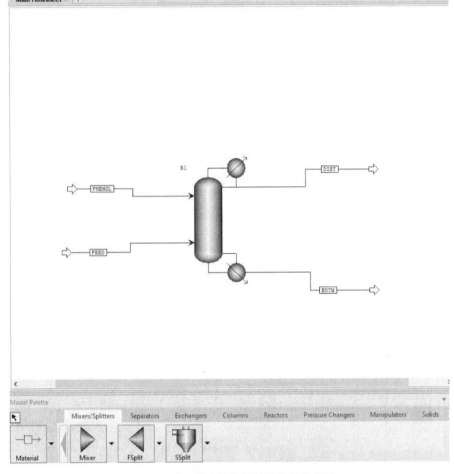

图7-4　建立萃取精馏塔计算模拟流程图

表7-1

| Stream Name | PHENOL | MIX-MCH |
|---|---|---|
| Temperature | 104 ℃ | 104 ℃ |
| Pressure | 137.5 kPa | 137.5 kPa |
| Composition Basis | Mole Fraction | |
| PHENOL | 1 | 0 |
| TOLUENE | 0 | 0.5 |
| MCH | 0 | 0.5 |
| Total Mole Flow | 600kmol/h | 200kmol/h |

　　第四步，输入精馏塔设计条件。在"Configuration"的"Number of stages"中输入理论塔板数22，在"Condenser"中选择全凝器(Total)，塔顶馏出物流率(Distillate rate)定义为100 kmol/h；回流比(Reflux ratio)定义为8，如图7-6所示。

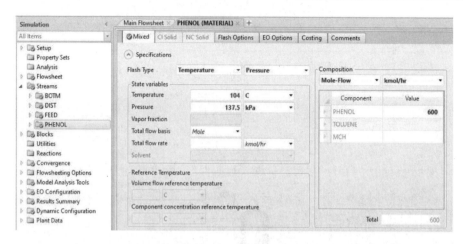

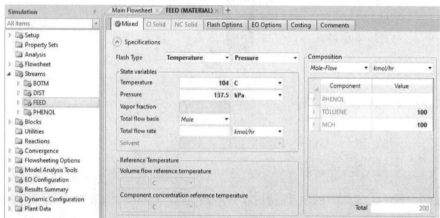

图7-5 输入进料流股信息

图7-6 输入精馏塔设计条件

在"Stream"页定义进料流股的位置，其中溶剂流股"PHENOL"进料位置为7，待分离组分流股(MIX-MCH)进料位置为14，如图7-7所示。

在"Pressure"中定义塔的操作压力，塔顶冷凝器压力为110kPa，全塔操作压降为再沸器操作压力与冷凝器操作压力之差：139-110=29 kPa，如图7-8所示。

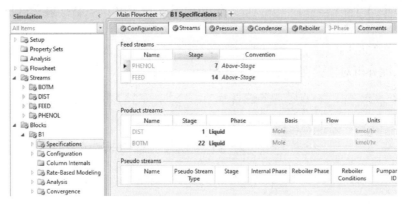

图 7-7　在"Stream"页定义进料流股的位置

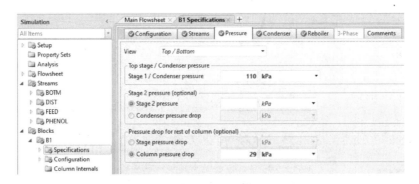

图 7-8　在"Pressure"中定义塔的操作压力

第五步，RADFRAC 模型的基本输入参数输入完成，单击"Next"按钮执行计算，在"Results Summary"页的"Streams"栏中查看流股结果，如图 7-9 所示。从中可以看出塔顶甲基环己烷的摩尔分率为 0.9726。

图 7-9　在"Results Summary"页的"Streams"栏中查看流股结果

下面，通过 ASPEN PLUS 的敏感性分析功能研究精馏塔顶甲基环己烷纯度与苯酚加入量的关系。

第六步，在"Model Analysis Tools"中选择"Sensitivity"（敏感性分析），单击"New"按钮，创建一个敏感性分析对象模型，如图 7-10 所示。

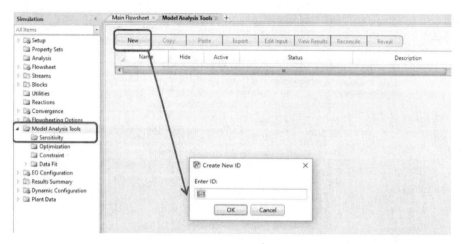

图 7-10　创建一个敏感性分析对象模型

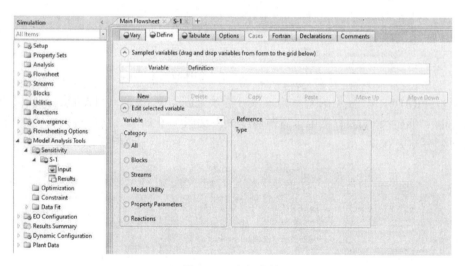

图 7-11　定义变量

在"Define"页为每一个需要计算的变量（如产品纯度、热负荷等）定义名称，在"Vary"页定义操作变量（如苯酚流率）及其变化范围等信息，在"Tabulate"页设置敏感性分析结果的数据表格，如图 7-11 所示。

第七步，定义敏感性分析的计算变量名称。在"Define"页上单击"New"按钮，创建一个名为"XMCH"的变量名。单击"OK"进入变量定义窗口，如图 7-12 所示。

在变量定义窗口，在"Category"中选择"Streams"，在"Type"中选择"Mole-Frac"，在"Stream"中选择"DIST"流股，在"Component"中选择"MCH"，单击"Close"关闭定义窗口。通过这种设定，表明变量"XMCH"的含义为流股"DIST"的组分"MCH"的摩尔分率（Mole-Frac），如图 7-13 所示。

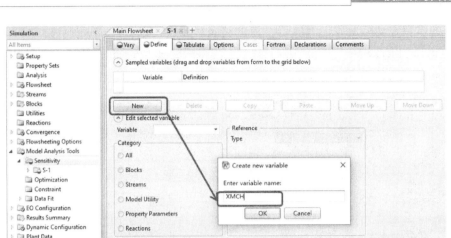

图 7-12　定义敏感性分析的计算变量名称

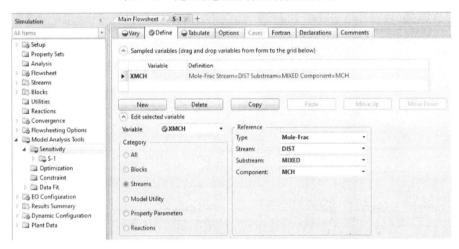

图 7-13　变量定义窗口

采取同样的步骤定义标识塔顶冷凝器负荷的变量"QCOND"，在"Category"中选择"Blocks"，在"Type"中选择"Block-Var"，在"Block"中选择"B1"，在"Variable"中选择"COND-DUTY"，单击"Close"关闭定义窗口，如图 7-14 所示。

图 7-14　采取同样的步骤定义标识塔顶冷凝器负荷的变量"QCOND"

同样的步骤定义标识塔底再沸器负荷的变量"QB"，在"Category"中选择"Blocks"，在"Type"中选择"Block-Var"，在"Block"中选择"B1"，在"Variable"中选择"REB-DUTY"，单击"Close"关闭定义窗口，如图7-15所示。

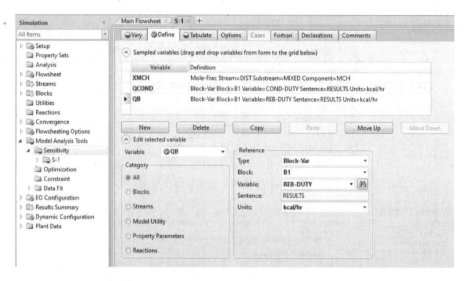

图7-15　同样的步骤定义标识塔底再沸器负荷的变量"QB"

全部计算变量输入完成之后的"Define"窗口，如图7-16所示。

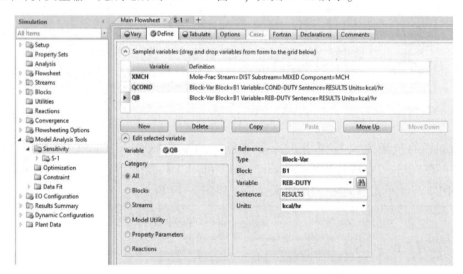

图7-16　全部计算变量输入完成之后的"Define"窗口

第八步，定义操作变量及其变化范围。在"Manipulated"框中定义操作变量，在"Type"中选择"Stream-Var"，在"Stream"中选择"PHENOL"流股，在"Variable"中选择"MOLE-FLOW"，表明操作变量为苯酚流股(PHENOL)的摩尔流率(MOLE-FLOW)。

在"Values for varied variable"中定义操作变量的变化范围，一种可以采取列表方式定义，另外一种可以采取定义范围方式给定。这里采取第二种方式，下限(Lower)给定为500，上限(Upper)给定为1000，变化步长为100，如图7-17所示。

在"Report labels"给定该变量在输出结果报告的标签名。

图7-17　定义操作变量及其变化范围

第九步，设置敏感性分析结果的数据表格。在"Tabulate"页中的"Column No."表示列号，"Tabulated variable or expression"输入列表显示的变量名或表达式名，如图7-18所示。

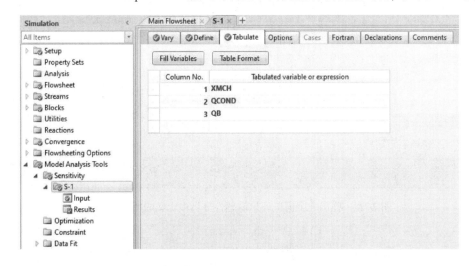

图7-18　设置敏感性分析结果的数据表格

如果在输入变量的时候不清楚变量名称，可以在表格的第二栏中待输入变量名称处单击鼠标右键，选择"Variable List"命令，如图7-19所示。

然后弹出一个窗口列出敏感性分析中定义的所有变量名，双击所需的变量名（如"QB"），然后关闭窗口，如图7-20所示。

在表格的第二栏中待输入变量名称处单击鼠标右键，选择"Paste"命令则可以将所需要的变量名黏贴过来，如图7-21所示。

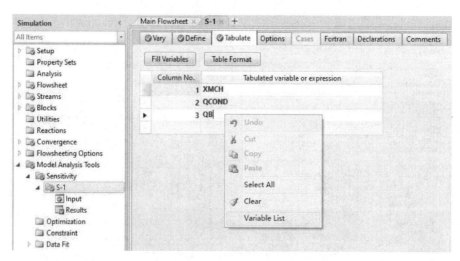

图7-19  在第二栏中待输入变量名称处单击鼠标右键，选择"Variable List"命令

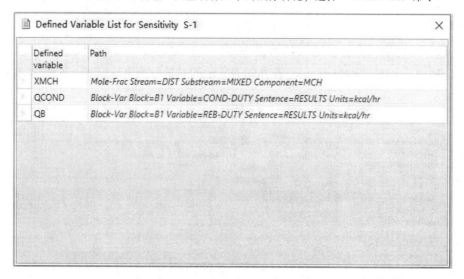

图7-20  弹出一个窗口列出敏感性分析中定义的所有变量名

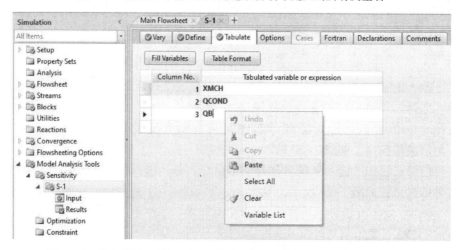

图7-21  单击右键，选择"Paste"命令则可以将所需要的变量名黏贴过来

通过第七、八、九三步则将敏感性分析的所要求的设定全部输入完成。

第十步，单击"Next"按钮执行计算，在"Results"窗口中选择"Model Analysis Tools → Sensitivity → S-1 → Results"查看敏感性分析结果。第一列"Status"表明了敏感性分析中每一个案例的计算结果的收敛性，"OK"表示结果收敛。第二列为操作变量名，注意在"VARY1"的下面的"PHENOL FLOWRATE"即为在"Vary"页的"Report labels"中输入的变量报告标签名。第三、四、五列分别给出了变量 XMCH、QCOND 和 QB 的敏感性分析结果，如图 7-22 所示。

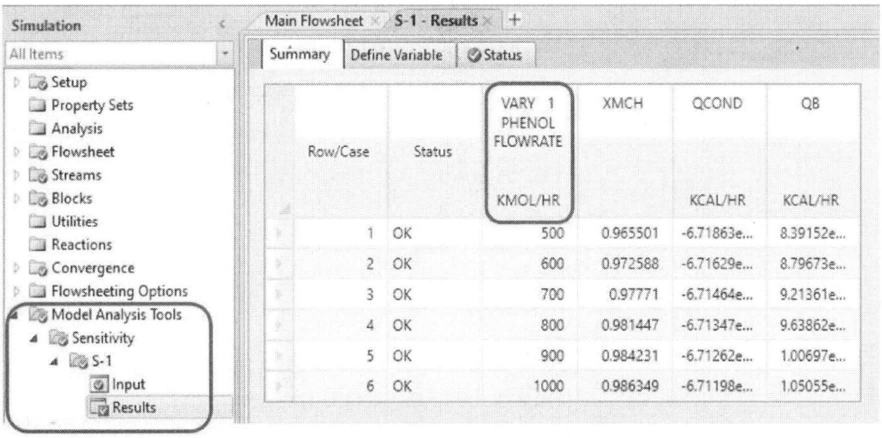

图 7-22　查看敏感性分析结果

从结果可以看出，随着苯酚加入量的增加，塔顶甲基环己烷的纯度提高，塔顶冷凝器的热负荷降低，塔底再沸器的热负荷增加。

也可以将敏感性分析的结果以图形的方式显示出来，以显示变量 XMCH 的变化图为例说明。在敏感性分析结果窗口选中操作变量栏"VARY1 PHENOL FLOWRATE"，在菜单"Plot"中单击"X-Axis Variable"命令将其定义为 X 坐标轴，如图 7-23 所示。

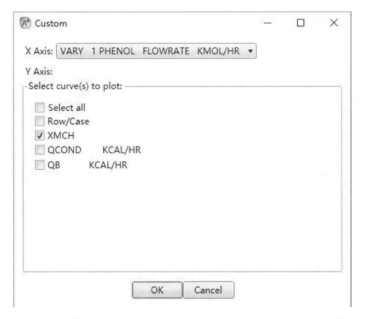

图 7-23　在菜单"Plot"中单击"X-Axis Variable"命令将其定义为 X 坐标轴

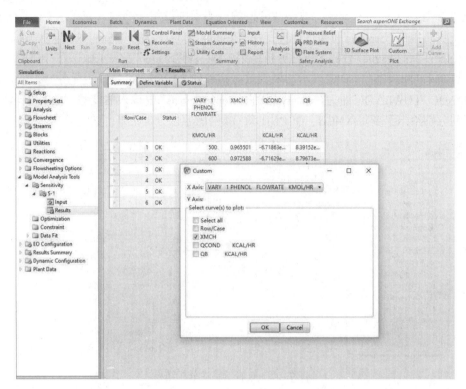

图7-23 在菜单"Plot"中单击"X-Axis Variable"命令将其定义为X坐标轴(续)

在敏感性分析结果窗口选中计算变量栏"XMCH",在菜单"Plot"中单击"Y-Axis Variable"命令将其定义为Y坐标轴,如图7-24所示。

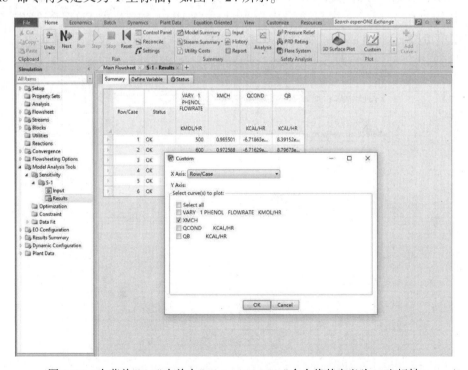

图7-24 在菜单"Plot"中单击"Y-Axis Variable"命令将其定义为Y坐标轴

最后，在菜单"Plot"中单击"Display Plot"命令显示图形，如图7-25所示。

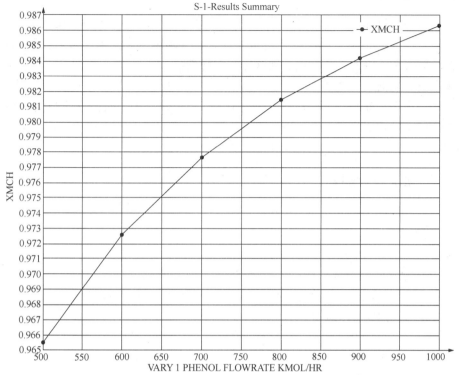

图7-25　在菜单"Plot"中单击"Display Plot"命令显示图形

## 7.2　设计规定

### 7.2.1　关于设计规定

设计规定设定一个变量的值，否则，ASPEN PLUS 将计算该值。例如，要规定一个产品的纯度或规定一个循环物流中允许的杂质的量。对于每个设计规定，指定要操纵（调整）的一个模块输入变量、过程进料物流变量或其他模拟输入变量来满足规定。例如，可能调整放空的流率来控制循环物流中的杂质量。设计规定可以用来模拟一个反馈控制器稳态影响。

当使用设计规定时，为一个流程变量或一些流程变量的函数指定一个所希望的值。在设计规定中所用的流程变量称作被采集变量。对于每个设计规定，还必须选择调整一个模块输入变量或过程进料变量以便满足设计规定。该变量称为被操纵变量。

设计规定通过调整一个由用户指定的输入变量来达到它的目标。模拟中计算出的量不能直接改变。例如，不能改变一个循环物流的流率，但是，可以改变一个 Fsplit 模块的分流分率，而该循环物流是其一个出口物流。设计规定只能调整一个输入变量的值。

设计规定产生必须迭代求解的回路。缺省情况下，ASPEN PLUS 为每个设计规定生成一个收敛模块并排序。可以通过输入自己的收敛规定来取代缺省设置。

在物流或模块输入中提供的被操纵变量的值被用作初始估值。为被操纵变量提供一个好的估值将有助于设计规定在较少的迭代次数内收敛。这一点对于具有几个相互有关的设计规定的大流程特别重要。

规定的目标是目标值等于计算出的值(规定的值-计算出的值=0)。规定可以是任意涉及一个或多个流程量的合法 Fortran 表达式。规定还必须有一个允差,必须在该允差范围内满足目标函数关系。因此,实际上必须满足的方程是:

|规定值-计算值|<允差

除了是否满足目标函数方程外,设计规定无任何直接结果。被操纵的和(/或)被采集的变量的最终值可在相应物流或模块结果页面上直接查看。通过选择相应 Convergence(收敛)模块的 Results(结果)页面,可以查看收敛模块的摘要和收敛历史。

### 7.2.2 定义设计规定

定义一个设计规定有下列五个步骤:
- 建立设计规定。
- 标识设计规定中所用的被采集流程变量。
- 为一个被采集变量或一些被采集变量函数指定目标值并指定一个允差。
- 标识一个为达到目标值而被调整的模拟输入变量,并指定调整该变量的上下限。
- 输入可选的 Fortran 语句。

(1) 建立一个设计规定

① 从 Data(菜单)将鼠标指向 Flowsheeting Options(建立流程选项),然后,指向 Design Specs(设计规定)。在 Design Specification Object Manager(设计规定对象管理器)中,单击 New(新建)。

② 在 Create New ID(建立新的标识符)对话框中,输入一个标识符或接受缺省值,然后单击 OK。

(2) 标识被采集流程变量

使用 Flowsheeting Option Design Spec Define(建立流程、选项、设计规定、定义)页面来表示设计规定中所用的流程变量,并赋给它们变量名。变量名标识了在其他设计规定页面上的变量。

用 Define(定义)页面标识一个流程变量并赋给它一个变量名。当完成一个 Define(定义)页面时,在 Variable Definition(变量定义)对话框中指定变量。Define(定义)页面显示所有被访问变量的简单一览,但是,不能修改 Define(定义)页面上的变量。

在 Define 定义页面上你可以做下列工作:

① 若建立一个新变量,则单击 New(新建)按扭。或者,编辑一个现有变量,选择一个变量并单击 Edit(编辑)按扭。

② 在 Variable Name(变量名)字段中,输入变量名。重命名变量名必须是:
- 对于标变量,为6个或6个以下字符;
- 对于矢变量,为5个或5个以下字符;
- 以字母开头(A-Z);
- 后跟字母数字型字符(A-Z, 0-9);
- 不要以 IZ 或 ZZ 开头。

③ 在 Category(类别)框中，用 Option(选项)按扭选择变量类别。

④ 在 Reference(引用)框中，从 Type(类型)字段中的列表选择变量类型。ASPEN PLUS 还显示为完成变量定义所需的其他字段。

⑤ 单击 Close 关闭返回 Define 定义页面。

(3) 输入设计规定

① 在 Design Spec(设计规定)表上，单击 Spec(规定)页面。

② 在 Spec(规定)字段中，输入目标变量或 Fortran 表达式。

③ 在 Target(目标)字段中，按一个常数或一个 Fortran 表达式来指定目标值。

④ 在 Tolerance(允差)字段中，按一个常数或一个 Fortran 表达式来输入规定允差。

设计规定是：

$$规定表达式 = 目标表达式$$

当下列条件成立时，设计规定收敛：

$$-允差 < 规定表达式 - 目标表达式 < 允差$$

如果用户需要输入一个用一单个表达式不能处理的复杂 Fortran 表达式，用户可以输入附加的 Fortran 语句。

**提示**：为了确保输入了正确的变量名在 Spec(规定)、Target(目标)、Tolerance(允差)字段内，单击鼠标右键，在弹出菜单中，单击 Variable List(变量列表)，出现 Defined Variable List(已定义变量的列表)窗口。用户可以将变量从 Defined Variable List(已定义变量的列表)中拖放到 Spec(规定)页面中。

(4) 标识被操纵变量

用 Vary(改变)页面来标识被操纵变量并指定它的上下限。被操纵变量的上下限可以是常数或是流程变量的函数。

若标识被操纵变量并指定上下限：

① 在 Design Spec(设计规定)表上，单击 Vary(改变)页面。

② 在 Type(类型)字段中，选择一个变量类型。ASPEN PLUS 引导用户到只有标识流程变量所需的其余字段。

③ 在 Lower(下限)字段中，输入一个常数或一个 Fortran 表达式作为操作变量的下限。

④ 在 Upper(上限)字段中，输入一个常数或一个 Fortran 表达式作为操作变量的上限。

用户必须已经把被操纵变量作为一个输入规定输入，或者，它必须有一个缺省值。被操纵变量的初始估值便是该规定或缺省值。用户不能调整整型模块变量，例如，某个精馏塔的进料位置。如果由于设计规定的解超出了限定范围而不能满足设计规定，ASPEN PLUS 选择最满足规定的那个界限。

(5) 输入可选的 Fortran 语句

用户可以输入计算设计规定项或被操作变量界限所需的任何 Fortran 语句。任何由 Fortran 语句计算的变量都可用在 Spec(规定)和 Vary(改变)页面上的表达式中。只有当函数太复杂而不能在 Spec(规定)和 Vary(改变)页面上输入时才需要使用 Fortran 语句。

(6) 解决设计规定的问题

如果没有满足目标函数可以考虑做以下几个方面工作：

① 检查被操纵变量是否处于上限或下限。

② 验证解是否在为操作变量指定的界限范围内，可能需要通过灵敏度分析来验证。

③ 检查确认操作变量确实不影响被采集变量的值。尝试为操作变量提供一个更好的初始值。

④ 缩窄操作变量的界限或放宽目标函数的允差将有助于收敛。

⑤ 尝试改变与设计规定相关的收敛模块的特性(迭代步长、迭代次数等)。

⑥ 确认在操作变量的范围内目标函数曲线没有单调区间。

### 7.2.3　关于设计规定的计算示例

【例7-2】在例7-1中对甲基环己烷(Methylcyclohexane)和甲苯(Toluene)的萃取精馏过程进行模拟，对通过敏感性分析考察了萃取剂苯酚的进料流率对塔顶馏出物中甲基环己烷的纯度、塔顶冷凝器和塔底再沸器的热负荷进行了分析。从分析的结果可以看出，为了使塔顶馏出物中甲基环己烷的纯度(摩尔分率)达到98%，萃取剂苯酚的进料流率大约在750kmol/h左右。为了确定使得塔顶馏出物中甲基环己烷的纯度(摩尔分率)达到98%所需萃取剂苯酚的进料流率的具体值，可以通过ASPEN PLUS模型分析功能中的设计规定(Design Specification)完成。

解：设计规定的计算在上例计算的第五步基础上进行。关于萃取精馏塔的基础模拟参考例7-1的第一步~第五步。

第六步，在数据浏览器(Data Browser)中打开"Flowsheeting Options"的"Design Spec"窗口，单击按钮"New"，创建一个名为"DS-1"的设计规定对象，如图7-26所示。

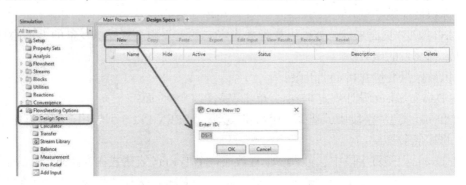

图7-26　创建一个名为"DS-1"的设计规定对象

在"Define"页为每一个需要计算的变量(如产品纯度、热负荷等)定义名称。在"Spec"页定义作为设计规定及其目标与容差，设计规定可以用变量或数值的的数学表达式来描述。在"Vary"页定义操作变量(如苯酚流率)及其变化范围等信息，如图7-27所示。

第七步，定义敏感性分析的计算变量名称。在"Define"页上单击"New"按钮，创建一个名为"XMCH"的变量名，如图7-28所示。方法同例7-1的第七步。

第八步，在"Spec"页中定义要求的设计规定，在"Spec"栏中输入"XMCH * 100"，此定义式将摩尔分率以摩尔含量的百分比表示。在"Target"中输入"98.0"，表示塔顶甲基环己烷的摩尔百分比为98.0%。在"Tolerance"中输入容差"0.01"，如图7-29所示。

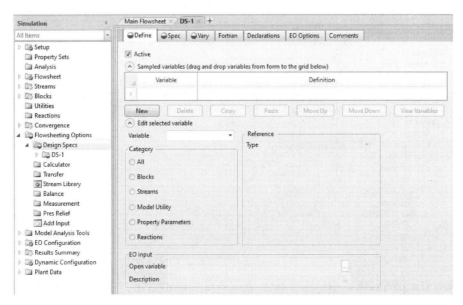

图 7-27 在"Define"页为每一个需要计算的变量定义名称

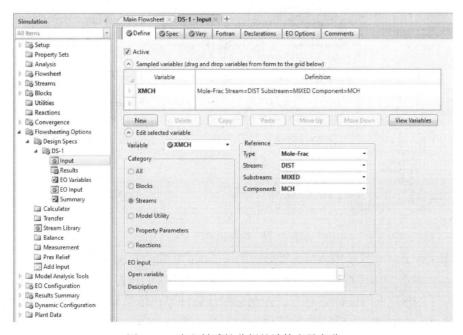

图 7-28 定义敏感性分析的计算变量名称

第九步，操作变量的规定，在"Vary"页的在"Manipulated"框中定义操作变量，在"Type"中选择"Stream - Var"，在"Stream"中选择"PHENOL"流股，在"Variable"中选择"MOLE-FLOW"，表明操作变量为苯酚流股(PHENOL)的摩尔流率(MOLE-FLOW)。同例7-1的第八步一样。

在"Manipulated variable limits"中定义操作变量的变化范围，下限(Lower)给定为600，上限(Upper)给定为1000。

在"Report labels"给定该变量在输出结果报告的标签名。

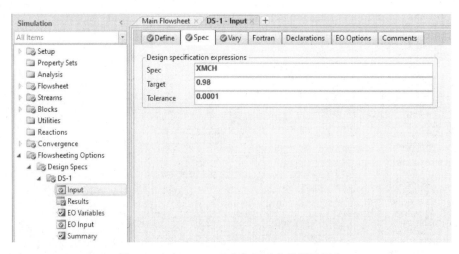

图 7-29  在"Spec"页中定义要求的设计规定

在"Step size parameters"中给定步长参数。缺省可以不给定，采用系统的默认方法。如图 7-30 所示。

图 7-30  操作变量的规定

通过第七、八、九三步则将敏感性分析的所要求的设定全部输入完成。

第十步，单击"Next"按钮执行计算，在"Results"窗口中选择 "Flowsheeting Options →
Design Spec → DS-1 → Results"查看设计规定的计算结果。结果显示，XMCH（也就是塔顶
馏出物甲基环己烷的摩尔分率）初始值（Initial value）为 0.9726，也就是模拟计算案例的结
果，涉及规定计算得到的结果（Final value）为 0.97999，如图 7-31 所示。

在"Results"窗口中选择 "Convergence→Convergence→ $ OLVER01→Results"查看设计规
定的迭代计算结果。在"Summary"页中给出总迭代次数（Total number of iterations）为 5 次。
最后的迭代状态（Status）达到收敛（Convergenced），操作变量 TOTALMOLEFL（摩尔流率）的
最终值为 757.3kmol/h。也就是说在萃取剂苯酚的进料量为 757.3kmol/h 时，塔顶馏出物中
甲基环己烷的摩尔分率可以达到 0.98，如图 7-32 所示。

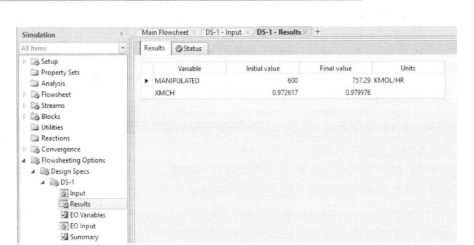

图 7-31　查看设计规定的计算结果

图 7-32　查看设计规定的迭代计算结果

另外，在"Spec History"页中还可以观察每部迭代的历史情况，如图 7-33 所示。

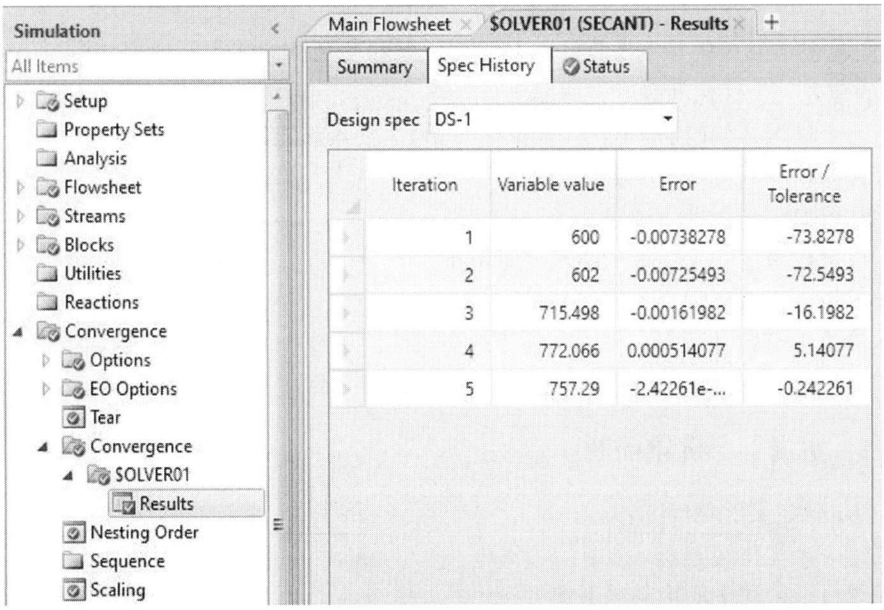

| Iteration | Variable value | Error | Error / Tolerance |
|-----------|----------------|-------|-------------------|
| 1 | 600 | -0.00738278 | -73.8278 |
| 2 | 602 | -0.00725493 | -72.5493 |
| 3 | 715.498 | -0.00161982 | -16.1982 |
| 4 | 772.066 | 0.000514077 | 5.14077 |
| 5 | 757.29 | -2.42261e-... | -0.242261 |

图 7-33　在"Spec History"页中观察每部迭代的历史情况

# 7.3 优化

## 7.3.1 关于优化

采用优化模块,通过调整决策变量(进料物流、模块输入或其他输入变量)来使一个用户指定的目标函数最大化或最小化。

目标函数可以是任意含有一个或多个流程量的合法 Fortran 表达式,目标函数的允差是与优化问题相关的收敛模块的允差。用户可以对优化施加等式或不等式约束。优化中的等式约束与设计规定类似。约束可以是任意用 Fortran 表达式或内嵌 Fortran 语句计算的流程变量的函数,用户必须指定约束的误差,断裂流和优化问题可以同时收敛或单独收敛。

(1) 优化问题的收敛

ASPEN PLUS 迭代求解优化问题,缺省情况下,ASPEN PLUS 为优化问题生成一个收敛模块并进行排序,用户可以通过在 Convergence(收敛)表上输入收敛规定来取代收敛的缺省设置。用 SQP 和 Complex 方法收敛优化问题。

在物流或模块输入中所提供的被操纵变量的值被用作初始估值。为被操纵变量提供一个好的估值将有助于优化问题在较少的迭代次数内收敛。这一点对于具有大量被调整变量和约束的优化问题尤为重要。

除了目标函数和约束的收敛状况外,优化问题不直接与任何结果有关。用户可以直接在相应的物流或模块页面上查看被操纵变量和/或被采集变量的最终值,或者在收敛模块的 Results Manipulated Variables(结果、被操纵变量)页面上查看摘要结果。若查找收敛模块的摘要和迭代历史,请选择相应 Convergence(收敛)模块的 Results(结果)表页。

(2) 推荐的做优化过程

优化问题很难公式化并不易收敛。在增加优化的复杂性之前很好地理解模拟问题十分重要,推荐的建立一个优化问题的过程是:

① 从一个模拟开始(而不是从一个优化开始)。使用该方法有下列原因:
- 较容易检测到模拟中的流程错误。
- 用户可以确定合理的规定。
- 用户可以确定一个合理的决策变量范围。
- 用户可以为断裂物流得到很好的估值。

② 在优化之前做灵敏度分析,以便找出合适的决策变量和它们的范围。

③ 用灵敏度分析来估算问题的解以便确定最优值是宽还是窄。

## 7.3.2 定义一个优化问题

按下列步骤定义优化问题:
- 创建一个优化问题。
- 标识目标函数中所用的被采集变量。
- 为一个被采集变量或一些被采集变量的函数指定目标函数,并标识出与问题有关的约束。

● 标识出为使目标函数最大或最小而被调整的模拟输入变量，并指定它们可被调整的上下限。

● 输入可选的 Fortran 语句。

● 定义优化问题的约束条件。

(1) 建立一个优化问题

① 从 Data(菜单)中将鼠标移至 Model Analysis Tools(模型分析工具)。然后，指向 Optimization(优化)。

② 在 Optimization Object Manager(优化目标管理器)中，单击 New(新建)。

③ 在 Create New ID(建立新的标识符)对话框中，输入一个标识符(或接受一个缺省的标识符)并单击 OK。

(2) 标识被采集的流程变量

使用 Model Analysis Optimization Define(模型分析、优化、定义)页面来标识在设置优化问题中所用的流程变量，并赋给它们变量名。变量名标识出用户在定义目标函数为操纵变量指定范围或编写 Fortran 语句时可以使用的流程变量。

使用 Define(定义)页面来标识一个流程变量，并赋给它一个变量名。当完成一个 Define(定义)页面时，在 Variable Definition(变量定义)对话框中指定变量 Define(定义)页面显示一个所有访问变量的简单一览，但是用户不能在 Define(定义)页面上修改变量。

在 Define 定义页面上：

① 若建立一个新变量，则单击 New(新建)按扭。或者，编辑一个现有变量，选择一个变量并单击 Edit(编辑)按扭。

② 在 Variable Name(变量名)字段中，输入变量名。重命名变量名必须是：

● 对于标变量，为 6 个或 6 个以下字符；

● 对于矢变量，为 5 个或 5 个以下字符；

● 以字母开头(A-Z)；

● 后跟字母数字型字符(A-Z，0-9)；

● 不要以 IZ 或 ZZ 开头。

③ 在 Category(类别)框中，用 Option(选项)按扭选择变量类别。

④ 在 Reference(引用)框中，从 Type(类型)字段中的列表选择变量类型。ASPEN PLUS 还显示为完成变量定义所需的其他字段。

⑤ 单击 Close 关闭返回 Define 定义页面。

(3) 输入目标函数

如果优化有约束条件，则在用户指定目标函数之前定义它们。若为优化问题输入目标函数并标识约束条件：

① 在 Optimization(优化)表页上，单击 Objective & Constraints(目标和约束条件)标签。

② 选择 Maximize(最大化)或 Minimize(最小化)。在 Objective Function(目标函数)字段中输入目标变量或 Fortran 表达式。

③ 为了确保用户输入了正确的变量名，单击鼠标右键，在弹出菜单中，单击 Variable List(变量列表)，出现 Defined Variable List(已定义变量的列表)窗口，用户可以将变量从 Defined Variable List(已定义变量的列表)中拖放到 Objective Function(目标函数)页面中。

④ 选择优化的约束条件方法，是用箭头按扭将它们从 Available Constraints（可用的约束条件）列表中移到 Selected Constraints（已选的约束条件）列表中。

如果用户需要输入一个用一单个表达式不能处理的复杂 Fortran 表达式，用户可以输入附加的 Fortran 语句。

（4）标识被操纵变量

用 Vary（改变）页面来标识被操纵变量并指定它的上下限，被操纵变量的上下限可以是常数或是流程变量的函数。

若标识被操纵变量并指定上下限：

① 在 Optimization（优化）表页上单击 Vary（改变）标签。

② 在 Variable Number（变量号）字段中，单击下箭头并选择<new>。

③ 在 Type（类型）字段中，选择一个变量类型。ASPEN PLUS 引导用户到只有标识流程变量所需的其余字段。

④ 在 Lower（下限）字段中，输入一个常数或一个 Fortran 表达式作为操作变量的下限。

⑤ 在 Upper（上限）字段中，输入一个常数或一个 Fortran 表达式作为操作变量的上限。

⑥ 用户可以标注决策变量以便其用于报告或 Results（结果）表页中。用 Line1 至 Line4 字段来定义这些标注。

⑦ 重复步骤②~⑥，直到指定完所有被操纵变量。

用户必须已经把被操纵变量作为一个输入规定输入，或者，它必须有一个缺省值。被操纵变量的初始估值便是该规定或缺省值。用户不能调整整型模块变量，例如，某个精馏塔的进料位置。

## 7.3.3 定义约束条件

用户可以为优化问题指定等式和不等式约束条件。等式约束条件和非优化问题中的设计规定一样。为用户定义的每个约束条件提供一个标识符。约束条件标识符标识了 Optimization（优化）页面上的约束条件。

按下列方法定义一个约束条件：

- 建立一个约束条件。
- 标识约束条件中所用的被采集变量。
- 指定约束条件表达式。
- 确认在 Optimization Objective & Constraints（优化目标和约束条件）页面选择了约束条件。

（1）建立约束条件

① 从 Data（数据）菜单将鼠标指向 Model Analysis Tools（模型分析工具），然后指向 Constraints（约束条件）。

② 在 Constraints Object Manager（约束条件对象管理器）中单击 New（新建）。

③ 在 Create New ID（建立新标识符）对话框中，输入一个标识符（或接受缺省的标识符）并单击 OK。

（2）标识用于约束条件的被采集流程变量

用 Model Analysis Constraints Define（模型分析、约束条件、定义）页面确定优化问题中所用的流程变量并赋给它们变量名。变量名标识了用户可在 Spec(规定)和 Fortran 页面中使用的流程变量。

使用 Define(定义)页面来标识一个流程变量，并赋给它一个变量名。当完成一个 Define(定义)页面时，在 Variable Definition(变量定义)对话框中指定变量 Define(定义)页面显示一个所有访问变量的简单一览，但是用户不能在 Define(定义)页面上修改变量。

在 Define 定义页面上：

① 若建立一个新变量，则单击 New(新建)按扭。或者，编辑一个现有变量，选择一个变量并单击 Edit(编辑)按扭。

② 在 Variable Name(变量名)字段中，输入变量名。重命名变量名必须是：

- 对于标变量，为 6 个或 6 个以下字符；
- 对于矢变量，为 5 个或 5 个以下字符；
- 以字母开头(A-Z)；
- 后跟字母数字型字符(A-Z, 0-9)；
- 不要以 IZ 或 ZZ 开头。

③ 在 Category(类别)框中，用 Option(选项)按扭选择变量类别。

④ 在 Reference(引用)框中，从 Type(类型)字段中的列表选择变量类型。ASPEN PLUS 还显示为完成变量定义所需的其他字段。

⑤ 单击 Close 关闭返回 Define 定义页面。

（3）指定约束条件表达式

用户需要把约束条件指定为被采集变量的函数并为约束条件提供允差。

约束条件函数定义如下：

- 对于等式约束条件：

–允差<表达式 1–表达式 2<允差

- 对于小于或等于不等式约束条件：

表达式 1–表达式 2<=允差

- 对于大于或等于不等式约束条件：

表达式 1–表达式 2>=允差

若指定一个约束条件：

① 在 Constraints(约束条件)表页上，单击 Spec(规定)标签。

② 在两个 Constraints expression specification(约束条件表达式规定)字段中按常数或 Fortran 表达式来输入表达式 1 和表达式 2。

为了确保用户输入了正确的变量名，单击鼠标右键，在弹出菜单中，单击 Variable List(变量列表)。出现 Defined Variable List(已定义变量的列表)窗口。用户可以将变量从 Defined Variable List(已定义变量的列表)中拖放到 Spec 表的字段中。

③ 为规定选择 Equal to(等于)、Less than or equal to(小于或等于)或 Greater than or equal to(大于或等于)。

④ 在 Tolerance(允差)字段中，按一个常数或一个 Fortran 表达式输入约束条件的允差。

⑤ 如果约束条件是一个矢量，选择 This is a Vector Constraint(这是一个矢量约束条件)复选框，并指定应使用的矢量元素。

如果用户需要输入不能用一单行表达式处理的较复杂 Fortran。用户可以在 Constraints Fortran(约束条件 Fortran)页面上输入附加的语句。

(4) 输入可选的 Fortran 语句

用户可以输入计算优化目标函数项或被操纵变量限制所需的任何 Fortran 语句。任何由 Fortran 语句计算的变量都可以用在下列页面上的表达式中:

- Optimization Objective & Constraints(优化目标及约束条件)。
- Optimization Vary(优化 改变)。
- Constraints Spec(约束条件 规定)。

只有函数太复杂而不能在这些页面上输入时才需要 Fortran 语句。

### 7.3.4 优化问题的求解

求解过程优化问题的算法可以分为表 7-2 所列两类。

表 7-2

| 路径方法 | 信　息 |
| --- | --- |
| 可行 | 如果有断裂流和等式约束条件(设计规定)的话,则要求在每次优化迭代都收敛 |
| 非可行 | 可以将断裂流等式约束条件和非等式约束条件同时与优化问题一起收敛 |

在 ASPEN LUS 中可用下列优化算法:COMPLEX 方法和 SQP 方法。

(1) COMPLEX 方法

COMPLEX 方法采用的是大家熟知的复合型算法,这是一个可行路径"黑箱"式搜索法。该方法能处理不等式约束条件和决策变量的边界。等式约束条件必须按设计规定处理。用户必须用单独的收敛模块来收敛任意撕裂流和设计规定。COMPLEX 方法经常需要进行多次迭代才收敛,但是,它不需要数值微分。许多年来,该方法已广泛用于各种优化应用问题,并为优化收敛提供了一个稳定和可靠的选择。

(2) 顺序二次编程(SQP)方法

SQP 方法是一个目前最先进的拟牛顿非线性编程算法。它可以将断裂流、等式约束和非等式约束与优化问题同时收敛。SQP 方法通常只在较少的迭代次数内收敛,但是,需要在每次迭代中对所有决策变量和撕裂变量做数值微分。

ASPEN PLUS 所实现 SQP 方法有一个新颖的特点:即能够在每一优化迭代及在线性搜索期间用 Wegstein 方法部分收敛断裂流。该特点通常使收敛稳定,并能减少总的迭代次数。

用户可以指定执行 Wegstein 计算的次数。选择一个大的值能够有效地使 SQP 成为一个可行路径(但不是黑箱)方法。APSEN PLUS 缺省情况下是进行三次 Wegstein 计算。

通过将断裂流和设计规定作为优化问题的一个内回路(使用单独的收敛模块),拥护可以将 SQP 方法作为一个黑箱或部分黑箱方法使用。这样减少了决策变量数,用户需要在微分计算次数与每次微分计算所需的时间之间做权衡。SQP 是否是所选的方法取决于用户的优化问题。

在 ASPEN PLUS 中缺省的优化收敛方法是用 SQP 方法同时收敛撕裂流和优化问题。

(3) 优化问题的问题处理

优化问题的收敛可能对被操纵变量的初值敏感。优化算法只找到目标函数中局域最大值和最小值。虽然很少有这种情况，但是也有可能由于在求解范围内不同的点开始而在目标函数中得到不同的最大值或最小值。

当没有满足一个目标函数时，可以考虑采用下列措施：

① 确认在一个被操纵变量变化范围内目标函数曲线没有一个单调区间。避免使用含有不连续点的目标函数和约束条件。

② 尽可能将约束条件线性化。

③ 如果开始误差有改善，但接着又变化不大，则计算的微分对步长敏感。需要尝试做的事情如下：

- 缩紧优化收敛回路内单元操作和收敛模块的允差。优化模块的允差应当等于模块允差的平方根。例如，如果优化允差是 $10^{-3}$，则模块允差应为 $10^{-6}$。
- 调整步长以便获得更好的精度。步长应等于内允差的平方根。
- 检查被操作变量是否处于它的上限或下限。
- 在针对优化收敛回路内的模块的 Block Options Simulation Options（模块选项模拟选项）页面上，关闭 Use Results from Previous Convergence Pass（使用上次收敛的结果）选项。

④ 检查确认被操纵变量是否影响目标函数和/或约束条件的值，或许，需要通过执行一个灵敏度分析来实现。

⑤ 为被操纵变量提供一个更好的初始估值。

⑥ 缩窄被操纵变量的上下限或放宽目标函数的允差可能有助于收敛。

⑦ 修改与优化相关的收敛模块的参数（步长、迭代次数等）。

### 7.3.5　关于优化的计算示例

**【例 7-3】** 侧线出料精馏塔的优化。

考虑如图 7-34 所示的侧线出料精馏塔的优化。一股包含 $C_5 \sim C_9$ 的正构烷烃的混合物通过一 25 块理论板（包括全凝器和再沸器）的精馏塔，进料流股在第 11 块塔板进料。本题的优化目标是调整操作条件使得塔顶馏出物（D）中的 $nC_5$、侧线（$S_1$）中的 $nC_6$、另一侧线（$S_2$）中的 $nC_7$ 和 $nC_8$、以及塔底出料（B）中的 $nC_9$ 的总和最大。费用不考虑。可调整的操作条件是回流比、塔顶馏出物速率和侧线出料速率。进料位置和侧线出料位置在优化中均固定不变。这样的问题构成了一个非线性优化（NLP）模型。

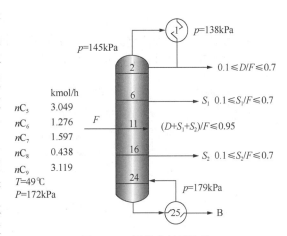

|  | kmol/h |
|---|---|
| $nC_5$ | 3.049 |
| $nC_6$ | 1.276 |
| $nC_7$ | 1.597 |
| $nC_8$ | 0.438 |
| $nC_9$ | 3.119 |

$T=49℃$
$P=172kPa$

图 7-34　侧线出料精馏塔

$$\text{Maximize} \quad D_{C_5} + S1_{C_6} + S2_{C_7} + S2_{C_8} + B_{C_9}$$
$$\text{S. T. :}$$
$$5 \leq R \leq 10$$
$$0.1 \leq D/F \leq 0.7$$

$$0.1 \leqslant S_1/F \leqslant 0.7$$
$$0.1 \leqslant S_2/F \leqslant 0.7$$
$$(D + S_1 + S_2)/F \leqslant 0.95$$

这里 $R$ 为回流比；$F$、$D$、$S_1$、$S_2$ 和 $B$ 分别为进料、塔顶馏出物和两股侧线出料摩尔流率；下标表示流股中对应化学组分的摩尔流率。

因为是烃类体系，所以计算的热力学模型可以选择 CHAO-SEADER。

解：第一步，新建模拟文件，模拟类型选择"Flowsheet"，在"Setup"页进行模拟基本设置。单位集在公制(MET)基础上将温度单位改为摄氏度，压力单位改为 kPa，如图 7-35 所示。

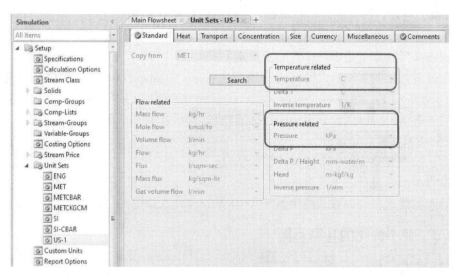

图 7-35　新建模拟文件

为了在流股信息中能够察看各组分的摩尔流率，在"Setup"项的"Report Options"选项中的"Stream"页里，在"Fraction basis"中选中"mole"，如图 7-36 所示。

图 7-36　在"Fraction basis"中选中"mole"

在"Components"输入物料组分 $nC_5$(N-PENTANE, $C_5H_{12}$)、$nC_6$(N-HEXANE, $C_6H_{14}$)、$nC_7$(N-HEPTANE, $C_7H_{16}$)、$nC_8$(N-OCTANE, $C_8H_{18}$)、$nC_9$(N-NONANE, $C_9H_{20}$),然后在"Physical Properties"也选择热力学方法"CHAO-SEA"。

第二步,建立如图7-37所示的萃取精馏塔计算模拟流程图,单元操作模型选择"RAD-FRAC"。进料流股名称定义为"F",塔顶馏出物流股定义为"D",塔第馏出物流股定义为"B",侧线采出流股分别定义为"S1"和"S2"。

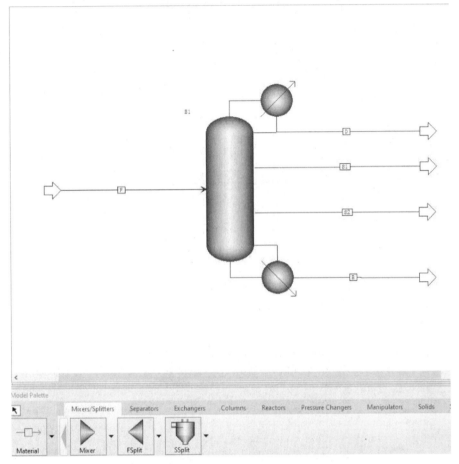

图7-37　建立萃取精馏塔计算模拟流程图

第三步,输入进料流股信息。进料流率、压力和组成根据所给定条件输入,如图7-38所示。详细信息如表7-3所示。

表7-3

| Stream Name | F |
|---|---|
| Temperature | 49 ℃ |
| Pressure | 172 kPa |
| Composition Basis | Mole-Flow, kmol/h |
| N-PENTANE | 3.049 |
| N-HEXANE | 1.276 |
| N-HEPTANE | 1.597 |

续表

| Stream Name | F |
| --- | --- |
| N-OCTANE | 0.438 |
| N-NONANE | 3.119 |
| Total Mole Flow | 9.479kmol/h |

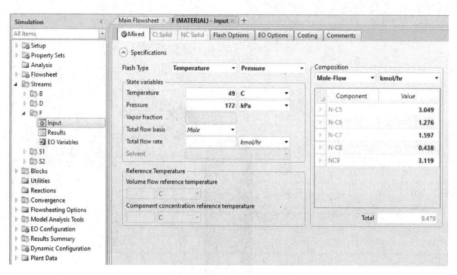

图7-38　输入进料流股信息

第四步，输入精馏塔设计条件。在"Configuration"的"Number of stages"中输入理论塔板数22，在"Condenser"中选择全凝器(Total)，塔顶馏出物流率与进料量之比(Distillate to feed ratio)定义为0.3；回流比(Reflux ratio)定义为5.5，如图7-39所示。

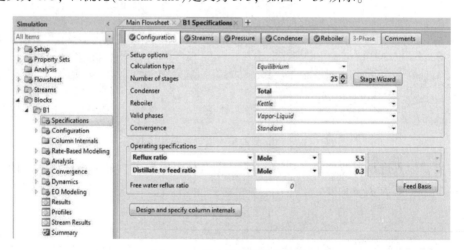

图7-39　输入精馏塔设计条件

在"Stream"页定义进料流股的位置，其中进料流股"F"进料位置为11，侧线采出流股"S1"和"S2"均为液相采出，采出量均为1.896kmol/h，采出位置分别为第6和16块理论板，如图7-40所示。

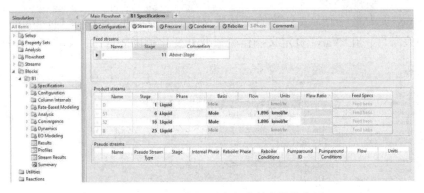

图 7-40　在"Stream"页定义进料流股的位置

在"Pressure"中定义塔的操作压力，塔顶冷凝器压力为 138 kPa，第二块理论板的操作压力为 145 kPa，全塔操作压降为再沸器操作压力与第二块理论板操作压力之差：179-145 = 34 kPa，如图 7-41 所示。

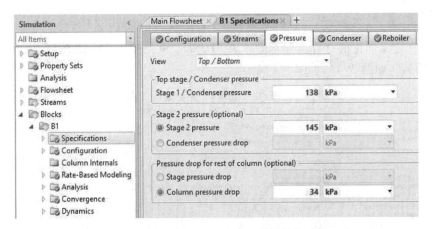

图 7-41　在"Pressure"中定义塔的操作压力

第五步，RADFRAC 模型的基本输入参数输入完成，单击"Next"按钮执行计算。

第六步，在"Model Analysis Tools"中选择"Optimization"（优化），单击"New"按钮，创建一个优化分析对象模型，如图 7-42 所示。

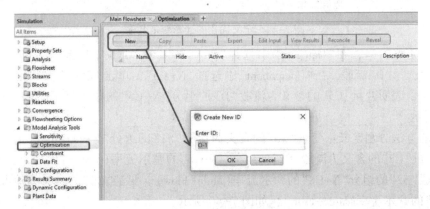

图 7-42　创建一个优化分析对象模型

在"Define"页为每一个需要计算的变量定义名称。在"Objective & Constraints"页定义优化目标与约束条件。在"Vary"页定义操作变量及其变化范围等信息，如图7-43所示。

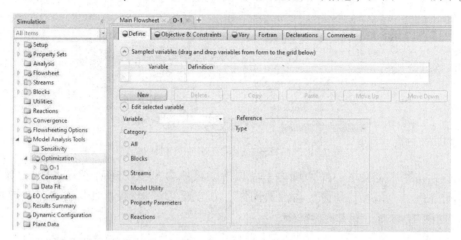

图7-43　在"Define"页为每一个需要计算的变量定义名称

第七步，定义优化的计算变量名称。在"Define"页上单击"New"按钮，创建一个名为"C5"的变量名，如图7-44所示。

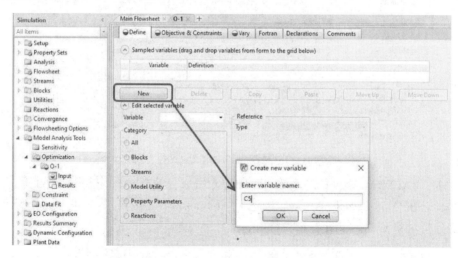

图7-44　定义优化的计算变量名称

在变量定义窗口，在"Category"中选择"Streams"，在"Type"中选择"Mole-Frac"，在"Stream"中选择"D"流股，在"Component"中选择"N-C5"，单击"Close"关闭定义窗口。通过这种设定，表明变量"C5"的含义为流股"D"的组分"N-C5"的摩尔流率(Mole-Flow)，如图7-45所示。

同样的方法分别定义：变量"C6"的含义为流股"S1"的组分"N-C6"的摩尔流率(Mole-Flow)。变量"C7"的含义为流股"S2"的组分"N-C7"的摩尔流率(Mole-Flow)。变量"C8"的含义为流股"S2"的组分"N-C8"的摩尔流率(Mole-Flow)。变量"C9"的含义为流股"B"的组分"N-C9"的摩尔流率(Mole-Flow)，如图7-46所示。

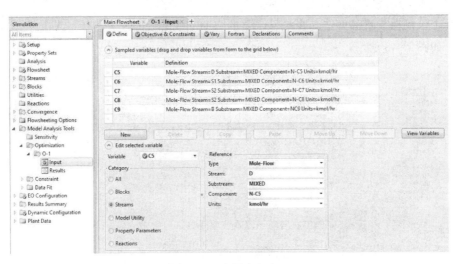

图 7-45 变量定义窗口

图 7-46 同样的方法分别定义

第八步，定义优化目标函数，在"Objective & Constraints"页的"Objective function"（目标函数）中选中"Maximize"（最大化）中定义目标函数表达式：C5+C6+C7+C8+C9。如图 7-47 所示。

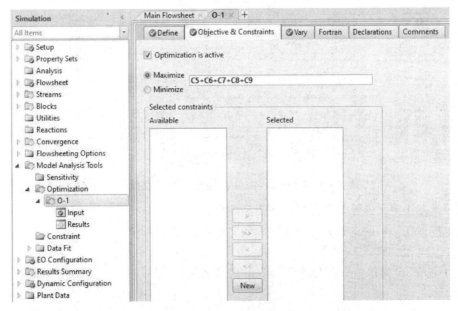

图 7-47 定义优化目标函数

第九步，操作变量的规定，在"Vary"页的"Variable number"中选择"<New>"创建一个新的变量，如图7-48所示。

图7-48　操作变量的规定

在"Manipulated variable"框中定义操作变量，在"Type"中选择"Block-Var"，在"Block"中选择"B1"流股，在"Variable"中选择"MOLE-RR"，表明操作变量为RADFRAC精馏塔模型B1的摩尔回流比（MOLE-RR）。

在"Manipulated variable limits"中定义操作变量的变化范围，下限（Lower）给定为5，上限（Upper）给定为10。

在"Report labels"给定该变量在输出结果报告的标签名。

在"Step size parameters"中给定步长参数。缺省可以不给定，采用系统的默认方法。如图7-49所示。

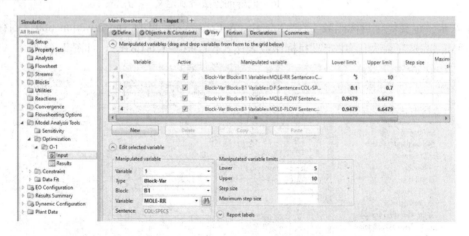

图7-49　在"Manipulated variable"框中定义操作变量

依照此方法定义另外3个变量，如图7-50所示。

第十步，在"Model Analysis Tools"中选择"Constraint"（约束），单击"New"按钮，创建一个约束对象模型，如图7-51所示。

在"Define"页为每一个需要计算的变量定义名称。在"Spec"页定义约束条件，如图7-52所示。

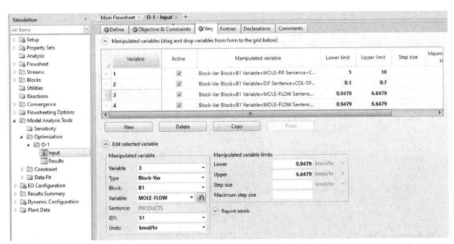

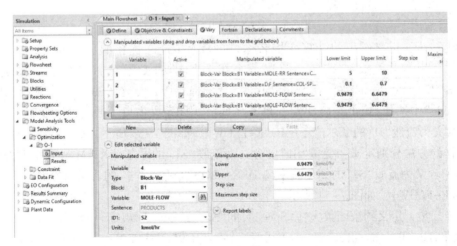

图 7-50　依照此方法定义另外三个变量

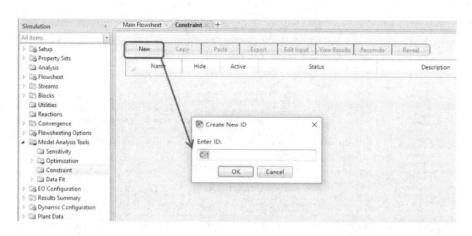

图 7-51　创建一个约束对象模型

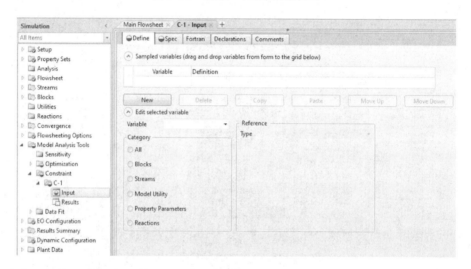

图 7-52　在"Spec"页定义约束条件

第十一步，定义约束的计算变量名称。同第七步定义优化的计算变量方法相同。在"Define"页上单击"New"按钮，创建一个名为"D"的变量名。在变量定义窗口，在"Category"中选择"Streams"，在"Type"中选择"Stream-Var"，在"Stream"中选择"D"流股，在"Variable"中选择"MOLE-FLOW"，单击"Close"关闭定义窗口。通过这种设定，表明变量"D"的含义为流股"D"的摩尔流率(MOLE-FLOW)，如图 7-53 所示。

同样的方法分别定义：变量"S1"的含义为流股"S1"的摩尔流率(M MOLE-FLOW)。变量"S2"的含义为流股"S2"的摩尔流率(MOLE-FLOW)。变量"F"的含义为流股"F"的摩尔流率(MOLE-FLOW)，如图 7-54 所示。

第十二步，定义约束函数，在"Spec"页的"Specification"(规定)中输入"(D + S1 + S2)/F"，选择"Less than or equal to"(小于或等于)输入 0.95。在"Tolerance"(容差)输入 0.0001，如图 7-55 所示。

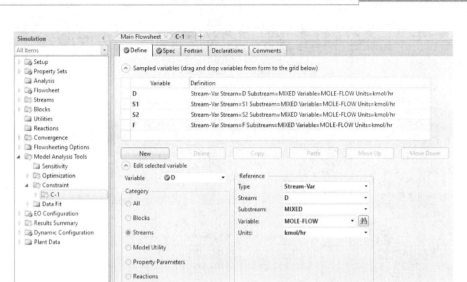

图 7-53 定义约束的计算变量名称

图 7-54 同样的方法分别定义

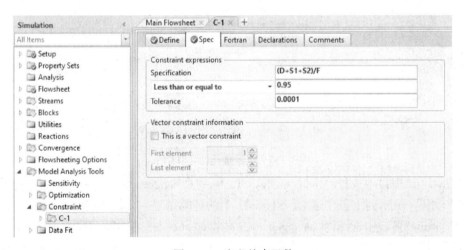

图 7-55 定义约束函数

回到"Model Analysis Tools → Optimization → O-1 → Input"的"Objective & Constraints"页的"Constraints associated with the optimization"的"Selected constraints"选中前面定义的约束函数"O-1",如图 7-56 所示。

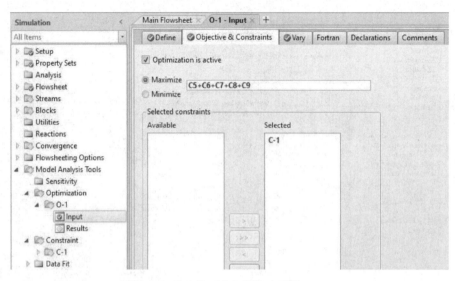

图7-56 选中前面定义的约束函数"O-1"

通过第六~十二步则将优化分析所要求的设定全部输入完成。

第十三步，单击"Next"按钮执行计算，在"Results"窗口中选择"Model Analysis Tools →
Optimization → O-1 → Results"查看优化的计算结果。分别列出了变量 C5、C6、C6、C8、
C9 的计算结果，如图7-57所示。

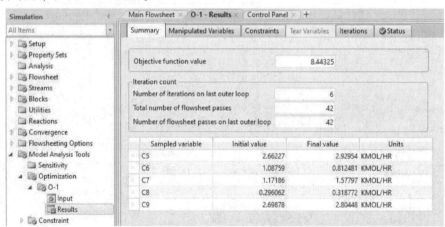

图7-57 查看优化的计算结果

在"Results"窗口中选择"Model Analysis Tools → Constraint → C-1 → Results"查看约束函
数的计算结果。分别列出了变量 D、S1、S2、F 的计算结果，如图7-58所示。

在"Results"窗口中选择 "Convergence → Convergence → ＄ OLVER01 → Results"查看优
化的迭代计算结果。在"Summary"页中给出优化目标函数值(Objective function value)为
8.44325，以及迭代次数(Iterations count)等信息，如图7-59所示。

在"Manipulated Variables"中给出了在优化的四个操作变量的结果，第一个 BLOCK-VAR
(摩尔回流比，MOLE-RR)的结果为10，第二个 BLOCK-VAR(D：F)的结果为0.3521，第
三个 BLOCK-VAR(侧线 S1 的采出流率)的结果为0.9479kmol/h，第四个 BLOCK-VAR(侧线
S2 的采出流率)的结果为2.26398kmol/h，如图7-60所示。

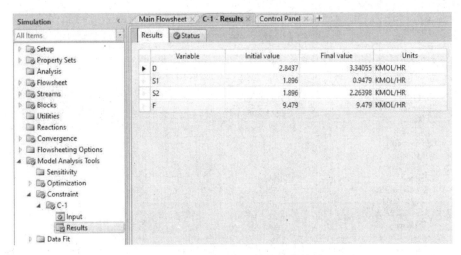

图 7-58 查看约束函数的计算结果

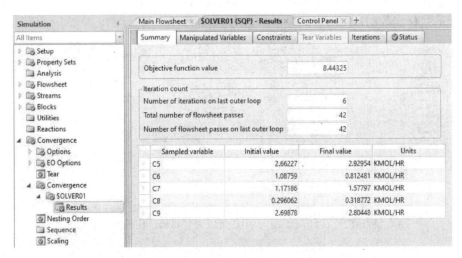

图 7-59 查看优化的迭代计算结果

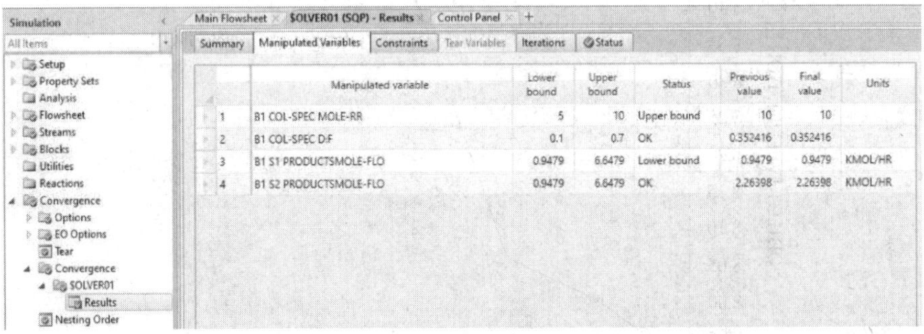

图 7-60 在"Manipulated Variables"中给出了在优化的四个操作变量的结果

在"Constraints"中给出了约束函数("(D + S1 + S2)/F")的计算结果为 0.2587，如图 7-61 所示。

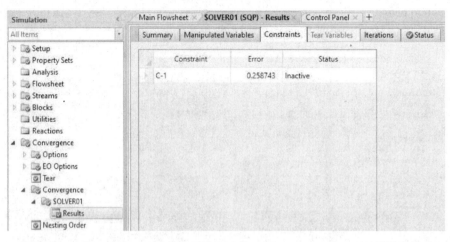

图 7-61　在"Constraints"中给出了约束函数("（D + S1 + S2）/F"）的计算结果

　　另外，在"Iterations"页中还可以观察每部迭代的历史情况，如图 7-62 所示。并可以将每次优化的目标函数值以图形方式显示，如图 7-63 所示。

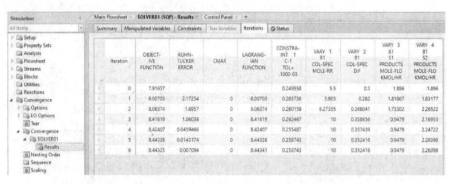

图 7-62　在"Iterations"页中还可以观察每部迭代的历史情况

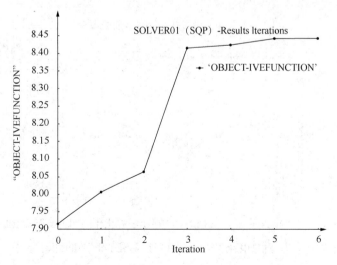

图 7-63　将每次优化的目标函数值以图形方式显示

# 8 综合实例分析

## 8.1 萃取精馏

当被分离组分间的相对挥发度很小或沸点相差很小时，采用普通精馏可能无法进行分离或需要非常多的塔板数，可以考虑萃取精馏，即加入某种高沸点的质量分离剂（萃取剂或溶剂）来增大组分之间的相对挥发度，以减少分离所需要的塔板数。

【例8-1】甲苯和正庚烷都是含7个碳原子的烃类化合物，沸点相近，普通精馏分离困难。选择苯酚为萃取溶剂，用萃取精馏方法分离甲苯正庚烷混合物。根据小试研究结果，规定摩尔溶剂比2.7，操作回流比5，饱和蒸气进料，进料流率100kmol/h，平均操作压力1.24bar。要求两塔塔顶产品中甲苯、正庚烷的摩尔分数不少于0.98。求：（1）萃取精馏塔和溶剂再生塔的理论塔板数、进料位置；（2）两股产品的流率与组成；（3）若把回收溶剂返回到萃取精馏塔循环使用，求正常生产时需要补充的萃取溶剂流率。

解：

解题思路：一是，用ASPEN PLUS软件中的"RadFrac"模块串联操作，模拟萃取精馏塔和溶剂再生塔；二是，组合流程稳定运行时需要补充的萃取溶剂量等于两塔顶物流带出的萃取溶剂量之和。

模拟过程分两步进行：①模拟两塔串联运行，溶剂不循环，求两塔运行参数；②模拟溶剂循环，求溶剂补充量。

第一步，模拟两塔串联运行。

（1）进入"Components | Specifications | Selection"页面，输入组分甲苯、正庚烷和苯酚。因两塔内的液相都是均相体系，平均操作压力1.2bar，气相可看作理想气体，进入"Components | Specifications | Global"页面，物性方法选择"WILSON"。

（2）建立如图8-1所示的流程，萃取精馏塔采用模块选项板中的 Columns | RadFrac 图标。

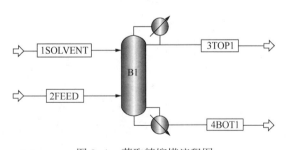

图8-1 萃取精馏塔流程图

（3）进入"Stream | 1SOLVENT | Input | Mixed"页面，溶剂入塔温度应该与溶剂进料板上的温度接近，输入进料温度105℃，进料物流入塔压力应该大于塔底压力，输入压力1.5bar。由题给溶剂比2.7计算，溶剂入塔流率270kmol/h。

（4）进入"Stream | 2FEED | Input | Mixed"页面，输入进料温度105℃，压力1.5bar，入塔流率为100kmol/h。

对于一股进料的简单精馏塔，可以应用"DSTWU"模块估算精馏塔完成分离任务需要的理论塔板数和进料位置。但萃取精馏塔有两股进料，属于复杂塔，不能用"DSTWU"模块估算理论塔板数、进料位置和操作回流比。"RadFrac"模块是操作型计算，一开始就要输入理论塔板数和进料位置。变通的办法就是先填入理论塔板数和进料位置的估计值，然后根据分离要求，依据能耗最小的原则，采用软件的优化功能确定理论塔板数和进料位置的准确值。

（5）进入"Blocks｜B1｜Setup｜Configuration"页面，输入萃取精馏塔 B1 的参数，如图 8-2 所示。

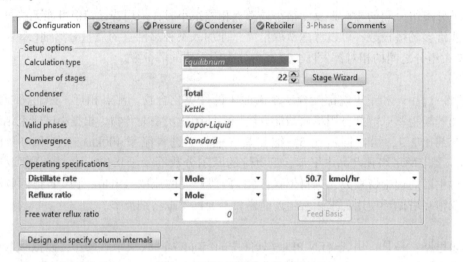

图 8-2　萃取精馏塔参数设置

（6）进入"Blocks｜B1｜Setup｜Streams"页面，输入萃取精馏塔 B1 的进料位置，如图 8-3 所示。

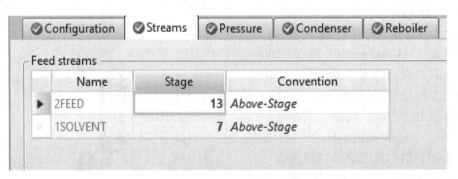

图 8-3　"Stream"页面设置

（7）进入"Blocks｜B1｜Setup｜Pressure"页面，输入第一块理论板的压力为 1.05bar，塔板压降 0.01bar。

（8）模拟结果如图 8-4 所示，馏出液中正庚烷的摩尔分数 0.985，达到分离要求。由"B1｜Profiles"页面可见第 7 板温度为 103.78℃，说明溶剂入塔温度设置为 105℃ 是合适的。

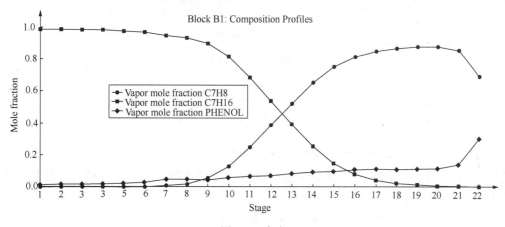

图 8-4　萃取精馏塔模拟计算结果

（9）由"B1 | Profiles"页面数据可绘制各种参数分布图。B1 塔气相组成分布图如图 8-5 所示，第 13 塔板甲苯、正庚烷的气相组成在 0.5 左右，与气相进料组成相当，原料在此板入塔是最合适的。B1 塔液相组成分布图如图 8-6 所示，第 7~21 板上溶剂苯酚浓度 0.55 左右，可近似看作恒定溶剂浓度，这是萃取精馏塔的操作特性之一。

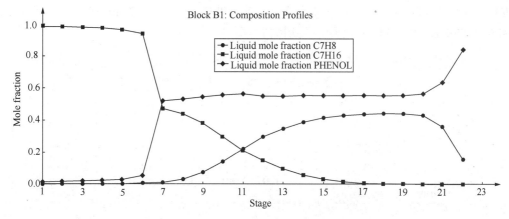

图 8-5　气相

图 8-6　液相

（10）溶剂作用下 B1 塔内正庚烷与甲苯相对挥发度分布如图 8-6 所示，溶剂苯酚从第 7 板入塔后精馏段与提馏段各块塔板上正庚烷与甲苯的相对挥发度均提高到 2 以上，使得正庚烷甲苯的分离变得容易与可行，说明选择苯酚作为萃取溶剂是合适的。

（11）在 B1 塔釜液连到"DSTWU"模块，用这个"DSTWU"模块简捷计算溶剂再生塔需要的设置参数，如回流比、理论塔板和进料位置。进入"Blocks｜B2｜Input｜Specifications"页面，输入溶剂再生塔 B2 的参数，如图 8-7 所示。

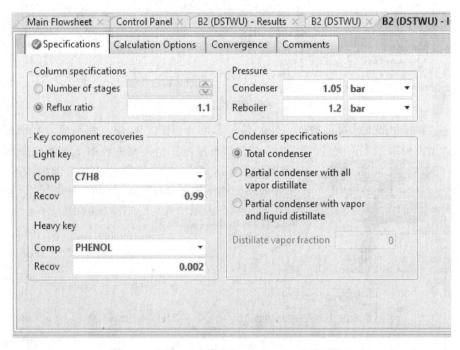

图 8-7 "DSTWU"模块"Specifications"页面设置

（12）经计算，"DSTWU"模块给出溶剂再生塔所需的理论塔板数为 17，回流比为 1.1，进料位置 11，塔顶出料量为 50.1kmol/h。

（13）在 B1 塔后面串联一个"RadFrac"模块"B2"，进行溶剂再生塔的模拟计算。把"DSTWU"模块计算结果输入到"B2"模块，模拟计算结果如图 8-8 所示。溶剂再生塔塔顶馏出液中甲苯摩尔分数>0.985，达到纯度分离要求。进料总流率是 370kmol/h，三股出料流率总和也是 370kmol/h，两塔串联系统达到物料平衡。

| | Units | 1SOLVENT | 2FEED | 3TOP1 | 4BOT1 | 5TOP2 | 6BOT2 |
|---|---|---|---|---|---|---|---|
| Mass Density | kg/cum | 1008.42 | 681.512 | 616.138 | 921.264 | 780.834 | 930.444 |
| Enthalpy Flow | Watt | -1.04707e+07 | -2.4585e+06 | -2.88354e+06 | -9.18923e+06 | 351647 | -9.09232e+06 |
| Average MW | | 94.113 | 96.1723 | 100.115 | 93.805 | 92.1664 | 94.1092 |
| + Mole Flows | kmol/hr | 270 | 100 | 50.7 | 319.3 | 50 | 269.3 |
| − Mole Fractions | | | | | | | |
| C7H8 | | 0 | 0.5 | 0.00146632 | 0.15636 | 0.988001 | 0.00195179 |
| C7H16 | | 0 | 0.5 | 0.985831 | 5.75201e-05 | 0.000367037 | 5.31731e-08 |
| PHENOL | | 1 | 0 | 0.0127026 | 0.843583 | 0.0116322 | 0.998048 |
| + Mass Flows | kg/hr | 25410.5 | 9617.23 | 5075.82 | 29951.9 | 4608.32 | 25343.6 |
| + Mass Fractions | | | | | | | |
| Volume Flow | cum/sec | 0.00699955 | 0.00391989 | 0.00228837 | 0.00903105 | 0.00163939 | 0.00756616 |

图 8-8 两塔串联系统的物料平衡

第二步，模拟溶剂循环。

（1）对模拟过程进行修改，添加混合器、冷却器、增压泵模块，用物流线连接各模块，添加补充萃取剂物流"MAKEUP"，构成溶剂循环流程，如图 8-9 所示。

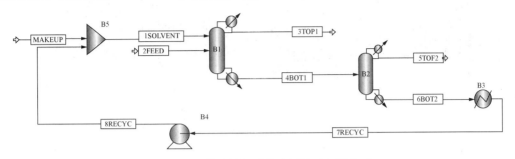

图 8-9　萃取精馏系统溶剂循环流程图

补充萃取溶剂模拟方法：采用软件的"Calculator"功能，计算两塔塔顶物流带出的萃取溶剂量之和，再赋值给补充萃取溶剂物流"MAKEUP"。

（2）增压泵出口压力设置为 2bar，混合器不必设置，溶剂冷却温度设置为 105℃。

（3）在"Flowsheeting Options | Calculator"文件夹中创建一个"MAKEUP"补充萃取溶剂的计算文件，然后在该文件夹"Input | Define"页面定义两塔塔顶带出的萃取溶剂流率变量名称"FTOP1"、"FTOP2"和补充的萃取溶剂流率变量名称"MAKEUP"，如图 8-10 所示。其中"FTOP1"和"FTOP2"是输入变量（Import variable），"MAKEUP"是输出变量（Export variable），如图 8-11 所示。

图 8-10　创建计算器文件

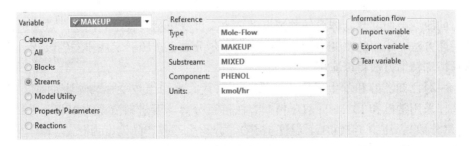

图 8-11　定义补充萃取溶剂流率变量

（4）在"Flowsheeting Options | Calculator | MAKEUP | Input | Caculate"页面，说明三个变量之间的关系，如图 8-12 所示，Fortran 语言编程规定运算语句从第 7 列开始编写。

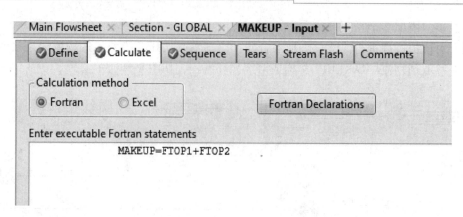

图 8-12　定义三个变量运算关系

（5）计算结果如图 8-13 所示，萃取精馏塔塔顶正庚烷含量(摩尔分数)0.985，溶剂再生塔塔顶甲苯含量(摩尔分数)0.997，均达到分离要求。正常生产时需要补充的萃取溶剂流率 0.8kmol/h。由模拟过程可知，萃取精馏系统稳定运行时，进入系统的两股物流总量是 100.8kmol/h，流出系统的两股物流总量 50.7+50.1=100.8kmol/h，进出系统的物流总量相等。由图可看出，各个组分进出系统的量也是相等的。

Material | Heat | Load | Work | Vol.% Curves | Wt. % Curves | Petroleum | Polymers | Solids

| | Units | MAKEUP | 2FEED | 3TOP1 | 5TOP2 |
|---|---|---|---|---|---|
| Mass Density | gm/cc | 1.00842 | 0.681512 | 0.61633 | 0.779362 |
| Enthalpy Flow | cal/sec | -7410.35 | -587204 | -688899 | 89359.7 |
| Average MW | | 94.113 | 96.1723 | 100.112 | 92.153 |
| **+ Mole Flows** | **kmol/hr** | **0.800035** | **100** | **50.7** | **50.1** |
| **− Mole Fractions** | | | | | |
| C7H8 | | 0 | 0.5 | 0.000958529 | 0.997033 |
| C7H16 | | 0 | 0.5 | 0.98512 | 0.00108646 |
| PHENOL | | 1 | 0 | 0.0139218 | 0.00188025 |
| **+ Mass Flows** | **kg/hr** | **75.2937** | **9617.23** | **5075.65** | **4616.86** |
| **+ Mass Fractions** | | | | | |

图 8-13　带循环回路的萃取精馏系统计算结果

## 8.2　变压精馏

压力的改变会使共沸物体系的共沸点随之改变，变压精馏就是利用这一点来进行操作的特殊的精馏方法。压力的改变会影响各组分的摩尔分数也按照一定规律发生改变，于是变压精馏这种特殊精馏方法得以应用。

**【例 8-2】**已知乙醇和苯生成均相共沸物，因其共沸物组成受压力影响明显，可以不添加共沸剂，采用常压和 1333kPa 双压精馏方法进行分离。若进料流率为 100kmol/h，含乙醇 0.35(摩尔分数)，压力 1450kPa，温度 165℃。分离后乙醇产品纯度为 0.99(摩尔分数)和苯产品纯度 0.99(摩尔分数)。要求：(1)设计双压精馏流程实现该物系的分离；(2)确定各产品的流率和循环物料的流率。

解：

解题思路：应用软件的相图绘制功能，绘制两个压力下的汽液平衡相图，根据不同压力下的共沸点数据以及进料组成，设计双压精馏流程。选用"RadFrac"模块进行精馏模拟，两塔的理论塔板数和进料位置可由经验初步确定，然后根据分离要求，依据能耗最小的原则，采用软件的优化功能确定理论塔板数和进料位置的准确值。

（1）进入"Components | Specifications | Selection"页面，输入组分乙醇与苯。乙醇与苯是互溶的，可以选用 WILSON 方程计算液相的非理想性；又因加压操作，可选择 Radlish-Kwong 方程计算气相的非理想性，故最终选择"WILS-RK"性质方法，确认 WILSON 方程的二元交互作用参数。

（2）点击"Tools | Analysis | Property | Binary"工具条，打开绘制相图窗口，在"Analysis type"栏目下选择"T-xy"，表示绘制温度组成图。在"Pressure"栏目下选择"List of values"，在空格内填写两个压力值，点击"Go"按钮，软件绘制出乙醇与苯在两个压力下的温度组成图，把进料和两个共沸点名称标绘到图上，如图 8-14 所示，依据相图分析和均相共沸精馏原理，只能在高压塔输入原料，高压塔塔顶共沸物 D1 作为低压塔的进料，低压塔塔顶共沸物 D2 返回到高压塔，由此构成循环。在高压塔塔釜得到纯苯，在低压塔塔釜得到纯乙醇。这样，不添加共沸剂，采用双塔双压精馏，可以实现乙醇与苯均相共沸物的分离。

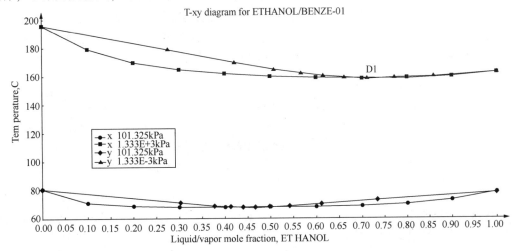

图 8-14　乙醇与苯温度-组成图

（3）根据相图分析，设计双塔双压精馏分离乙醇与苯共沸物的流程，如图 8-15 所示。因为两塔压差太大，操作温度相差亦很大。低压塔塔顶共沸物进入高压塔之前需要升压升温，高压塔塔顶共沸物进入低压塔之前需要降温，因此在流程图上增设了两个换热器和一台增压泵。

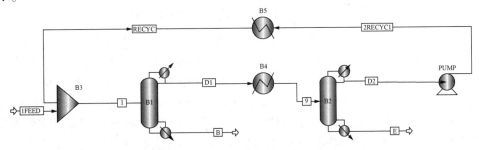

图 8-15　双压共沸精馏分离乙醇与苯流程

为使两塔模块参数设置准确性好一些，可以用题目数据、相图数据及分离要求进行初步的物料衡算。

对两塔作物料衡算：$F = B + E$

对乙醇作物料衡算：$0.35F = 0.01B + 0.99E$

合并两式解出：$E = 34.69\text{kmol/h}$；$B = 65.31\text{kmol/h}$

对低压塔作总物料衡算：$D_1 = D_2 + E$

对低压塔乙醇作物料衡算：$0.7244D_1 = 0.4537D_2 + 0.99E$

合并两式解出：$D_2 = 34.04\text{kmol/h}$；$D_1 = 68.73\text{kmol/h}$。

以上物料衡算求得的 $B$、$E$、$D_1$、$D_2$ 四个物流点流率数据，可用于分离过程的参数设置与调整。

（4）把题目给定的进料物流信息填入对应栏目中。进料物流压力应该高于高压塔的操作压力，设为1450kPa，液相进料。

（5）进入"Blocks | B1 | Specifications | Setup | Configuration"页面，输入理论板数30，全凝器，收敛模式选择共沸精馏"Azeotropic"。暂定摩尔回流比为2，后用"Sensitivity"功能确定。暂定摩尔蒸发比为4，后用"Design Specs"功能确定。B2塔顶共沸物与原料混合后从第26板进入，合适的进料位置用"Sensitivity"功能确定。塔顶压力133kPa，设每块塔板压降1kPa。"B1"模块"Configuration"页面的填写如图8-16所示。

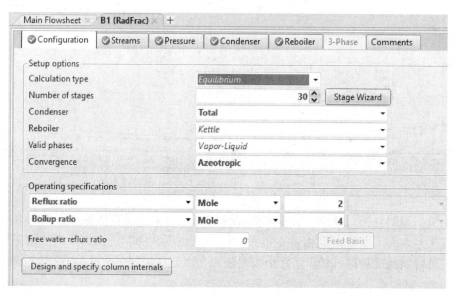

图8-16　高压塔"Configuration"页面参数填写

（6）为保证塔釜物流中苯的摩尔分数达到0.99，可以使用软件的反馈计算功能"Design-Specs"调整塔釜的摩尔蒸发比。在"B1"模块的"Design Specs"文件夹中建立一个反馈计算指标控制文件"1"；在其"Specifications"页面填写塔釜物流中苯的浓度控制指标，在"Components"页面填写苯的组分代号，在"Feed | Product Streams"页面填写苯的物流代号。在"Specifications"页面的填写方式如图8-17所示。然后，在"B1"模块的"Vary"文件夹中建立一个操作参数变化文件"1"；在其"Specifications"页面填写满足塔釜物流中苯浓度控制指标的塔釜摩尔蒸发比的变化范围，如图8-18所示。

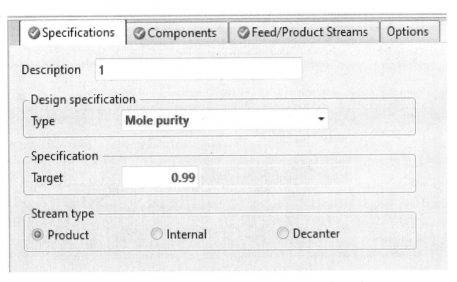

图 8-17 设置塔釜物流中苯的浓度控制指标

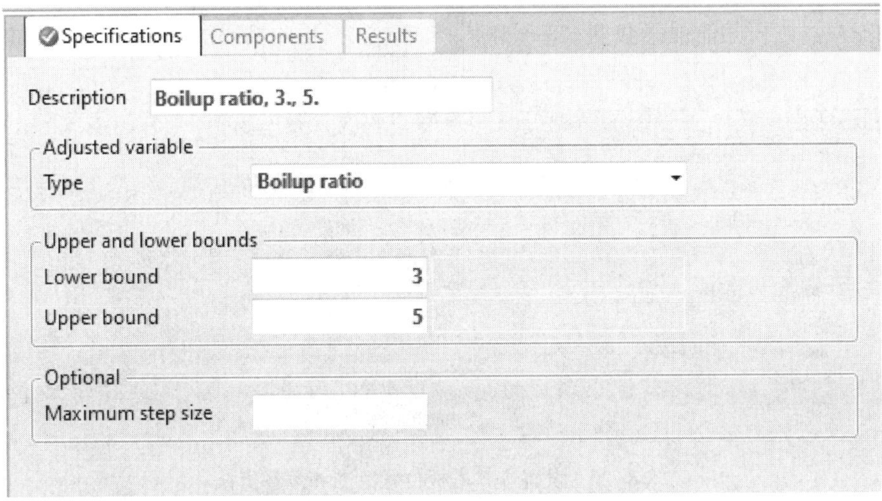

图 8-18 设置塔釜摩尔蒸发比的变化范围

（7）为选择合适的进料位置，在控制塔釜物流中苯浓度 0.99（摩尔分数）时，用"Sensitivity"功能计算不同进料位置所需要的塔釜热负荷。在"Model Analysis Tools｜Sensitivity"页面，建立一个灵敏度分析文件"S-1"；在"S-1｜Input｜Define"页面，定义"B1"模块塔釜热负荷为 QN1，如图 8-19 所示。在"S-1｜Input｜Vary"页面，设置进料塔板位置范围和考察步长，如图 8-20 所示。在"S-1｜Input｜Tabulate"页面，设置输出不同进料位置的塔釜热负荷数据，如图 8-21 所示。

由全系统物料衡算，D1 流率为 68.73kmol/h。在控制塔釜物流中苯浓度 0.99（摩尔分数）条件下，不同的回流比会导致不同的塔顶共沸物浓度和不同的共沸物流率。合适的回流比应该使得"B1"模块的塔顶共沸物浓度和流率接近相图值和物料衡算值，这可以用"Sensitivity"功能筛选获得。

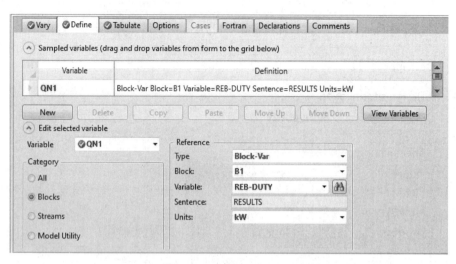

图 8-19　定义 B1 模块塔釜热负荷

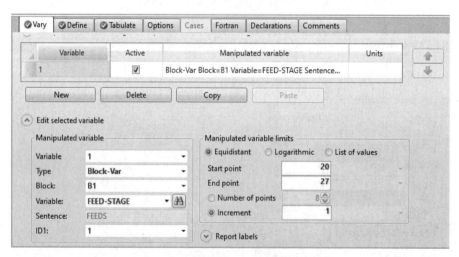

图 8-20　设置进料塔板位置范围和考察步长

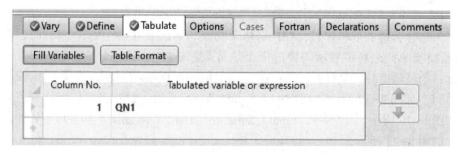

图 8-21　"Tabulate"页面填写

（8）在"Model Analysis Tools | Sensitivity"页面，建立一个灵敏度分析文件"S-2"；在 "Input | Define"页面，定义"XD1"为"B1"模块塔顶共沸物 D1 中的乙醇摩尔分数，如图 8-22 所示。定义"WD1"为"B1"模块塔顶共沸物 D1 的摩尔流率，如图 8-23 所示。在"Input | Vary"页面，设置回流比考察范围和考察步长。如图 8-24 所示。

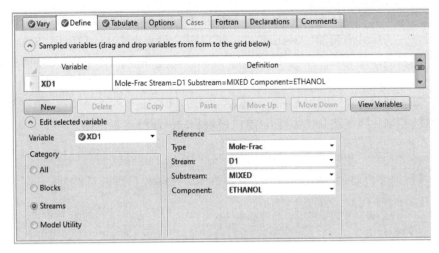

图 8-22　定义 D1 中的乙醇摩尔分数

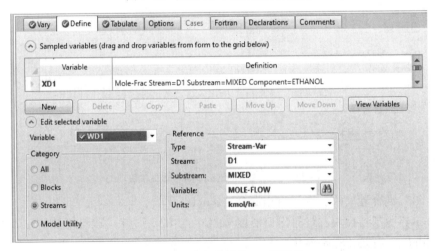

图 8-23　定义共沸物 D1 的流率

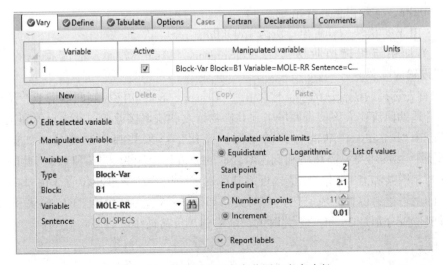

图 8-24　设置回流比考察范围和考察步长

（9）进入"Blocks｜B2｜Specifications｜Setup｜Configuration"页面，输入理论板数20，全凝器，收敛模式选择共沸精馏"Azeotropic"。暂定摩尔回流比为1，然后用"Sensitivity"功能确定。暂定摩尔蒸发比为2，然后用"Design Specs"功能确定。B1塔顶共沸物冷凝冷却到72℃后从第14板进入，合适的进料位置用"Sensitivity"功能确定。塔顶压力101.3kPa，设每块塔板压降1kPa。"B2"模块"Configuration"页面的填写如图8-25所示。"B2"模块塔釜物流中乙醇浓度控制和回流比筛选方法与"B1"模块相同，此处不再赘述。

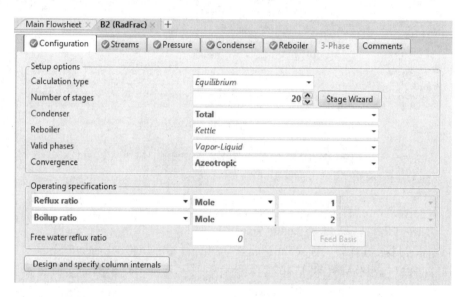

图8-25　低压塔"Configuration"页面参数填写

（10）"B3"混合器模块，选择液相混合"Liquid-only"。

（11）"B4"冷却器模块，设置出口温度72℃，与B2塔进料塔板温度相当；设置冷却器估计压降50kPa，有效相态是液相。

（12）"B5"加热器模块，设置出口温度165℃，与B1塔进料塔板温度相当；设置加热器估计压降50kPa，有效相态是液相。

（13）"PUMP"模块，设置出口压力1500kPa。

（14）为加快流程模拟收敛，在"Convergence｜Tear"页面，把流程中的循环物流"RECYC"设置为撕裂流。

（15）首先选择两塔合适的回流比。在用"Design Specs"功能控制两塔塔釜产品纯度定的前提下，合适的回流比应该使得两塔塔顶共沸物浓度和流率接近相图共沸点值和全系统的物料衡算值。由"Sensitivity"功能计算的不同回流比下塔顶共沸物浓度分布如图8-26和图8-27所示。由图可见，高压塔和低压塔合适的回流比分别为2.05和0.5，此时两塔塔顶乙醇浓度与相图共沸点D1和D2值接近。其次确定两塔合适的进料位置。由"Sensitivity"功能计算出的两塔进料位置与塔釜热负荷的关系如图8-27所示，可见"B1"模块和"B2"模块合适的进料位置分别是26和12，此时的两塔塔釜热负荷最小。

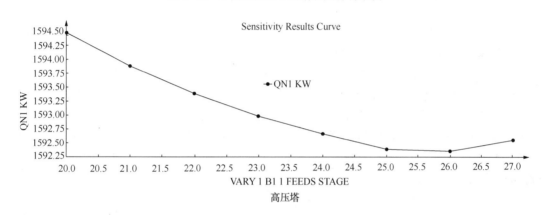

| | Row/Case | Status | VARY 1 B1 COL-SPEC MOLE-RR | XD1 | WD1 KMOL/HR |
|---|---|---|---|---|---|
| | 1 | OK | 2 | 0.724366 | 73.1974 |
| | 2 | OK | 2.01 | 0.724378 | 73.1962 |
| | 3 | OK | 2.02 | 0.724389 | 73.1968 |
| | 4 | OK | 2.03 | 0.7244 | 73.1957 |
| | 5 | OK | 2.04 | 0.724411 | 73.1946 |
| | 6 | OK | 2.05 | 0.724421 | 73.1962 |
| | 7 | OK | 2.06 | 0.724431 | 73.1952 |
| | 8 | OK | 2.07 | 0.72444 | 73.1943 |

高压塔

| Summary | Define Variable | Status | | | |
|---|---|---|---|---|---|
| | Row/Case | Status | VARY 1 B2 COL-SPEC MOLE-RR | XD2 | WD2 KMOL/HR |
| | 1 | OK | 0.5 | 0.460745 | 50.9522 |
| | 2 | OK | 0.6 | 0.47252 | 47.9204 |
| | 3 | OK | 0.7 | 0.484214 | 45.2428 |
| | 4 | OK | 0.8 | 0.495831 | 42.8631 |
| | 5 | OK | 0.9 | 0.507375 | 40.7348 |
| | 6 | OK | 1 | 0.518851 | 38.8191 |
| | 7 | OK | 1.1 | 0.530266 | 37.0842 |

低压塔

图 8-26  不同回流比下的塔顶共沸物浓度

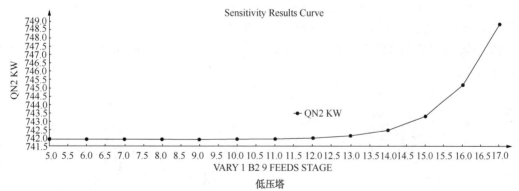

高压塔

低压塔

图 8-27  不同进料位置对应的塔釜热负荷

（16）把两塔回流比分别修改为 2.05 和 0.5，两塔进料位置修改为 26 和 12，由"Design Specs"功能计算得到两塔的蒸发比分别为 3.91 和 1.58。全流程计算结果如图 8-28 所示，可见高压塔塔釜摩尔分数为 0.99，低压塔塔釜乙醇摩尔分数 0.99，均达到分离要求，两塔塔釜出料流率与全系统物料衡算结果相符。

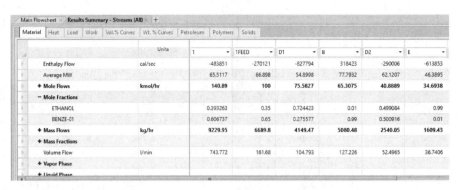

图 8-28   双塔双压精馏系统模拟结果

## 8.3   反应器与精馏塔组合

在化工流程中经常看到反应器与精馏塔的组合流程，反应混合物经精馏塔分离后，未反应的原料返回反应器入口，形成循环流。

【例 8-3】二氯乙烷裂解制氯乙烯组合流程——循环流 Fortran 语言应用。

已知某装置二氯乙烷进料流率 2000kmol/h，21.1℃，压力 2.7MPa。裂解温度 500℃，压力 2.7MPa。淬冷器压降 0.35bar，过冷 5℃。脱氯化氢塔操作压力 2.53MPa，氯乙烯精馏塔操作压力 0.793MPa，要求精馏产物氯化氢和氯乙烯的摩尔分数均大于 0.998。当二氯乙烷单程转化率在 0.50～0.55 范围内变化时，求裂解反应器、淬冷器、精馏塔设备热负荷（$Q$）的变化。

解：

（1）进入"Components | Specifications | Selection"页面，输入组分二氯乙烷、氯乙烯和氯乙烯。本例涉及高温高压气相反应，选择"RK-SOVAE"性质方法。

（2）按题目信息绘制模拟流程，如图 8-29 所示，两塔采用"RadFrac"模块，把物流信息填入对应栏目中。

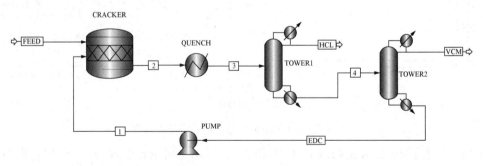

图 8-29   带循环的二氯乙烷裂解流程

（3）规定二氯乙烷单程转化率 0.55，脱氯化氢塔（TOWER1）理论塔板数 17，进料位置 8，回流比 1.082，塔顶摩尔出料比 0.354，如图 8-30 所示。氯乙烯精馏塔（TOWER2）理论塔板数 12，进料位置 7，回流比 0.969，塔顶摩尔出料比 0.55，如图 8-31 所示。

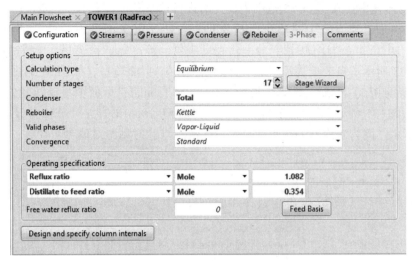

图 8-30　脱氯化氢塔"Configuration"页面参数填写

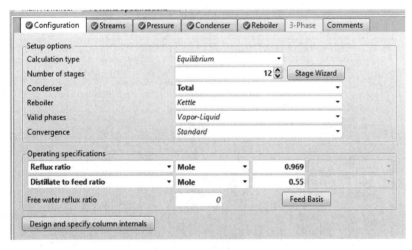

图 8-31　氯乙烯精馏塔"Configuration"页面参数填写

（4）计算结果如图 8-32 所示，二氯乙烷单程转化率 0.55 时，二氯乙烷裂解流程产物氯化氢、氯乙烯的摩尔分数均大于 0.998，达到分离要求。

| | Units | FEED | HCL | VCM | EDC |
|---|---|---|---|---|---|
| Average MW | | 98.9592 | 36.461 | 62.4513 | 98.8914 |
| **+ Mole Flows** | kmol/hr | 2000 | 1996.32 | 2003.65 | 1639.35 |
| **− Mole Fractions** | | | | | |
| EDC | | 1 | 3.06827e-16 | 1.62362e-05 | 0.998143 |
| HCL | | 0 | 0.999985 | 0.00183655 | 2.84899e-10 |
| VCM | | 0 | 1.5282e-05 | 0.998147 | 0.0018574 |
| **+ Mass Flows** | kg/hr | 197918 | 72787.8 | 125130 | 162118 |
| **+ Mass Fractions** | | | | | |
| Volume Flow | l/min | 2633.96 | 1308.48 | 2439.84 | 2679.88 |
| **+ Liquid Phase** | | | | | |

图 8-32　带循环的二氯乙烷裂解计算结果

（5）考察转化率在 0.5~0.55 范围内变化时设备热负荷的变化，在"Model Analysis Tools | Sensitivity"页面，建立一个灵敏度分析文件"S-1"，定义四个因变量分别为"DUTY1"、"DUTY2"、"DUTY3"、"DUTY4"，分别代表反应器、淬冷器、精馏塔 1、精馏塔 2 的热负荷，如图 8-33 所示。自变量为反应转化率，在"Vary"页面填写，如图 8-34 所示，设置转化率的变化范围 0.50~0.55，计算步长为 0.01。在"Tabulate"页面填写灵敏度分析结果的输出格式，如图 8-35 所示。在"Fortran"页面编写一句 Fortran 语言，计算四台设备总热负荷。如图 8-36 所示，因为淬冷器的热负荷是负值，故在求和时用绝对值参与计算。

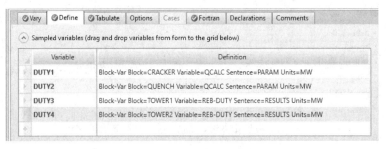

图 8-33　建立灵敏度分析文件

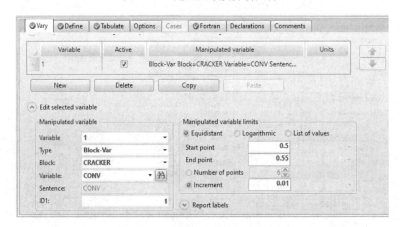

图 8-34　"Vary"页面填写

图 8-35　"Tabulate"页面填写

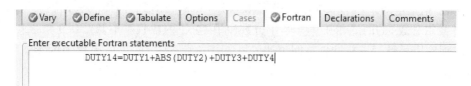

图 8-36　计算四台设备总热负荷

由图 8-37 可以看出，当二氯乙烷转化率从 0.5 提高到 0.55 时，反应器、淬冷器的热负荷增加，两精馏塔的热负荷降低；各设备总热负荷随二氯乙烷转化率的变化趋势见图 8-38，可见总热负荷随二氯乙烷转化率提高而增加。

Summary | Define Variable | Status

| Row/Case | Status | VARY 1 CRACKER 1 CONV CONV | DUTY1 MW | DUTY2 MW | DUTY3 MW | DUTY4 MW | DUTY14 |
|---|---|---|---|---|---|---|---|
| 1 | OK | 0.5 | 109.075 | -85.8155 | 31.4408 | 18.0406 | 244.372 |
| 2 | OK | 0.51 | 110.235 | -86.2264 | 31.334 | 17.7726 | 245.568 |
| 3 | OK | 0.52 | 111.406 | -86.641 | 31.2221 | 17.4373 | 246.707 |
| 4 | OK | 0.53 | 112.589 | -87.0589 | 31.1023 | 17.0059 | 247.756 |
| 5 | OK | 0.54 | 113.783 | -87.4797 | 30.9703 | 16.4184 | 248.652 |
| 6 | OK | 0.55 | 114.964 | -87.8753 | 30.8032 | 15.5957 | 249.238 |

图 8-37　各设备热负荷随二氯乙烷转化率的变化

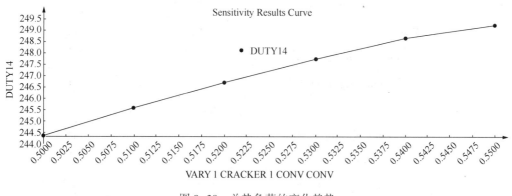

图 8-38　总热负荷的变化趋势

## 8.4　热泵精馏

热泵技术在传统精馏塔中，塔底再沸器供给的绝大部分热量会被塔顶冷却水带走，这是造成能量浪费的主要原因。因此可以利用塔顶的这部分热量为塔底加热，实现能量的回收利用。

**【例 8-4】**丙烯-丙烷热泵精馏。

压力为 7.70bar 的一股饱和液体丙烯-丙烷混合物含丙烯 0.6（摩尔分数），流率

250kmol/h，精馏塔塔顶压力 6.9bar，塔底压力 7.75bar。用塔底液体闪蒸式热泵精馏分离成为 0.99（摩尔分数）的丙烯和 0.99（摩尔分数）的丙烷，丙烯收率不低于 0.99。求：（1）单塔精馏时的理论塔板数、进料位置、回流比、塔釜热负荷；（2）画出塔底液体闪蒸式热泵精馏计算流程图；（3）热泵精馏计算模块参数设置方式；（4）与单塔精馏相比塔底液体闪蒸式热泵精馏能量节省多少？

解：

（1）单塔精馏

① 进入"Components | Specifications | Selection"页面，输入组分丙烷、丙烯。因为是烃类组分，加压操作，选择"PENG-ROB"性质方法。

② 首先用"DSTWU"模块简捷计算，以确定严格计算精馏塔的初步参数。设定操作回流比是最小回流比的 1.6 倍，丙烯在塔顶的回收率 0.995（摩尔分数），丙烷在塔顶的回收率 0.01，塔顶压力 690kPa，塔釜 775kPa，简捷计算结果如图 8-39 所示，完成题目规定的分离任务，需要的回流比是 15，理论塔板数是 99，进料位置是第 59 塔板，塔顶摩尔馏出比 0.601。

| Summary | Balance | Reflux Ratio Profile | ⊘ Status |
|---|---|---|---|
| Minimum reflux ratio | 9.35863 | |
| Actual reflux ratio | 14.9738 | |
| Minimum number of stages | 68.6212 | |
| Number of actual stages | 98.8847 | |
| Feed stage | 58.5176 | |
| Number of actual stages above feed | 57.5176 | |
| Reboiler heating required | 2.4808e+06 | cal/sec |
| Condenser cooling required | 2.48447e+06 | cal/sec |
| Distillate temperature | 5.76868 | C |
| Bottom temperature | 17.0493 | C |
| Distillate to feed fraction | 0.601 | |

图 8-39 "DSTWU"模块计算结果

③ 改用"RadFrac"模块计算把简捷计算结果填入，计算后发现达不到分离要求。使用"Design Specs"功能调整回流比至 15.5、调整塔顶摩尔馏出比至 0.602 后达到分离要求。用"Sensitivity"功能调整进料位置至 64，使精馏加热能耗最小，计算结果如图 8-40 所示，可见塔顶塔底的温差仅 11.2℃，温差很小，可以设置热泵把塔顶气相压缩升温作为塔底再沸器的热源，也可以采用塔底液体闪蒸式热泵精馏方式，把汽化后的塔底物流压缩加热后返回塔底供热，从而省去冷凝器和再沸器，节省能源。另外，如图 8-41 所示，单塔精馏时，塔顶冷凝器热负荷-10.76MW，塔底釜液蒸发比 25.1，塔釜热负荷 10.74MW。

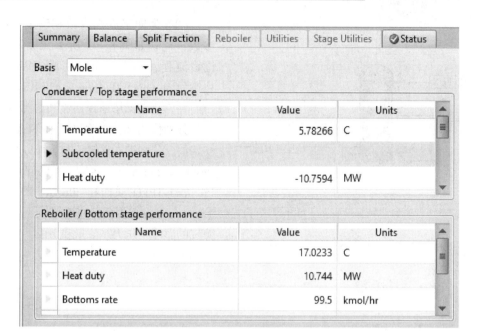

图 8-40 "Summary"页面结果

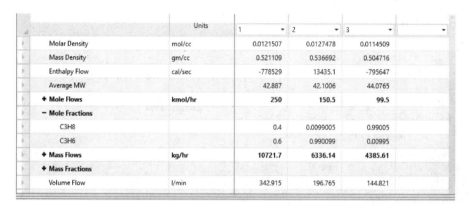

图 8-41 单塔精馏流程计算结果

（2）塔底液体闪蒸式热泵精馏流程如图 8-42 所示。

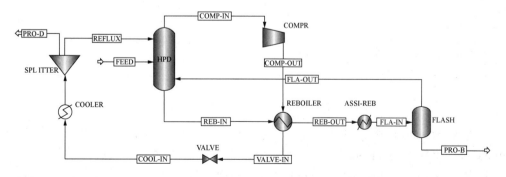

图 8-42 塔底液体闪蒸式热泵精馏计算流程

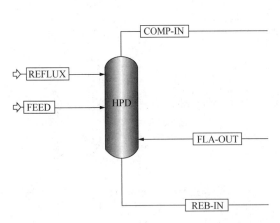

图 8-43　建立无循环热泵精馏塔流程

（3）为便于流程收敛和确定单元模块参数，建立如图 8-43 所示无循环热泵精馏塔流程，其中热泵精馏塔 HPD 采用模块中"Columns｜RadFrac｜ABSBR1"图标。

将常规精馏塔塔顶回流和再沸器的返塔蒸气分别作为物流 REFLUX 和 FLA-OUT 的初始值。分别进入常规精馏塔"Blocks｜B1｜Results｜Summary"页面、"Blocks｜B1｜Profiles｜TPFQ"页面和"Blocks｜B1｜Profiles｜Compositions"页面，查看塔顶回流和返塔蒸气的温度、压力、流量和组成，如图 8-44 和图 8-45 所示。

| Condenser / Top stage performance | | |
|---|---|---|
| Name | Value | Units |
| Reflux rate | 2332.75 | kmol/hr |
| ▶ Reflux ratio | 15.5 | |
| Free water distillate rate | | |

| TPFQ | Compositions | K-Values | Hydrau |
|---|---|---|---|

View All　　　Basis Mole

| Stage | Temperature C | Pressure bar |
|---|---|---|
| ▶ 1 | 5.78266 | 6.9 |
| 2 | 5.8316 | 6.90867 |
| 3 | 5.88075 | 6.91735 |
| 4 | 5.93011 | 6.92602 |
| 5 | 5.97969 | 6.93469 |
| 6 | 6.02952 | 6.94337 |
| 7 | 6.07961 | 6.95204 |

| TPFQ | Compositions | K-Values | Hydraulics | Reactions |
|---|---|---|---|---|

View Liquid　　　Basis Mole

| Stage | C3H8 | C3H6 |
|---|---|---|
| 1 | 0.0099005 | 0.990099 |
| 2 | 0.0110388 | 0.988961 |
| 3 | 0.0122312 | 0.987769 |
| 4 | 0.0134803 | 0.98652 |
| 5 | 0.0147887 | 0.985211 |
| 6 | 0.0161595 | 0.98384 |
| 7 | 0.0175957 | 0.982404 |
| 8 | 0.0191004 | 0.9809 |
| 9 | 0.020677 | 0.979323 |
| 10 | 0.022332 | 0.977671 |

图 8-44　查看塔顶回流的温度、压力、流量和组成

① 进入"Streams｜FLA-OUT｜Input｜Mixed"页面，输入物流 FLA-OUT 压力 7.75bar，气相分率 1，流量 2495.8kmol/h，丙烯摩尔分数 0.012，丙烷摩尔分数 0.988。

② 进入"Streams｜REFLUX｜Input｜Mixed"页面，输入物流 REFLUX 压力 6.9bar，气相分率 0，流量 2332.75kmol/h，丙烯摩尔分数 0.99，丙烷摩尔分数 0.01。

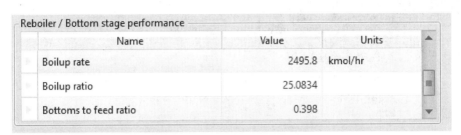

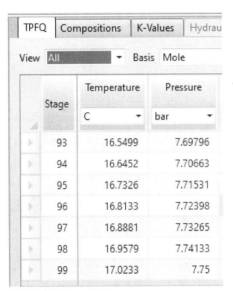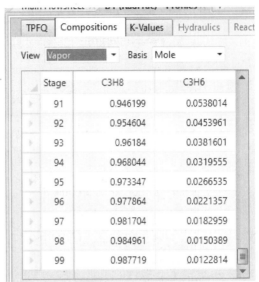

图 8-45　查看返塔蒸气的温度、压力、流量和组成

③ 进入"Blocks | HPD | Specifications | Setup | Configuration"页面，输入热泵精馏塔 HPD 参数，如图 8-46 所示。

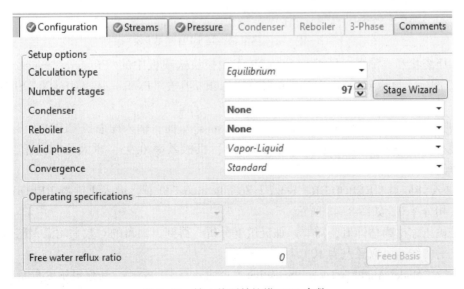

图 8-46　输入热泵精馏塔 HPD 参数

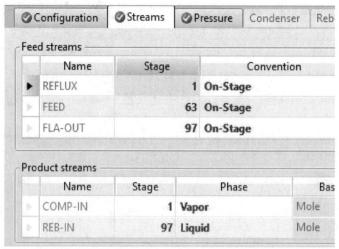

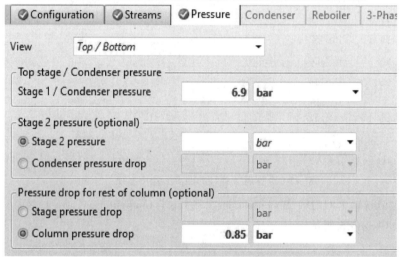

图 8-46  输入热泵精馏塔 HPD 参数(续)

添加压缩机和再沸器,压缩机 COMPR 采用模块选项板中的"Pressure Changers | Compr | ICON2"图标,再沸器 REBOILER 采用模块选项板中的"Exchangers | HeatX | SIMP-HS"图标。

④ 进入"Blocks | COMPR | Setup | Specifications"页面,输入压缩机 COMPR 参数,其中压缩机类型为 ASME 多变压缩,多变效率 0.8,机械效率 0.95,压缩比初始值 1.57,如图 8-47所示。

⑤ 进入"Blocks | REBOILER | Setup | Specifications"页面,输入再沸器 REBOILER 热流体出口气相分率 0,如图 8-48 所示。

压缩机压缩比为估计值,需要添加灵敏度分析,得到再沸器的对数平均温差随压缩机压缩比变化的曲线,可取温差为 10℃ 对应的压缩比。

⑥ 进入"Model Analysis Tools | Sensitivity"页面,点击"New",新建灵敏度分析,采用默认标识"S-1"。

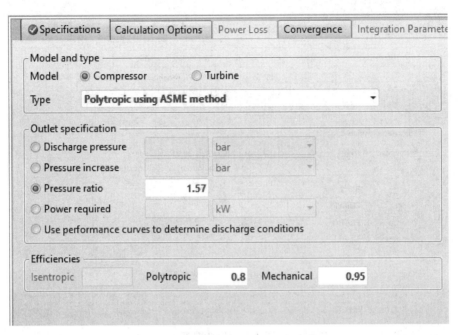

图 8-47 输入压缩机 COMPR 参数

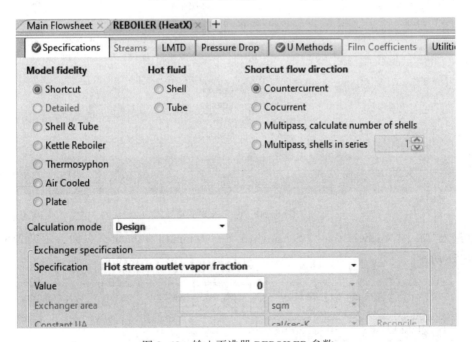

图 8-48 输入再沸器 REBOILER 参数

⑦ 进入"Model Analysis Tools | Sensitivity | S-1 | Input | Vary"页面,定义操纵变量为压缩机的压缩比,如图 8-49 所示。

⑧ 进入"Model Analysis Tools | Sensitivity | S-1 | Input | Define"页面,定义采集变量为再沸器的对数平均温差 DTLM,如图 8-50 所示。

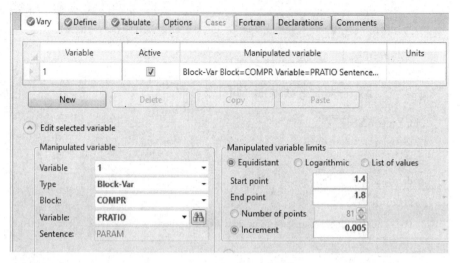

图 8-49　定义操纵变量

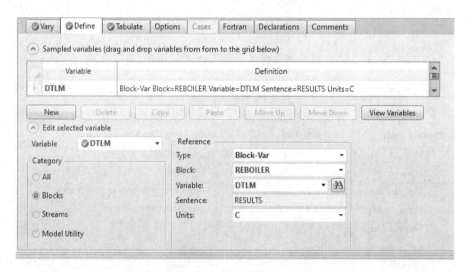

图 8-50　定义采集变量

⑨进入"Model Analysis Tools | Sensitivity | S-1 | Input | Tabulate"页面，定义表格变量，如图 8-51 所示。

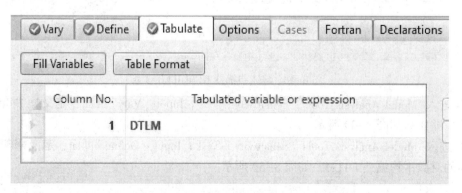

图 8-51　定义表格变量

⑩ 进入"Model Analysis Tools｜Sensitivity｜S-1｜Results｜Summary"页面，查看灵敏度分析结果，将结果绘图，如图8-52所示。

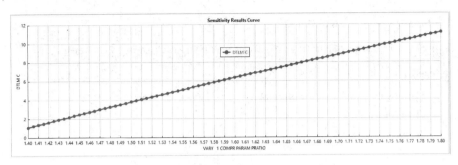

图8-52 对数平均温差随压缩比变化曲线

可以看出，随着压缩机压缩比的增大，再沸器的对数平均温差呈现增大的趋势，选择10℃对应的压缩比1.75。

⑪ 进入"Streams｜REB-OUT｜Results｜Material"页面，查看物流 REB-OUT 气相分率为0.908。常规精馏塔的塔底再沸比为25.1，所需气相分率为0.9617，即经再沸器换热后的返塔物流未满足换热要求，需添加辅助再沸器以达到气相分率。此处添加辅助再沸器 ASSI-REB 与绝热闪蒸器 FLASH 来模拟再沸器，物流 REB-OUT 经过辅助再沸器 ASSI-REB 达到指定的气相分率后进入闪蒸器 FLASH 进行气液分离，气相返回到热泵精馏塔塔底，液相作为塔底产物。

添加辅助再沸器、闪蒸器和节流阀，辅助再沸器 ASSI-REB 采用模块选项板中的"Exchangers｜Heater｜HEATER"图标，闪蒸器 FLASH 采用模块选项板中的"Separators｜Flash2｜V-DRUM1"图标，节流阀采用模块选项板中的"Pressure Changers｜Valve｜VALVE2"图标。

⑫ 进入"Blocks｜ASSI-REB｜Input｜Specifications"页面，输入辅助再沸器 ASSI-REB 参数，如图8-53所示。

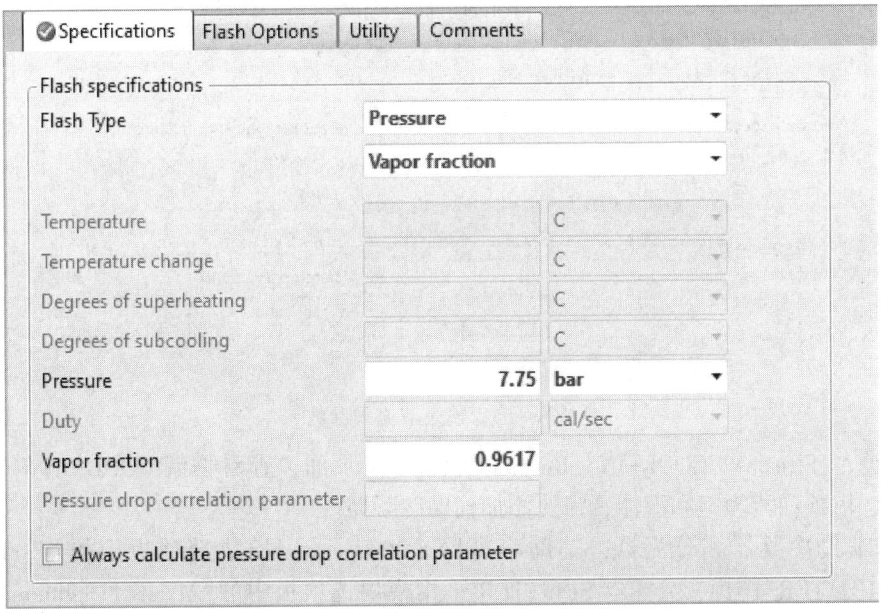

图8-53 输入辅助再沸器参数

⑬ 进入"Blocks | FLASH | Input | Specifications"页面，输入闪蒸器 FLASH 参数，如图 8-54 所示。

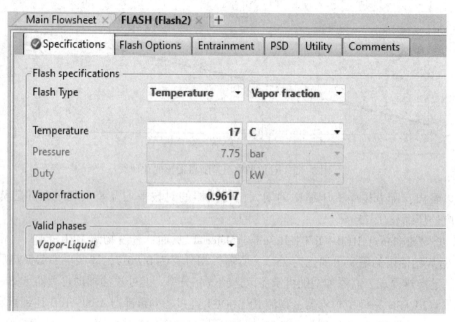

图 8-54　输入闪蒸器参数

⑭ 进入"Blocks | VALVE | Input | Operation"页面，输入节流阀 VALVE 参数，如图 8-55 所示。

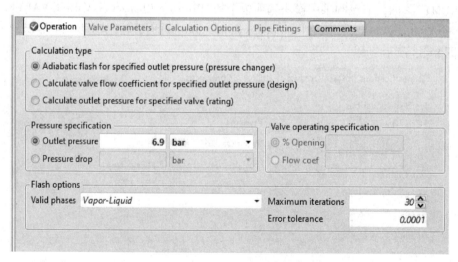

图 8-55　输入节流阀参数

⑮ 进入"Streams | COOL-IN | Results | Material"页面，查看物流 COOL-IN 气相分率为 1.01496，塔顶回流为饱和液体，需要添加辅助冷凝器。

添加辅助冷凝器和分流器，辅助冷凝器 COOER 采用模块选项板中的"Exchangers | Heater | HEATER"图标，分流器 SPLITTER 采用模块选项板中的"Mxiers | Splitters | TRIANGLE"图标。

⑯ 进入"Blocks | COOLER | Input | Specifications"页面，输入辅助冷凝器COOLER 参数，如图 8-56 所示。

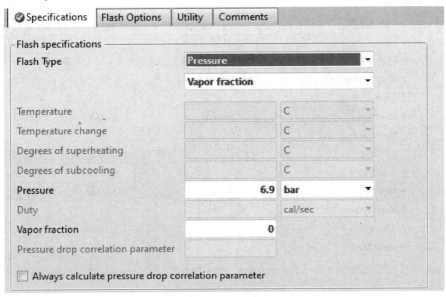

图 8-56　输入辅助冷凝器参数

⑰ 进入"Blocks | SPLITTER | Input | Specifications"页面，输入分流器物流 PRO-D 的摩尔流量 150.5kmol/h，即常规精馏塔塔顶产品流量，如图 8-57 所示。

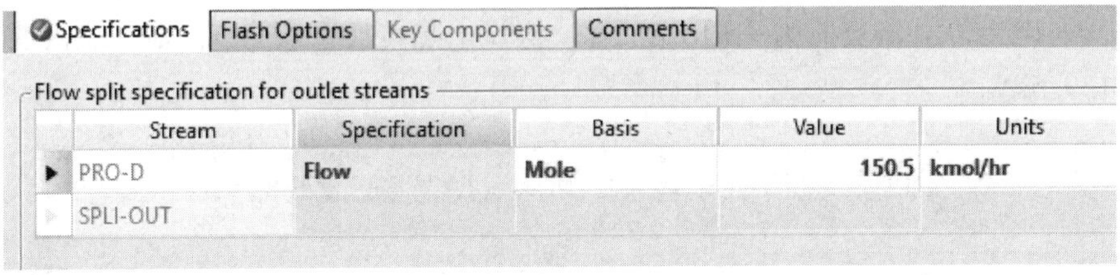

| | Stream | Specification | Basis | Value | Units |
|---|---|---|---|---|---|
| ▶ | PRO-D | **Flow** | **Mole** | 150.5 | kmol/hr |
| ▶ | SPLI-OUT | | | | |

Flow split specification for outlet streams

图 8-57　输入分流器参数

⑱ 比较物流 FLA-OUT 输入值和物流 VAPOR 的计算值，将物流 VAPOR 的计算值作为物流 FLA-OUT 的输入值，进行模拟直至两者相接近，选择物流 FLA-OUT 和物流 VAPOR，右键单击出现一列表，点击"Join"，合并两股物流。

⑲ 比较物流 REFLUX 的输入值和物流 SPLI-OUT 的计算值，将物流 SPLI-OUT 的计算值作为物流 REFLUX 的输入值，运行模拟直至两者相接近，合并两股物流。

⑳ 为了便于收敛，进入"Convergence | Tear | Specifications"页面，设置物流 REFLUX 与物流 FLA-OUT 为撕裂物流，如图 8-58 所示。

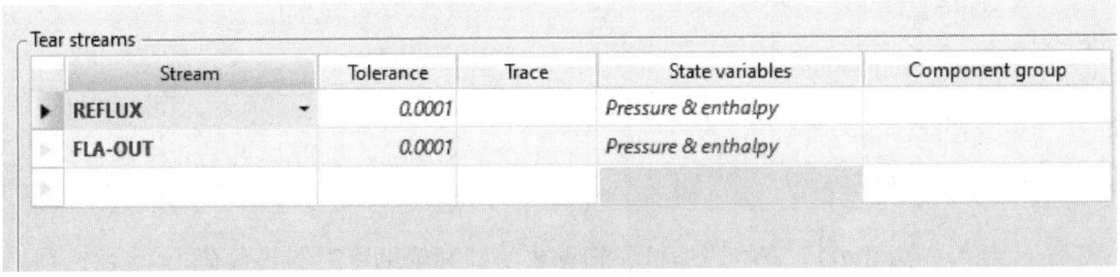

Tear streams

| | Stream | Tolerance | Trace | State variables | Component group |
|---|---|---|---|---|---|
| ▶ | REFLUX ▾ | 0.0001 | | Pressure & enthalpy | |
| ▶ | FLA-OUT | 0.0001 | | Pressure & enthalpy | |
| ▶ | | | | | |

图 8-58　设置撕裂物流

㉑ 进入"Results Summary │ Streams │ Material"页面，查看物流结果，如图 8-59 所示。塔顶物流丙烯摩尔分数为 0.99，塔底物流丙烷摩尔分数为 0.99，均符合产品纯度要求。

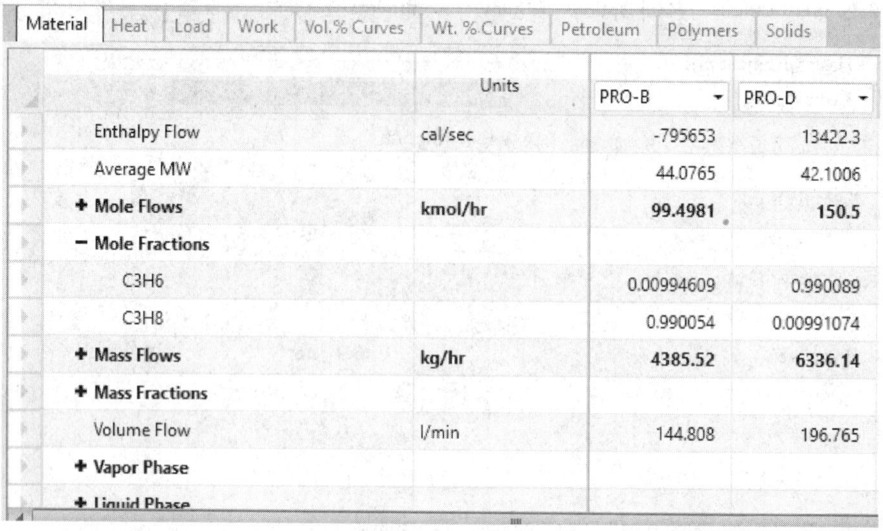

| | | Units | PRO-B ▾ | PRO-D ▾ |
|---|---|---|---|---|
| | Enthalpy Flow | cal/sec | -795653 | 13422.3 |
| | Average MW | | 44.0765 | 42.1006 |
| + | Mole Flows | kmol/hr | 99.4981 | 150.5 |
| − | Mole Fractions | | | |
| | C3H6 | | 0.00994609 | 0.990089 |
| | C3H8 | | 0.990054 | 0.00991074 |
| + | Mass Flows | kg/hr | 4385.52 | 6336.14 |
| + | Mass Fractions | | | |
| | Volume Flow | l/min | 144.808 | 196.765 |
| + | Vapor Phase | | | |
| + | Liquid Phase | | | |

图 8-59  查看物流结果

分别进入"Blocks │ COMPR │ Results │ Summary"页面、"Blocks │ ASSI-REB │ Results │ Summary"页面和"Blocks │ COOLER │ Results │ Summary"页面，查看压缩机、辅助再沸器和辅助冷凝器负荷，如图 8-60 所示。其中压缩机耗电量为 1046.5kW，辅助再沸器负荷601.605kW，辅助冷凝器负荷为-1610.23kW。假设电热转换系数为 3，则压缩机消耗的等量负荷为 3139.5kW。

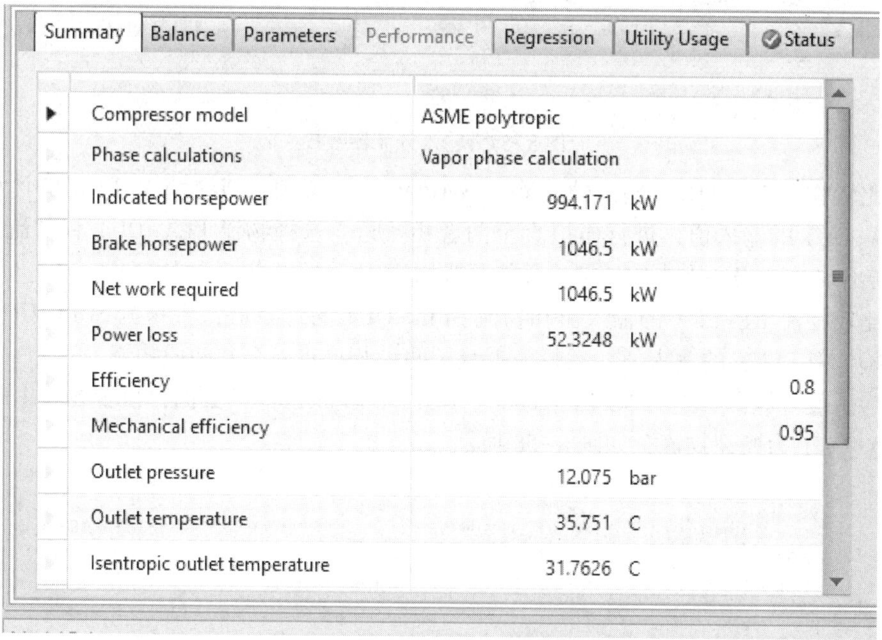

| | | |
|---|---|---|
| ▶ | Compressor model | ASME polytropic |
| | Phase calculations | Vapor phase calculation |
| | Indicated horsepower | 994.171 kW |
| | Brake horsepower | 1046.5 kW |
| | Net work required | 1046.5 kW |
| | Power loss | 52.3248 kW |
| | Efficiency | 0.8 |
| | Mechanical efficiency | 0.95 |
| | Outlet pressure | 12.075 bar |
| | Outlet temperature | 35.751 C |
| | Isentropic outlet temperature | 31.7626 C |

图 8-60  查看压缩机、辅助再沸器和辅助冷凝器热负荷

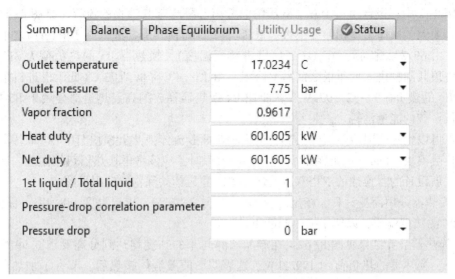

图 8-60　查看压缩机、辅助再沸器和辅助冷凝器热负荷(续)

（4）比较常规精馏塔和热泵精馏塔的能耗，热泵精馏塔较常规精馏塔的能耗节省了 $1-(3139.5+601.605)/10740=65.2\%$。

## 8.5　冷热流体换热

在化工流程中，从原料到产品的整个生产过程，始终伴随着能量的供应、转换、利用、回收、生产、排弃等环节。例如，进料需要加热，产品需要冷却，冷、热流体之间换热构成了热回收换热系统。加热不足的部分就必须消耗热公用工程提供的燃料或蒸汽，冷却不足的部分就必须消耗冷公用工程提供的冷却水、冷却空气或冷量；泵和压缩机的运行需要消耗电力或由蒸汽透平直接驱动等，若能巧妙地安排流程中的冷热流体相互换热，则可减少外部公用工程的消耗，以降低操作成本。

【例 8-5】乙醇与苯双塔双压精馏系统内冷热流体换热。

在例8-2中,设计了一个双塔双压精馏分离乙醇与苯共沸物的流程,见图8-15。因为两塔压差太大,操作温度相差亦很大。低压塔(B2)塔顶共沸物进入高压塔(B1)之前需要升压升温,由69.8℃升高到163℃(高压塔进料板温度),换热器B5的热负荷为315.25kW;高压塔塔顶共沸物进入低压塔之前需要降温,由158.4℃降低到73℃(低压塔进料板温度),换热器B4的热负荷为-321.97kW。若能把B4换热器释放的高温热量部分用于B5换热器,则可降低系统的能量消耗。

解:可以把这两股冷热流体换热,选用一个两股流体换热器模块"HeatX"取代原来两个单流体换热模块"Heater"。但在设计这一换热流程时,应该考虑换热器热端温差、冷端温差的限制,新设计的含换热的双塔双压精馏分离乙醇与苯共沸物的流程见图8-61。

B6换热器采用简捷计算,指定冷流体(物流号2RECYC)出口温度148.4℃,保留B6换热器10℃的热端温差,以便于换热器能正常运转。

B6换热器计算结果见图8-62,在产品乙醇与苯的纯度均达到分离要求0.99摩尔分数的前提下,换热器的热负荷为179.2kW。这表明,两股流体换热后,节省了加热负荷,也节省了冷却负荷。

由于图8-61流程中的物流RECYC与物流9的入塔温度与例8-2图8-15不同,因此两塔的操作条件也与图8-15不同。

图8-61中标出了各设备的热负荷、各物流的温度,可以算出,图8-61换热流程的加热热负荷2739.4kW,冷却热负荷2839.2kW,与图8-15流程比较,节省加热热负荷514kW,节省冷却热负荷510kW。

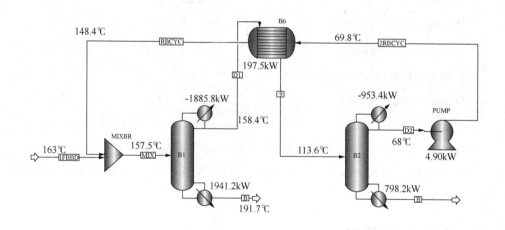

图8-61 含换热的双塔双压精馏分离乙醇与苯共沸物的流程图1
(加热热负荷2739.4kW,冷却热负荷2839.2kW)

热流体(物流号9)出换热器的温度为113℃,比进料板温度高40.6℃;冷流体(物流号2RECYC)出换热器的温度为148.4℃,比原工艺温度163℃低14.6℃。若维持原来两塔的操作条件不变,可以加两个换热器进一步降温与加热,流程如图8-63所示。

图8-63中B5为加热器,简捷计算,设置循环物流(物流号1)的出口温度为163℃;B4为冷却器,简捷计算,设置工艺物流(物流号2)的出口温度为73℃。

| Heatx results | | | | | |
|---|---|---|---|---|---|
| Calculation Model | Shortcut | | | | |
| | Inlet | | Outlet | | |
| Hot stream: | D1 | | 9 | | |
| Temperature | 158.402 | C | 113.567 | C | |
| Pressure | 1333 | kPa | 1333 | kPa | |
| Vapor fraction | 0 | | 0 | | |
| 1st liquid / Total liquid | 1 | | 1 | | |
| Cold stream | 2RECYC | | RECYC | | |
| Temperature | 69.888 | C | 148.4 | C | |
| Pressure | 1450 | kPa | 1450 | kPa | |
| Vapor fraction | 0 | | 0 | | |
| 1st liquid / Total liquid | 1 | | 1 | | |
| Heat duty | 197.552 | kW | | | |

图 8-62　B6 换热器计算结果

　　运行后，与例 8-2 图 8-15 的流程比较，加热热负荷降低 514kW，冷却热负荷降低 510kW，具体热负荷数值已在图 8-63 上标注。

　　设置了 B4、B5、B6 三台换热器后，入两塔的物流温度未变，故两塔的操作参数也不变。

　　若希望进一步降低图 8-63 流程的能量消耗，可以把 B1 塔的塔釜液体作为 B5 换热器加热流体，设置的换热流程如图 8-64 所示，图中 B5 换热器简捷计算，设置 B5 换热器的热负荷为 36kW，循环物流（物流号 1）的出口温度为 163℃。入两塔的物流温度未变，故两塔的操作参数也不变。B1 塔釜液的温度经换热后降温 10.5℃。与例 8-2 图 8-15 的流程比较，加热负荷降低 514+36＝550kW，冷却负荷降低 510kW。

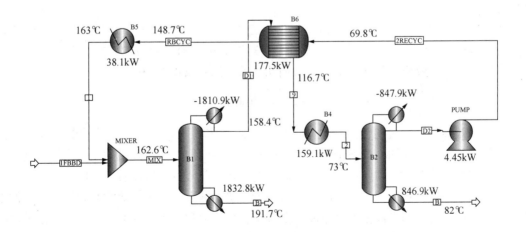

图 8-63　含换热的双塔双压精馏分离乙醇与苯共沸物的流程图 2
（加热热负荷 2717.8kW，冷却热负荷 2817.9kW）

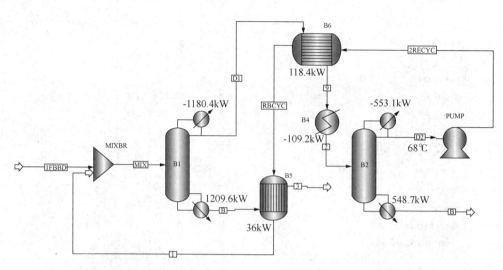

图 8-64  含换热的双塔双压精馏分离乙醇与苯共沸物的流程图 3
（加热热负荷 1758.3kW，冷却热负荷 1842.7kW）

## 8.6  多效精馏

多效精馏是利用高压塔顶蒸汽的潜热向低压塔的再沸器提供热量，高压塔顶蒸汽同时被冷凝的热集成精馏系统。根据进料与压力梯度方向的一致性，多效精馏可以分为：

① 并流结构，即原料分配到各热集成塔进料；

② 顺流结构，进料方向和压力梯度的方向一致，即从高压塔进料；

③ 逆流结构，进料的方向和压力梯度的方向相反，即从低压塔进料；

④ 混流结构，从高压塔进料，塔顶冷凝液入低压塔。

根据操作压力的不同，多效精馏又可分为加压-常压、加压-减压、常压-减压、减压-减压等类型。

多效精馏的效数 $N$（热集成塔数）与理论节能率 $\eta$ 关系如式所示，可以算出，双效精馏的理论节能率为 50%，三效的为 66.7%，四效的为 75%。随着效数的增加，节能率的增加幅度下降，如从双效到三效增加 16.7%，而从三效到四效仅增加 8%。

$$\eta = \frac{N-1}{N} \times 100\%$$

尽管多效精馏有明显的益处，但其应用仍受到一定的限制。首先，效数要受投资的限制。效数增加，培数增加，设备费用增大。同时，效数增加，第一效塔的压力增加，则塔底再沸器所用的加热蒸汽的品质提高，将削弱因能耗降低而减少的操作成本；同时又使换热器传热温差减小，使换热面积增大，故换热器的投资费用增大。再者，效数受到操作条件的限制。第一效塔中允许的最高压力和温度，受系统临界压力和温度、热源的最高温度以及热敏性物料的许可温度等的限制；而压力最低的塔通常受塔顶冷凝器冷却水温度的限制。最后，多效精馏系统操作相对困难，且对设计和控制都有更高的要求。

【例 8-6】甲醇-水溶液双效精馏——Fortran 语言应用。

分离甲醇-水等摩尔混合物，常压精馏，进料流率 2000kmol/h。要求产品甲醇含量达到 0.995 摩尔分数，要求排放水中甲醇含量<0.005 摩尔分数。比较单塔和顺流双效精馏的能耗，设塔板压降 0.7kPa/板，高压塔的操作压力 700kPa，低压塔常压操作。

解：（1）单塔精馏

**步骤 1**：全局性参数设置。选择通用过程的公制计量单位模板，默认计算类型为"Flowheet"。在"Setup"页中进行基本设定，输入模拟文件的标题信息，选择 SI-CBAR 计量单位集，设置输出格式。单击"Next"按钮，进入组分输入窗口，在"Component ID"中输入甲醇、水。

**步骤 2**：选择物性方法。因为甲醇-水是互溶体系，对于常压精馏，可以选择 Wilson 方程。

**步骤 3**：画流程图。首先选用"DSTWU"模块，以确定严格计算精馏塔的理论塔板数和进料位置，画出单塔精馏流程图。

**步骤 4**："DSTWU"模块计算。把题目分离要求输入，设定操作回流比是最小回流比的 1.2 倍，参数填写页面如图 8-65 所示，计算结果见图 8-66。

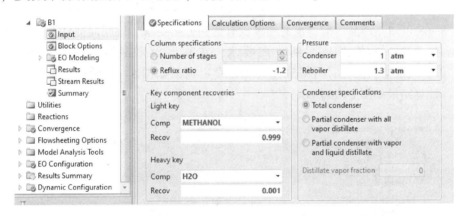

图 8-65　设置"DSTWU"模块参数

| B1 (DSTWU) - Results | | |
| --- | --- | --- |
| Minimum reflux ratio | 0.584538 | |
| Actual reflux ratio | 0.701445 | |
| Minimum number of stages | 10.997 | |
| Number of actual stages | 26.7014 | |
| Feed stage | 18.6074 | |
| Number of actual stages above feed | 17.6074 | |
| Reboiler heating required | 17.1374 | MW |
| Condenser cooling required | 16.7117 | MW |
| Distillate temperature | 64.5498 | C |
| Bottom temperature | 107.342 | C |
| Distillate to feed fraction | 0.5 | |
| HETP | | |

图 8-66　"DSTWU"模块结果

由图 8-65，完成题目甲醇-水的分离任务，单一精馏塔需要 27 块理论板，回流比 0.8，进料位置在 18 块理论板。塔顶物流中甲醇 0.999 摩尔分数，塔釜物流中水 0.999 摩尔分数，可以满足分离要求。

**步骤 5**：改用"RadFrac"模块计算。画出单塔精馏流程图，把"DSTWU"模块计算结果填入，在"Configuration"页面填写如图 8-67 所示，计算结果见图 8-68。

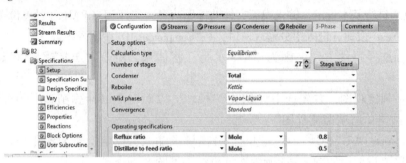

图 8-67 "Configuration"页面参数设定

由图 8-68 可知，产品甲醇、水的纯度没有达到分离要求，说明简捷计算方法与严格计算方法存在差距。为使产品达到分离要求，在其他设定参数不变时，使用"Design Specifitions"功能调整回流比，对回流比的参数设定页面如图 8-69 所示。当回流比调整为 0.944 时，计算结果如图 8-70 所示。

| | Units | 5 | 6 | 7 |
|---|---|---|---|---|
| Temperature | C | 80 | 64.7698 | 101.792 |
| Pressure | bar | 1.317 | 1.013 | 1.195 |
| Molar Vapor Fraction | | 0 | 0 | 0 |
| Molar Liquid Fraction | | 1 | 1 | 1 |
| Molar Solid Fraction | | 0 | 0 | 0 |
| Mass Vapor Fraction | | 0 | 0 | 0 |
| Mass Liquid Fraction | | 1 | 1 | 1 |
| Mass Solid Fraction | | 0 | 0 | 0 |
| Molar Enthalpy | J/kmol | -2.57663e+08 | -2.35194e+08 | -2.79088e+08 |
| Mass Enthalpy | J/kg | -1.02947e+07 | -7.39184e+06 | -1.53014e+07 |
| Molar Entropy | J/kmol-K | -183983 | -226545 | -146220 |
| Mass Entropy | J/kg-K | -7350.86 | -7120.03 | -8016.7 |
| Molar Density | kmol/cum | 31.3616 | 23.4129 | 49.7952 |
| Mass Density | kg/cum | 784.94 | 744.954 | 908.235 |
| Enthalpy Flow | Watt | -1.43146e+08 | -6.53316e+07 | -7.75243e+07 |
| Average MW | | 25.0287 | 31.818 | 18.2394 |
| − Mole Flows | kmol/hr | 2000 | 1000 | 1000 |
| METHANOL | kmol/hr | 1000 | 984.022 | 15.9778 |
| H2O | kmol/hr | 1000 | 15.9778 | 984.022 |
| − Mole Fractions | | | | |
| METHANOL | | 0.5 | 0.984022 | 0.0159778 |
| H2O | | 0.5 | 0.0159778 | 0.984022 |
| + Mass Flows | kg/hr | 50057.4 | 31818 | 18239.4 |
| + Mass Fractions | | | | |
| Volume Flow | cum/hr | 63.7723 | 42.7114 | 20.0822 |

图 8-68 "RadFrac"模块计算结果 1

可见，经"Design Specifitions"把回流比由 0.8 调整到 0.944 后，产品甲醇、水的纯度已达到分离要求，塔釜需要提供的热量是 19.4MW。

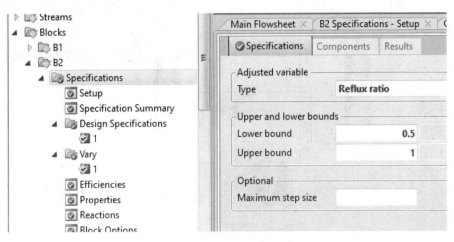

图 8-69　对回流比的参数设定页面

图 8-70　"RadFrac"模块计算结果 2

（a）进出物流参数　　（b）塔顶参数　　（c）塔釜参数

**（2）顺流双效精馏**

**步骤 1**：把顺流双效精馏结构改画成计算流程，如图 8-71 所示。

**步骤 2**：对两塔的分离任务进行分配。首先对两塔系统进行总物料衡算：

$$F = D1 + D2 + B$$

对两塔系统的甲醇进行物料衡算：

$$X_{\text{FEED}}F = X_{\text{D1}}D1 + X_{\text{D2}}D2 + X_{\text{B}}B$$

代入：$X_{\text{FEED}} = 0.5$，$X_{\text{D1}} = X_{\text{D2}} = 0.995$，$X_{\text{B}} = 0.005$。

解出：$B = 1000\text{kmol/h}$，$D1 + D2 = 1000\text{kmol/h}$。

$D1$、$D2$ 的分配比例由 C1 塔气相出料量 $V$ 确定，气相 $V$ 释放的潜热应该等于 C2 塔塔釜的热负荷，然后由 C1 塔的回流比确定 D1 流率值，从而得到 D2 流率值。

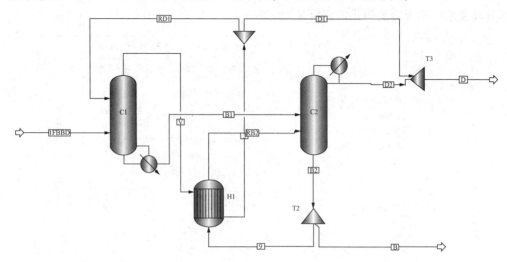

图 8-71　顺流双效精馏计算流程图

**步骤 3**：确定 D1 流率值。借助于一个辅助双塔系统确定 D1 流率值，辅助双塔系统如图 8-72 所示，其中 B1 塔是加压塔，操作压力 700kPa；B2 塔是低压塔，常压操作。要求两塔塔顶物流的甲醇摩尔分数均为 0.995，低压塔塔釜物流甲醇摩尔分数为 0.005。加压塔选择 WILS-RK 物性方法，低压塔选择 WILS 物性方法。

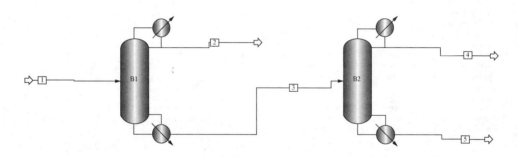

图 8-72　辅助双塔系统

根据"DSTWU"模块计算，确定 B1 塔的参数是：理论塔板数 $N = 39$，进料位置 $N_{FEED} = 29$，回流比 $R = 1.38$。假定 $D1 = 500$kmol/h，即 $D/F = 0.25$，代入 B1 塔计算，结果 B1 塔顶的甲醇含量不满足分离要求，经过"Design Specifications"功能调整回流比 $R = 1.55$，优化功能调整 $N_{FEED} = 38$。计算结果 $X_{D1} = 0.995$，达到分离要求。

同样方法，确定 B2 塔的操作参数是 $N = 32$，$R = 1.02$，$N_{FEED} = 26$，$B2 = 1000$kmol/h。计算过程中，用一个设计规定调整 B2 塔塔顶出料流率，控制 B2 塔塔顶物流中甲醇摩尔分数为 0.995；再用一个设计规定调整 B2 塔回流比，控制 B2 塔塔釜物流中甲醇摩尔分数小于 0.005。

**步骤 4**：确定图 8-71 中 C1 塔塔顶气相 $V$ 的出料量。在图 8-71 流程中，建立一个"Design Spec"文件"DS-1"，定义 B1 塔塔顶冷凝器热负荷为 B1QC，定义 B2 塔釜再沸器热负荷为 B2QN。在顺流双效精馏流程稳定操作时，调整 B1 塔塔顶出料量使得 B1QC 与 B2QN

的绝对值相等代数和(记作 DQ)为零。在"Flowsheeting Options ｜ Design Spec ｜ DS-1 ｜ Input ｜ Spec"页面填写如图 8-73 所示。

图 8-73　设置 B1QC 与 B2QN 的代数和为零

通过调整 B1 塔顶的出料比 $D/F$ 达到 DQ 为零，参数填写如图 8-74 所示。用 Fortran 语言定义 DQ 的计算方法，如图 8-75 所示。

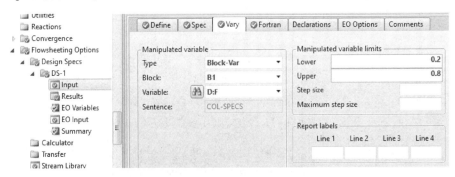

图 8-74　调整 B1 塔塔顶出料比 $D/F$ 达到 DQ 为零

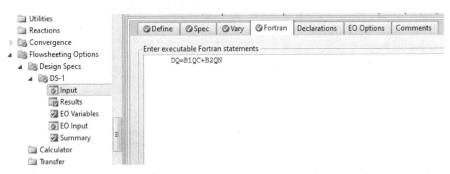

图 8-75　用 Fortran 语言定义 DQ 计算方法

设计规定"DS-1"计算结果如图 8-76 所示，结果显示，B1 塔塔顶出料比 $D/F$ 为 0.2147 时，B1 塔塔顶热负荷 B1QC 绝对值等于 B2 塔釜再沸器热负荷 B2QN 绝对值，均为 9.4MW。此时，B1 塔顶 D1 的出料量为 435.24kmol/h，塔顶温度 123.4℃，回流比 1.55。

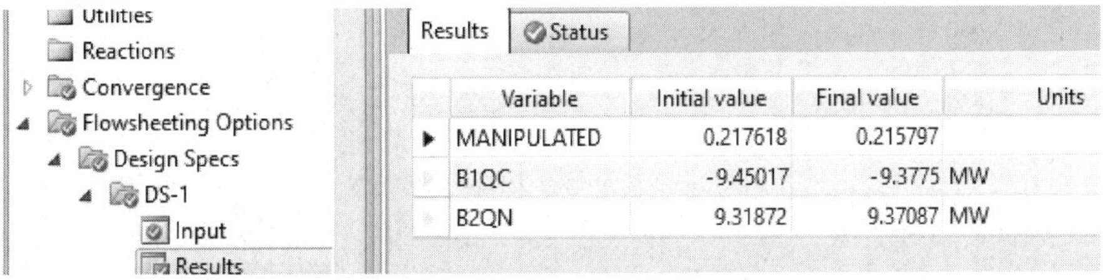

| Variable | Initial value | Final value | Units |
|---|---|---|---|
| MANIPULATED | 0.217618 | 0.215797 | |
| B1QC | -9.45017 | -9.3775 | MW |
| B2QN | 9.31872 | 9.37087 | MW |

图 8-76　设计规定"DS-1"计算结果

由回流比 1.55 可计算出 B1 塔顶气相流率 $V = (R+1)D1 = 2.55×435.24 = 1109.85(\text{kmol/h})$，这也是图 8-71 中 C1 塔顶的气相出料量。由 $D1+D2 = 1000\text{kmol/h}$ 可算出 $D2 = 1000-435.24 = 568.4\text{kmol/h}$，这是图 8-71 中 C2 塔顶的液相出料量。

**步骤 5**：把由图 8-72 计算出的参数代入图 8-71 各模块的参数设置，注意 C1 塔无冷凝器，设置塔顶气相出料量为 1109.85kmol/h，换热器 H1 参数设置方式如图 8-77 所示，C1 塔分配器 T1 的参数设置方式如图 8-78 所示，C2 塔分配器 T2 的参数设置方式如图 8-79 所示，运行结果如图 8-80 所示。

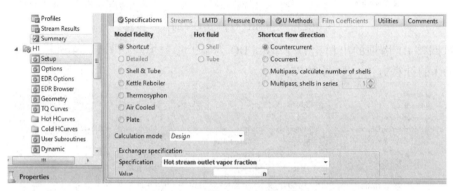

图 8-77　换热器 H1 参数设置

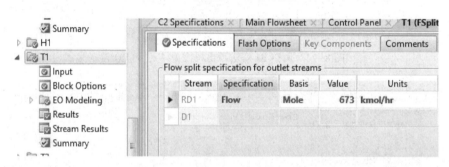

图 8-78　分配器 T1 的参数设置

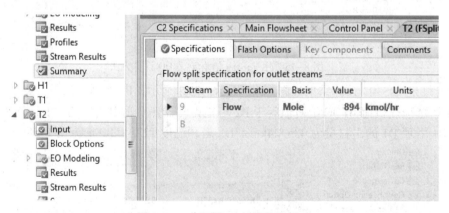

图 8-79　分配器 T2 的参数设置

| | Units | FEED | V | D1 | D | B |
|---|---|---|---|---|---|---|
| Temperature | C | 135.1 | 123.429 | 123.4 | 64.5672 | 100.01 |
| Pressure | bar | 7.39673 | 7 | 7 | 1.01325 | 1.01325 |
| Molar Vapor Fraction | | 0.0711032 | 1 | 0 | 0.0927174 | 0 |
| Molar Liquid Fraction | | 0.928897 | 0 | 1 | 0.907283 | 1 |
| Molar Solid Fraction | | 0 | 0 | 0 | 0 | 0 |
| Mass Vapor Fraction | | 0.0802808 | 1 | 0 | 0.0927643 | 0 |
| Mass Liquid Fraction | | 0.919719 | 7.77156e-15 | 1 | 0.907236 | 1 |
| Mass Solid Fraction | | 0 | 0 | 0 | 0 | 0 |
| Molar Enthalpy | J/kmol | -2.49256e+08 | -1.96361e+08 | -2.27038e+08 | -2.31247e+08 | -2.79975e+08 |
| Mass Enthalpy | J/kg | -9.95879e+06 | -6.13492e+06 | -7.09335e+06 | -7.22339e+06 | -1.55405e+07 |
| Molar Entropy | J/kmol-K | -163247 | -131729 | -209085 | -218395 | -145896 |
| Mass Entropy | J/kg-K | -6522.39 | -4115.61 | -6532.43 | -6821.92 | -8098.21 |
| Molar Density | kmol/cum | 2.79012 | 0.212295 | 20.6757 | 0.383378 | 50.9696 |
| Mass Density | kg/cum | 69.8331 | 6.79497 | 661.77 | 12.2733 | 918.26 |
| Enthalpy Flow | Watt | -1.38475e+08 | -6.05366e+07 | -2.75504e+07 | -6.43635e+07 | -7.76158e+07 |
| Average MW | | 25.0287 | 32.0072 | 32.0072 | 32.0137 | 18.0158 |
| − Mole Flows | kmol/hr | 2000 | 1109.85 | 436.85 | 1001.99 | 998.006 |
| METHANOL | kmol/hr | 1000 | 1107.08 | 435.76 | 999.96 | 0.0399457 |
| H2O | kmol/hr | 1000 | 2.77001 | 1.09031 | 2.03445 | 997.966 |
| − Mole Fractions | | | | | | |
| METHANOL | | 0.5 | 0.997504 | 0.997504 | 0.99797 | 4.00256e-05 |
| H2O | | 0.5 | 0.00249584 | 0.00249584 | 0.0020304 | 0.99996 |

图 8-80　顺流双效精馏计算结果

由图 8-80 可见，顺流双效精馏两塔顶精馏产品甲醇含量 0.997 摩尔分数，收率 99.79%，C2 塔塔釜液水含量 0.996 摩尔分数，水的收率 99.99%，均达到分离要求。C1 塔塔釜消耗加热能量 8.1MW，与单塔精馏消耗加热能量 19.4MW 相比：

$$1-Q_{双}/Q_{单}=1-8.1/19.4=58.2\%$$

即题给甲醇-水顺流双效精馏比单塔精馏节省加热能量 58.2%，另外还节省了 C1 塔塔顶冷凝水消耗。

## 8.7　热耦精馏

热耦精馏是通过汽、液相的互逆流动接触而直接进行物料输送和能量传递的流程结构，即从一个塔内引出一股液相物流直接作为另一塔的塔顶回流，或引出气相物流直接作为另一塔的塔顶气相回流，从而实现直接热耦合。热耦精馏结构通常用于三组分物系分离(假设三组分不形成共沸物，挥发度顺序为 $\alpha_A>\alpha_B>\alpha_C$，其中最有代表性的是 Petlyuk 热耦精馏结构，

Petlyuk 热耦精馏结构由一个主塔和一个副塔组成，副塔起预分馏作用。由于组分 A 与组分 C 的相对挥发度大，在副塔内可实现完全的分离，中间组分 B 在副塔的塔顶与塔底物流中均存在。副塔无冷凝器和再沸器，两塔用流向互逆的四股汽液物流连接。主塔的上段是共用精馏段，主塔的下段是共用提馏段，主塔的中段是 B 组分的提纯段。在主塔的塔顶与塔底分别得到纯组分 A 与 C，组分 B 可以按任意纯度要求从主塔中段的某块塔板侧线采出。

【例 8-7】乙醇-正丙醇-正丁醇热耦精馏——分壁塔模块应用。

用精馏塔分离乙醇-正丙醇-正丁醇的液体混合物，饱和液体进料，进料流率 100kmol/h；摩尔比为乙醇：正丙醇：正丁醇=1∶3∶1；常压操作。试用双塔和分壁塔精馏两种方法把混合物分离成为 3 个醇产品，要求 3 个醇产品摩尔分数均不低于 0.97，试比较能耗大小。

解：（1）双塔精馏

用 Wilson 方程计算相平衡性质。用"DSTWU"模块计算第一塔 C1，得到完成分离任务需要的理论级数、进料位置、回流比等，计算结果输入"RadFrac"模块重新计算分离系列的第一塔 C2，对 C2 塔进行优化处理，使塔顶乙醇摩尔分数达到 0.97；把 C2 塔的釜液引入"DSTWU"模块塔 C3，把 C3 塔计算结果输入"RadFrac"模块，重新计算分离系列的第二塔 C4，对 C4 塔进行优化处理，使塔顶丙醇、塔底丁醇摩尔分数达到 0.97，计算流程如图 8-81 所示，计算结果见图 8-82 和表 8-1，可见双塔精馏完成分离任务需要的总能耗是 2983.9kW。

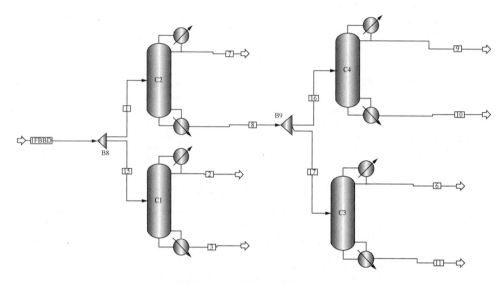

图 8-81　双塔精馏计算流程

| | Units | 1FEED | 7 | 9 | 10 |
|---|---|---|---|---|---|
| Temperature | C | 94.8 | 80.7749 | 99.431 | 119.135 |
| Pressure | bar | 1.1 | 1.1 | 1.1 | 1.1 |
| Molar Vapor Fraction | | 0 | 0 | 0 | 0 |
| Molar Liquid Fraction | | 1 | 1 | 1 | 1 |
| Molar Solid Fraction | | 0 | 0 | 0 | 0 |
| Mass Vapor Fraction | | 0 | 0 | 0 | 0 |
| Mass Liquid Fraction | | 1 | 1 | 1 | 1 |
| Mass Solid Fraction | | 0 | 0 | 0 | 0 |
| Molar Enthalpy | kcal/mol | -68.8596 | -64.6238 | -69.0453 | -73.0539 |
| Mass Enthalpy | kcal/kg | -1145.83 | -1390.06 | -1146.19 | -991.202 |
| Molar Entropy | cal/mol. | -95.4211 | -77.7126 | -97.4277 | -116.963 |
| Mass Entropy | cal/gm-K | -1.58781 | -1.6716 | -1.61735 | -1.58697 |
| Molar Density | kmol/c.. | 12.0948 | 15.722 | 11.9212 | 9.61605 |
| Mass Density | kg/cum | 726.847 | 730.915 | 718.119 | 708.726 |
| Enthalpy Flow | Gcal/hr | -6.88596 | -1.29248 | -4.18679 | -1.41445 |
| Average MW | | 60.0959 | 46.4898 | 60.239 | 73.7023 |
| − Mole Flows | kmol/hr | 100 | 20 | 60.6383 | 19.3617 |
| ETHANOL | kmol/hr | 20 | 19.4 | 0.599985 | 3.2264e... |
| C3H8O-1 | kmol/hr | 60 | 0.599986 | 58.8197 | 0.580354 |
| C4H10O-1 | kmol/hr | 20 | 1.58501... | 1.21868 | 18.7813 |
| − Mole Fractions | | | | | |
| ETHANOL | | 0.2 | 0.970001 | 0.00989... | 1.66639... |
| C3H8O-1 | | 0.6 | 0.02999... | 0.970008 | 0.02997... |
| C4H10O-1 | | 0.2 | 7.92503... | 0.02009... | 0.970025 |
| + Mass Flows | kg/hr | 6009.59 | 929.797 | 3652.79 | 1427 |

图 8-82　双塔精馏计算结果

表 8-1 双塔精馏计算结果参数

| 塔号 | $N$ | $N_F$ | 回流比 | $D/F$ | 精馏液流率/(kmol/h) | 冷凝器/kW | 再沸器/kW |
|---|---|---|---|---|---|---|---|
| C2 | 27 | 15 | 5.95 | 0.2 | 20 | −1504.5 | 1485.8 |
| C4 | 26 | 14 | 1.14 | 0.76 | 60.6 | −1488.4 | 1498.1 |

（2）分壁塔精馏

**步骤1**：全局性参数设置。计算类型为"Flowsheet"，选择单位制，设置输出格式。单击"Next"按钮，进入组分输入窗口，在"Component ID"中输入乙醇、丙醇、丁醇。

**步骤2**：选择物性方法。因为是均相溶液，可以选择 Wilson 方程。

**步骤3**：画流程图。从"MultiFracre"模块库中选择"PETLYUK"模块，连接进出口物流，如图 8-83 所示。

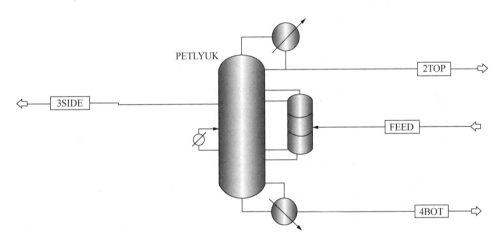

图 8-83 分壁塔流程图

**步骤4**：设置主塔计算参数。首先输入主塔计算参数，常压操作，不计塔压降，设主塔理论级 35，在"Configuration"页面的其他参数填写如图 8-84 所示。

图 8-84 主塔计算参数

在"Estimates"页面填写估计的两端温度，如图8-85所示。

**步骤5**：设置副塔计算参数。在"Blocks ┃ PETLYUK ┃ Columns"目录下添加副塔"2"。常压操作，不计塔压降，设副塔理论级16，在"Configuration"页面的其他参数填写如图8-86所示。

在"Estimates"页面填写估计的两端温度，如图8-87所示。

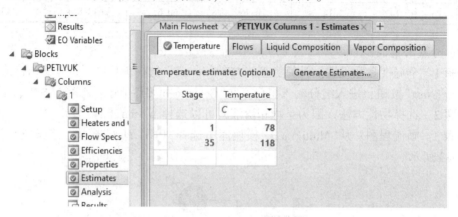

图8-85　估计的主塔塔顶塔底温度

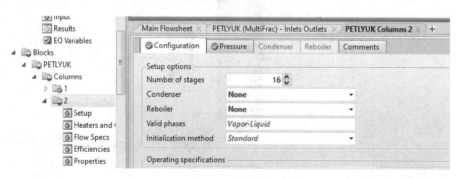

图8-86　副塔计算参数

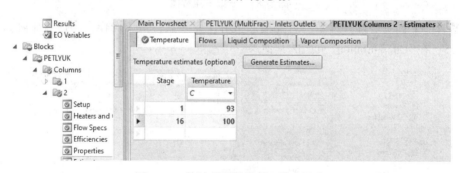

图8-87　估计的副塔塔顶、塔底温度

**步骤6**：设置进出口物流的位置。原料进入副塔的第8块塔板，从主塔的塔顶、侧线、塔底分别引出3股产品物流，出口物流的相态、流率与位置如图8-88所示。

**步骤7**：设置两塔之间连接物流信息，从主塔到副塔塔顶的液相物流可取公共段液相下降流率的1/3大约60kmol/h，如图8-89所示。

从主塔到副塔塔底的气相物流可取公共段气相上升流率的1/2约100kmol/h，如图8-90所示。

图 8-88 PETLYUK 塔进出口物流位置

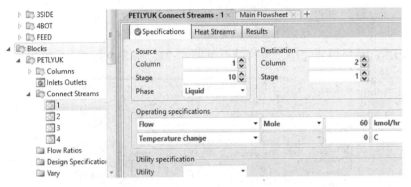

图 8-89 从主塔到副塔的液相物流

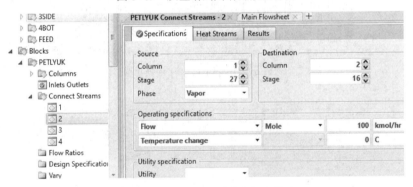

图 8-90 从主塔到副塔的气相物流

从副塔塔顶到主塔的气相物流、从副塔塔底到主塔的液相物流可以不填具体数值，由软件通过物料衡算与相平衡计算获得，这两股物流的设置方式如图 8-91、图 8-92 所示。

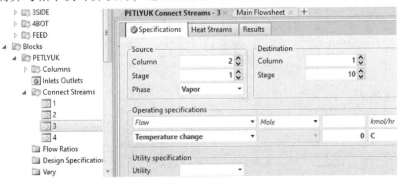

图 8-91 从副塔到主塔的气相物流

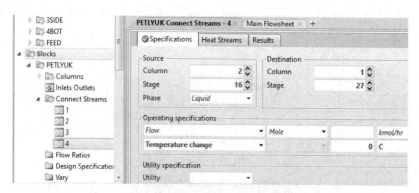

图 8-92　从副塔到主塔的液相物流

至此，PETYUK 塔设置完毕，运行结果见图 8-93、图 8-94。

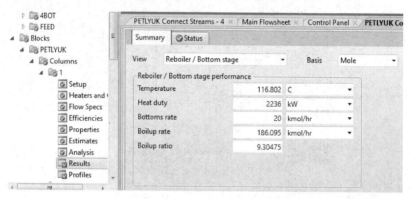

图 8-93　PETYUK 塔计算结果 1

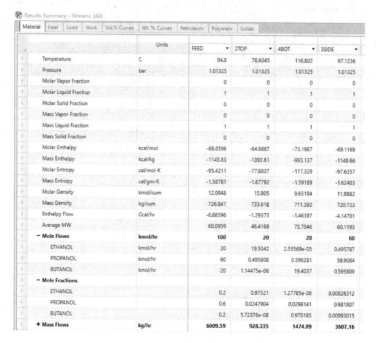

图 8-94　PETYUK 塔计算结果 2

由图 8-94 可见，三个醇产品摩尔分数均大于 0.97，达到分离要求。由图 8-93 可见，PETYUK 塔塔釜能耗 2236kW，比双塔精馏节能：

$$1-Q_\text{p}/Q_\text{双}=1-2236/2983.90=25.06\%$$

节省能量 25.06%。

PETYUK 塔的温度分布见图 8-95，主塔的流率分布见图 8-96。由图 8-95 可见，主塔上段与下段的温度分布变化剧烈，说明精馏段与提馏段的分离作用明显，可以获得高纯度产品；主塔中段温度变化平缓，说明正在进行多组分的分离，物流组成的变化也比较平缓。副塔与主塔的温度分布线非常接近但不重合，说明副塔与主塔中段的物流组成分布比较近似。由于副塔与主塔的温度分布接近，副塔与主塔耦合在一个塔内操作不会因为温度差异而相互影响。由图 8-96 可见，对于本题的三组分分离体系，两相流率在主塔的部分区域可看作恒摩尔流。

需要说明，图 8-83 所示的"PETLYUK"模块可以用两个普通的 RadFrac 模块组合构成，如图 8-97 所示，其中 B2 塔不设置冷凝器与再沸器。图 8-83 与图 8-97 两者在热力学上等价，但模拟计算收敛的难度小一些。

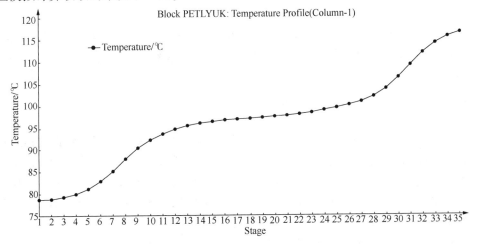

图 8-95　PETYUK 塔的温度分布

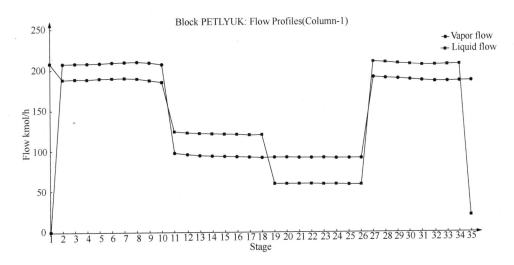

图 8-96　主塔的流率分布

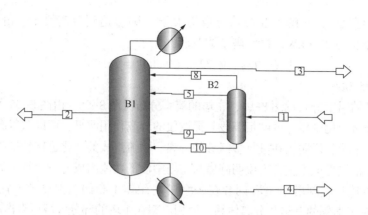

图 8-97　由两个普通的 RadFrac 模块组合构成的分壁塔

## 8.8　中段换热精馏

一般而言，精馏过程是从再沸器加入热量 $Q_R$（温度为 $T_R$），从冷凝器移出热量 $Q_C$（温度为 $T_C$）。若环境温度为 $T_0$、分离过程产生的两股物料的焓差极小可以忽略时（$Q_R = Q_C = Q$），精馏过程消耗的净功可以用下式计算。

$$-W_{净功} = QT_0 \left( \frac{1}{T_C} - \frac{1}{T_R} \right)$$

在普通精馏塔内，塔顶温度最低，塔釜温度最高，温度自塔顶向塔底逐渐升高。如果塔底和塔顶的温度相差较大，在塔中部设置中间冷凝器，就可以采用较高温度的冷却剂。由上式可以看出，这将降低分离过程的净功消耗。由于利用较廉价的冷源，可节省冷公用工程费用。在实际生产中，不同温度的公用工程物流具有不同的成本。在精馏过程中，采用不同品位的公用工程，其操作费用有所不同，使用过高品味的公用工程是不经济的。

如果在塔的中部设置中间再沸器可以代替一部分原来从塔底加入的热量。由于中间再沸器所处的温度比塔底的温度低，所以在中间再沸器中可以用比塔底加热剂温度低的加热剂来加热，由上式，这亦将降低分离过程的净功消耗，提高精馏过程的热力学效率，同时可以节省热公用工程费用。

另一方面，对于二元精馏塔，中间冷凝器和中间再沸器的使用，会使塔顶冷凝器和塔底再沸器热负荷降低，这将产生三个不同效应：一是精馏段回流比和提馏段蒸发比减少，使操作线向平衡线靠拢，虽然提高了塔内分离过程的可逆程度，但完成一定分离任务需要的理论塔板数要相应增加；二是在中间再沸器和中间冷凝器下面的塔段，因为热负荷减小，可以减少板间距离或塔径，降低塔设备成本；三是中间再沸器和中间冷凝器往往选在传热推动力比较大的位置，可使换热器的总换热面积减少。

用 RadFrac 模块模拟精馏塔时，有多种方法可以实现中段换热：

① 添加换热器模块，用塔板上物流连接精馏塔与换热器，实现中段换热；

② 利用 RadFrac 模块中的"Heaters Coolers"功能，对特定塔板进行加热或冷却；

③ 利用 RadFrac 模块中的"Pumparounds"功能，在规定中段回流时进行中间换热器的设置。

【例 8-8】氯乙烯精馏塔中间再沸器设置（总能耗不变，降低蒸汽消耗总量，降低蒸汽成本）。

在例8-3二氧乙烷裂解制氯乙烯流程中，氯乙烯精馏塔共12块理论板，进料板在第7块，进料板温度105℃，塔釜温度166.2℃，由例8-3解查得塔釜热负荷15.59MW。

由于塔釜温度高，再沸器加热蒸汽温度一般应该比釜温高出20℃，因此需要用中压蒸汽给塔釜加热。因中压蒸汽价格高，再沸器加热蒸汽的运行成本较高。为减少氯乙烯精馏塔的运行成本，可考虑用设置中间再沸器的方法，使用部分低压蒸汽代替中压蒸汽。假设两种蒸汽参数：

低压蒸汽：0.8MPa，170.4℃，180元/t，汽化热2052.7kJ/kg；

中压蒸汽：4.0MPa，250.3℃，300元/t，汽化热1706.8kJ/kg。

试比较设置中间再沸器前后运行成本的大小。

解：（1）原题分析例8-3氯乙烯精馏塔的温度分布图8-98所示。由图8-98可见，在第5板至第9板区间温度上升较快，可以在提馏段的第8板（131.℃）、第9板（151.6℃）上设置中间再沸器，使用低压蒸汽（170.4℃）作为加热热源。因为例8-3氯乙烯精馏塔只在塔釜再沸器加热，气相流率较大。

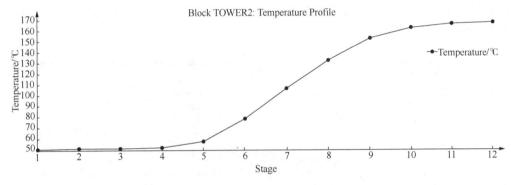

图8-98　氯乙烯精馏塔的温度分布

（2）使用RadFrac模块+Heater模块求解在例8-3计算完成的基础上进行。

**步骤1：** 绘制模拟流程如图8-99所示。在提馏段的第8板、第9板上各设置一个中间再沸器（B6、B7），采用简单的"Heater"模块B6模块从第8板上抽取500kmol/h液相，加热蒸发汽化90%后重入第8板；B7模块从第9板上抽取700kmol/h液相，加热蒸发汽化90%后重入第9板。B6模块的参数设置如图8-100所示，B7模块的参数设置相同。

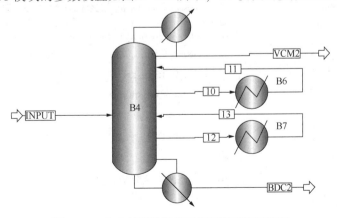

图8-99　含中间再沸器氯乙烯精馏塔模拟流程

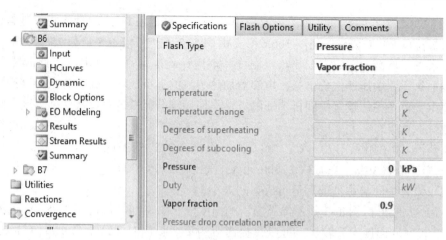

图 8-100    B6 模块的参数设置

**步骤 2**：添加中间再沸器后，需要对氯乙烯精馏塔进行参数设置。为了在能耗相同的条件下保持相同的分离效率，需要在提馏段增加 4 块塔板，进出料位置不变，侧线进出料参数设置相应修改如图 8-101 所示。

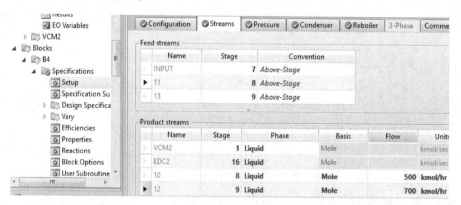

图 8-101    含中间再沸器氯乙烯精馏塔参数设置

**步骤 3**：为促进计算收敛，把默认收敛方法修改为"Broyden"，如图 8-102 所示。

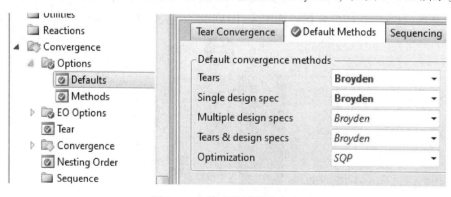

图 8-102    修改默认收敛方法

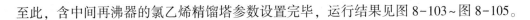

至此，含中间再沸器的氯乙烯精馏塔参数设置完毕，运行结果见图 8-103~图 8-105。

Results Summary - Streams (All)

| | Units | INPUT | VCM2 | EDC2 |
|---|---|---|---|---|
| Material | Heat | Load | Work | Vol.% Curves | Wt. % Curves | Petroleum | Polymers | Solids |
| Temperature | C | 145.8 | 50.9763 | 166.827 |
| Pressure | kPa | 2530 | 793 | 803 |
| Molar Vapor Fraction | | 0.00145629 | 0 | 0 |
| Molar Liquid Fraction | | 0.998544 | 1 | 1 |
| Molar Solid Fraction | | 0 | 0 | 0 |
| Mass Vapor Fraction | | 0.00124823 | 0 | 0 |
| Mass Liquid Fraction | | 0.998752 | 1 | 1 |
| Mass Solid Fraction | | 0 | 0 | 0 |
| Molar Enthalpy | J/kmol | -5.57657e+07 | 9.1701e+06 | -1.46411e+08 |
| Mass Enthalpy | J/kg | -707298 | 146136 | -1.4806e+06 |
| Molar Entropy | J/kmol-K | -152860 | -116426 | -236012 |
| Mass Entropy | J/kg-K | -1938.78 | -1855.39 | -2386.7 |
| Molar Density | kmol/cum | 10.5538 | 13.6681 | 10.1963 |
| Mass Density | kg/cum | 832.093 | 857.677 | 1008.27 |
| Enthalpy Flow | kW | -56431.8 | 5147 | -65982 |
| Average MW | | 78.8433 | 62.7504 | 98.8862 |
| − Mole Flows | kmol/sec | 1.01194 | 0.56128 | 0.450665 |
| EDC | kmol/sec | 0.454363 | 0.00460088 | 0.449763 |
| HCL | kmol/sec | 0.00101194 | 0.00101194 | 1.91853e-12 |
| VCM | kmol/sec | 0.55657 | 0.555667 | 0.000901329 |
| − Mole Fractions | | | | |
| EDC | | 0.449 | 0.00819711 | 0.998 |
| HCL | | 0.001 | 0.00180292 | 4.25712e-12 |
| VCM | | 0.55 | 0.99 | 0.002 |
| + Mass Flows | kg/sec | 79.7851 | 35.2206 | 44.5645 |

图 8-103　含中间再沸器氯乙烯精馏塔计算结果 1——物流组成

Reboiler / Bottom stage performance

| Name | Value | Units |
|---|---|---|
| Temperature | 166.827 | C |
| Heat duty | 5.95004 | MW |
| Bottoms rate | 1622.39 | kmol/hr |
| Boilup rate | 759.196 | kmol/hr |
| Boilup ratio | 0.467948 | |
| Bottoms to feed ratio | 0.334997 | |

图 8-104　含中间再沸器氯乙烯精馏塔计算结果 2——塔釜热负荷

由图 8-103，含中间再沸器氯乙烯精馏塔的塔顶与塔底产品物流与例 8-3 计算结果基本相同；塔顶热负荷为-19.37MW，与例 8-3 计算结果相同。

由图 8-104，含中间再沸器氯乙烯精馏塔塔釜热负荷 5.95MW；由图 8-105，两个中间再沸器的热负荷为 3.78+5.24=9.02MW，合计为 14.97MW，与例 8-3 计算结果 15.59MW 相当。

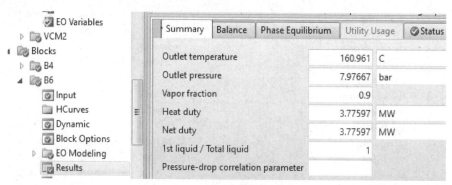

（a）第8板中间再沸器

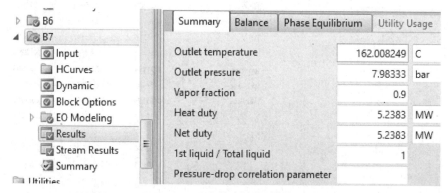

（b）第9板中间再沸器

图 8-105　含中间再沸器氟乙烯精馏塔计算结果 3——中间再沸器热负荷

设置中间再沸器前后蒸汽消耗量与蒸汽成本的大小比较见表 8-2。由表 8-2 可知，普通氯乙烯精馏塔的蒸汽消耗是 32.9t/h，蒸汽成本 9870 元/h；设置中间再沸器后，因为低压蒸汽汽化热大于中压蒸汽，故蒸汽消耗总量是 28.37t/h，蒸汽成本 6612.6 元/h。蒸汽消耗量降低（32.9-28.37）/32.9=13.8%，蒸汽成本降低（9870-6612.6）/9870=33.0%。但必须注意到设置中间再沸器后，设备的投资将会增加。

表 8-2　设置中间再沸器前后蒸汽消耗量与蒸汽成本比较

| 项目 | 普通氯乙烯精馏塔 | | | | 含中间再沸器氯乙烯精馏塔 | | | |
| --- | --- | --- | --- | --- | --- | --- | --- | --- |
| | 热负荷/MW | 蒸汽用量/(t/h) | 蒸汽价格/(元/t) | 蒸汽成本/(元/t) | 热负荷/MW | 蒸汽用量/(t/h) | 蒸汽价格/(元/t) | 蒸汽成本/(元/h) |
| 中间再沸器 1 | | | | | 3.78 | 6.63 | 180 | 1193.4 |
| 中间再沸器 2 | | | | | 5.24 | 9.19 | 180 | 1654.2 |
| 塔底再沸器 | 15.59 | 32.9 | 300 | 9870 | 5.95 | 12.55 | 300 | 3756 |
| 合计 | 15.59 | 32.9 | | 9870 | 14.97 | 28.37 | | 6612.6 |

设置中间再沸器以后，氯乙烯精馏塔的温度分布见图 8-106。与图 8-98 比较，温度分布曲线在提馏段有整体上行趋势，见图 8-106，这与热量供应位置由塔釜上移有关。另一方面，由于塔釜的蒸发比降低，塔釜处塔径也相应减小，其最大塔径位置与中间再沸器的设置位置和热负荷相关。设置中间再沸器以后，氯乙烯精馏塔的最大塔径上移到塔顶位置。虽然设置中间再沸器以后增加了 4 块塔板，但直径减小将降低塔设备的投资。

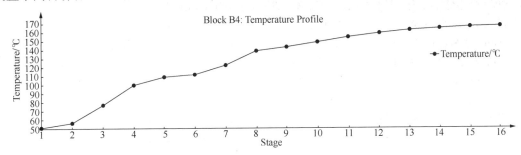

图 8-106　含中间再沸器氯乙烯精馏塔计算结果 4——温度分布

（3）用"Pumparounds"功能求解（在例 8-3 计算完成的基础上进行）。

RadFrac 模块中的"Pumparounds"功能可以处理从任意级到同一级或其他任意级的中段回流，可以进行中间再沸器的设置。在第 8 板、第 9 板中间再沸器的参数设置如图 8-107、图 8-108 所示，计算结果与用 RadFrac 模块 +Heater 模块求解结果完全相同。

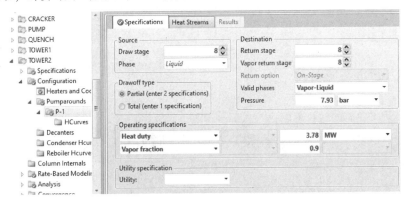

图 8-107　第 8 板中间再沸器的参数设置

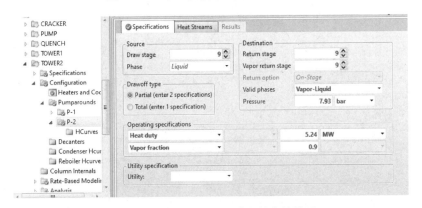

图 8-108　第 9 板中间再沸器的参数设置

# 参 考 文 献

［1］ ASPEN PLUS version 10.0，Help.

［2］ Luyben，WilliamL. Distillation Design and Control Using Aspen Simulation［M］. John Wiley & Sons，2013.

［3］ 陆恩赐，张慧娟. 化工过程模拟：原理与应用［M］. 北京：化学工业出版社，2011.

［4］ 包宗宏，武文良. 化工计算与软件应用［M］. 北京：化学工业出版社，2018.

［5］ 屈一新. 化工过程数值模拟及软件［M］. 北京：化学工业出版社，2011.

［6］ Warren D. Seider，J. D. Seader，Daniel R. Lewin 著. 朱开宏等译. 产品与过程设计原理：合成、分析与评估［M］. 上海：华东理工大学出版社，2006.

［7］ BruceA. Finlayson 著. 朱开宏译. 化工计算导论［M］. 上海：华东理工大学出版社，2006.

［8］ 孙兰义. 化工流程模拟实训：ASPEN PLUS 教程［M］. 北京：化学工业出版社，2012.

［9］ 曹湘洪. 石油化工流程模拟技术进展及应用［M］. 北京：中国石化出版社，2010.

［10］ 唐宏青. 化工模拟计算设计手册（化工过程与单元操作模拟计算实例详解）［M］. 西安：陕西人民出版社，2007.

［11］ 朱开宏著. 化工过程流程模拟. 北京：中国石化出版社，1993.

［12］ J. M. 道格拉斯. 化工过程的概念设计［M］. 北京：化学工业出版社，1994.